はじめに

「暮らしの中で使う道具を自分で作れるようになりたい」

そういう思いで飛び込んだ木工の世界で出会ったのが木工旋盤でした。

いくつもの機械を使い何日もかけて家具作りをする木工とは違い、旋盤という機械ひとつで自分の感覚と技術を頼りに、短時間でさまざまな形を削り出すことができる木工旋盤は気軽に取り組め、とても魅力的なものでした。

さらに、小さな木片を使って部屋に飾るオブジェやアクセサリーを作ったり、庭木の剪定枝から小さな花瓶を作ったり、普段捨ててしまうような木材も暮らしを彩るものに変身させることができることも木工旋盤ならではだと感じています。

今、日本国内で木工旋盤の人気が高まっているように感じます。私が運営する木工旋盤教室へも、

はるばる遠方から習いたいと来られる人が多くなってきました。もしかしたら、自身の暮らしを見直す中で、私と同じ思いを抱き、木工旋盤を始める人が増えているのかもしれません。

本書では、木のもの作りと暮らしのつながりを実感しやすい食の道具に絞り、また、理解しやすいように専門用語もわかりやすい解説を心掛けました。

これからより多くの人が木工旋盤を始めるでしょう。すでに始めたけれど難しく感じている人もいるかと思います。そんな中、体系立てて知識・技術をわかりやすく伝える教科書があれば、正しく学び、より安全に、そしてなにより、木工旋盤をより楽しんでもらえるだろうと思い、この本を作りました。

ぜひ、『木工旋盤の教科書』を片手に、木工旋盤を存分に楽しんでください。

ツバキラボ　和田 賢治

まずはこれだけそろえましょう
木工旋盤の基本道具

はじめに木工旋盤を楽しむために最小限そろえておきたい道具を紹介します。
ほかの木工と比較して必要な基本道具は少なく、
低予算で始めやすいといわれています。
といっても20万円前後はみておきましょう。
高いと感じてしまうかもしれませんが、
木工旋盤は非常に奥が深く、上達するに従って
値段以上の楽しさを実感するはずです。

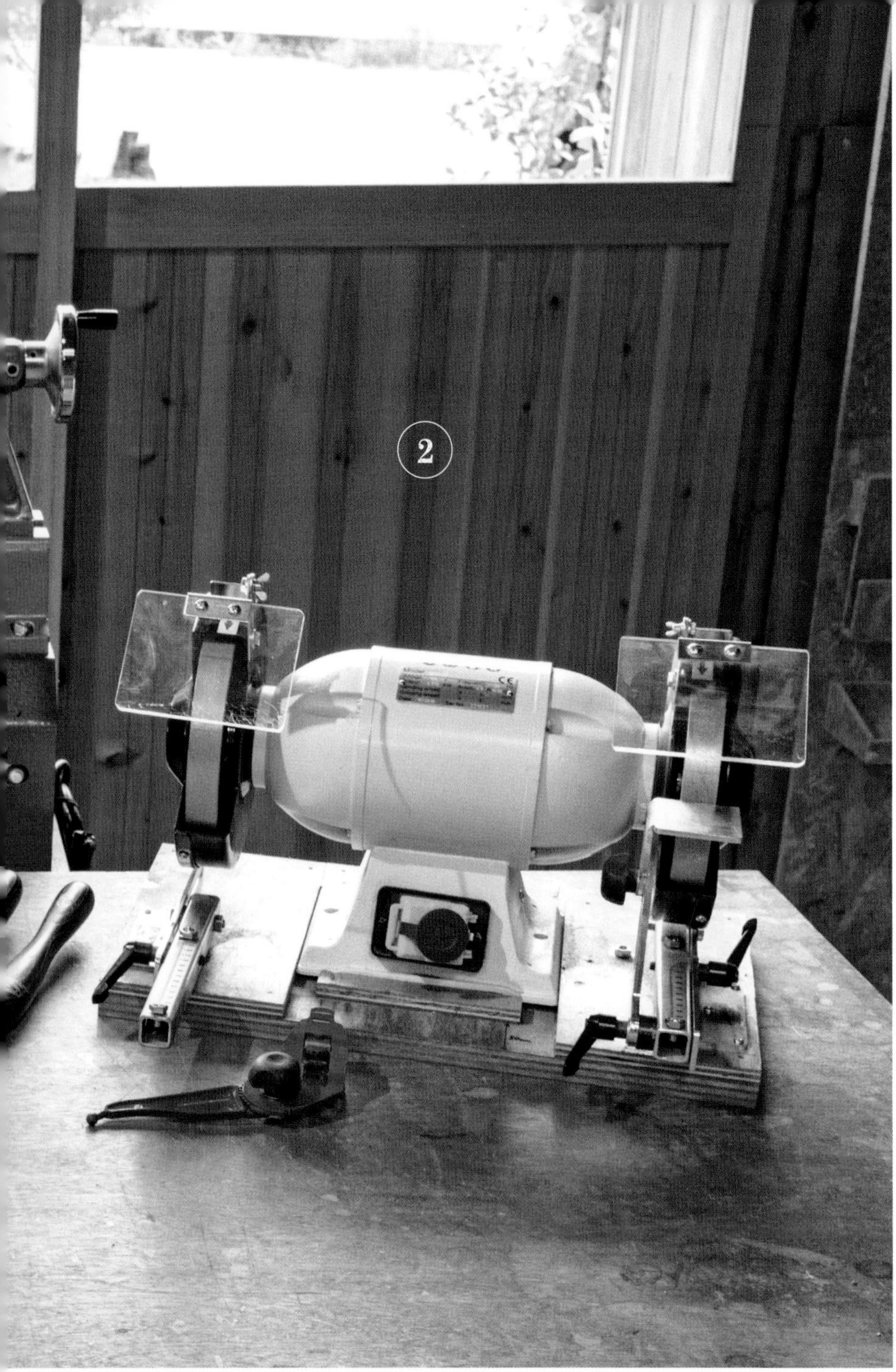

① 木工旋盤

まずは木工旋盤本体がなければ始まりません。機械選びは、その後の作品づくりを大きく左右するので、価格だけで判断せず、どのようなもの作りをしていきたいか考えたうえで、慎重に選びましょう

② 刃物の研ぎに使う道具

木工旋盤で避けて通れないのが、刃物の研ぎ。思っている以上に研ぐ頻度は高く、毎回安定したクオリティで研ぐことが求められるため、研ぐための道具は良いものをそろえておきましょう

6

材料

材料をどのように調達するかも重要なポイントです。考えられる木材の調達先はP20で紹介します

5

安全のための装備

比較的ケガのリスクは小さい木工ですが、万が一のために顔や体を守るための装備は必ず身に着ける必要があります

4

木材を固定するためのパーツ

木工旋盤は数百から数千回転もの速い速度で木材を回転させます。そのため、木材を固定するための道具はとても重要です

3

木材を削る刃物

さまざまな刃物があり、ひとつですべての切削作業をこなす万能なものはありません。まずは初心者でも最小限必要な刃物をそろえましょう

クラスの違いを理解して、最適な一台を

木工旋盤の種類

木工旋盤といっても卓上サイズの小さなものから数百kgもある大きなものまで大小さまざま。機械選びは、多くの人にとって楽しい時間ですが、一度購入すると容易に買い替えることができないため、とても悩ましいもの。自分のもの作りに適したものを選びましょう。

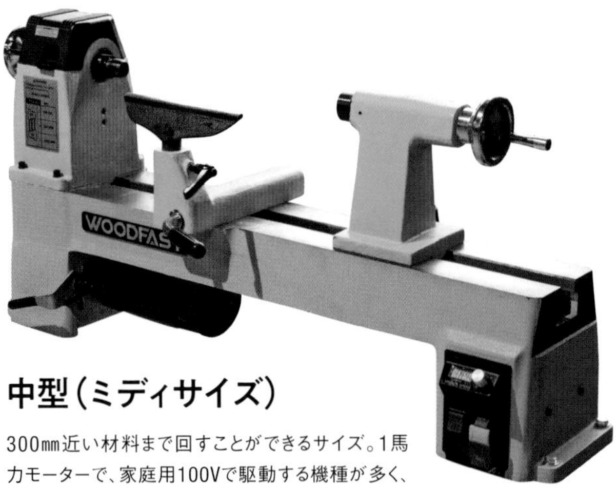

中型(ミディサイズ)

300mm近い材料まで回すことができるサイズ。1馬力モーターで、家庭用100Vで駆動する機種が多く、多くの人にとって第一の選択肢になります。主に食器作りを行なうのであればこのクラスが最適です。

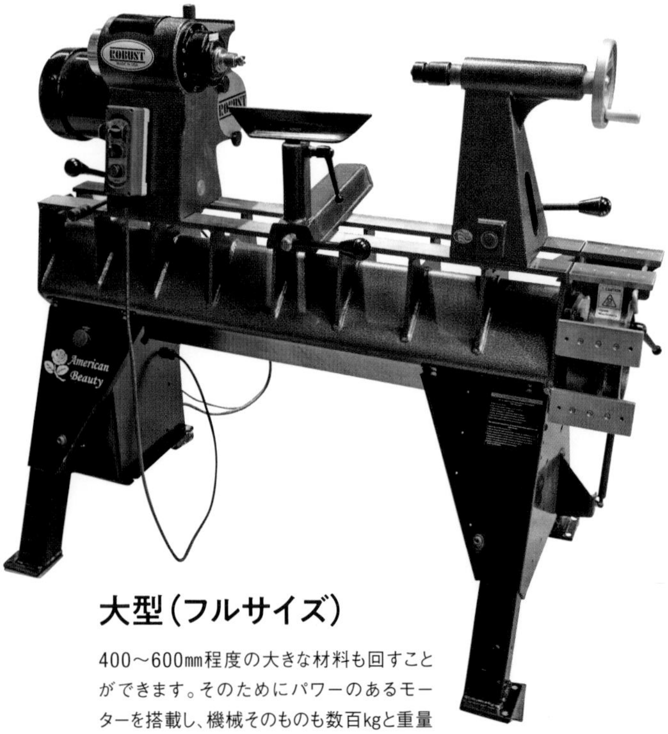

大型(フルサイズ)

400〜600mm程度の大きな材料も回すことができます。そのためにパワーのあるモーターを搭載し、機械そのものも数百kgと重量があります。価格もその分高くなりますが、幅広い作品づくりを楽しめます。

卓上小型(ミニサイズ)

ペンやコマなど手のひらに収まるような小さな作品をつくるにはちょうど良いサイズ。家庭用100Vで動き、価格も安い。一方で機能に制限があり、モーターのパワーも小さいため、大きな作品づくりには適さない。

木工旋盤は主に3つのクラスに分類できます。
それぞれの特徴を確認しましょう。

クラスごとの主な特徴

種類	適した作品	モーターパワー(HP／馬力)	主な電源	価格
ミニサイズ(小型・卓上)	小物 ／ ペン	1/2HP	家庭用100V	5万円程度
ミディサイズ(中型・卓上・床置き)	300mm程度までの食器類など	3/4HP〜1HP	家庭用100V ／ 単相200V	10万〜40万円
フルサイズ(大型・床置き)	600mm程度までの作品	2HP〜3HP	単相200V ／ 三相200V	40万〜100万円

土台は頑丈に
木工旋盤の置き方

意外と見落としがちなのが木工旋盤をどこにどうやって設置するかです。いい機械を購入しても設置する土台がしっかりしていなければ、本来の性能を発揮できません。振動しないよう床とスタンドは頑丈なものを用意するようにしましょう。

木工旋盤のスタンドは大型サイズや一部の中型サイズでは専用スタンドがセットになっていたり、オプションで購入できたりします。しかし、ほとんどの中型サイズ、卓上小型サイズでは自前で用意しなければなりません。

さまざまなサイズに対応する汎用スタンドも売られていますが、剛性が高くないため常時使用にはおすすめできません。そうなると、頑丈な作業台に設置するかスタンドを自作することになります。右下写真のような建築柱材を組んだスタンドもひとつのアイデアです。旋盤の主軸が使用者のヒジの高さと同じになるよう、スタンドの高さを調整しましょう。

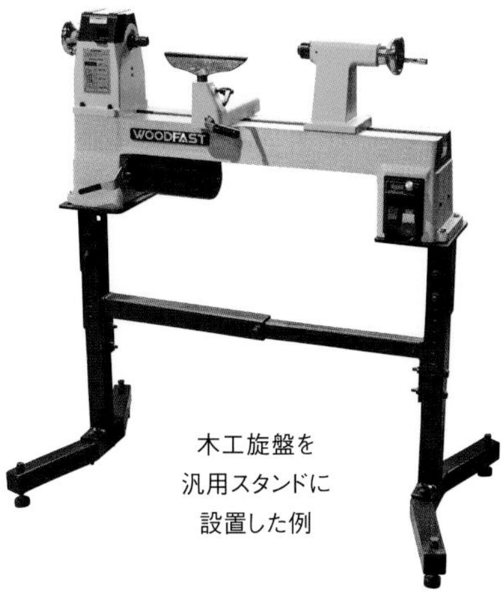

木工旋盤を
汎用スタンドに
設置した例

木工旋盤を
専用スタンドに
設置した例

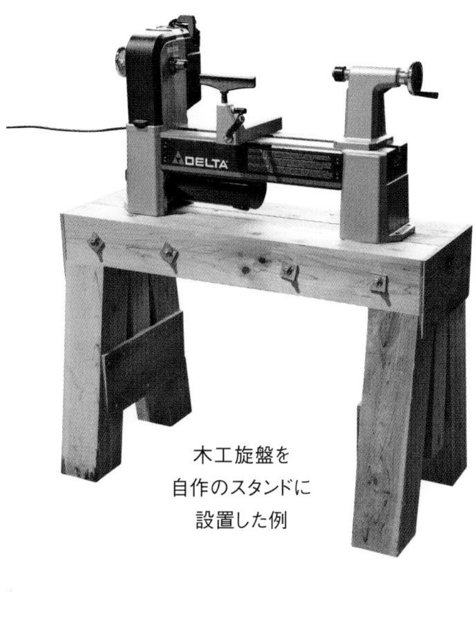

木工旋盤を
自作のスタンドに
設置した例

購入前にチェックしよう

木工旋盤選びの検討ポイント6

□ 加工できる材料のサイズ（最大回転直径／センター間距離）
自分がつくる作品の大きさに合わせて機械を選びます。主に小さな作品づくりをするつもりでも大きな作品をつくりたくなるかもしれません。設置スペースや予算が許せば、それに合う機種を選びましょう。

□ モーターのパワー
大きい材料、重い材料を回すためにはパワーが必要です。お椀やボウルなどを作るのであれば、最低1馬力は欲しいところです。

□ 電源（家庭用100V／単相200V／三相200V）
家庭用100Vで動く機械は、どこでも設置しやすいです。一方で大型機種では200V電源が必要になってくるため、場合によっては電気工事が必要になります。

□ 旋盤を設置するスペースと床の強度
まずは、木くずが飛び散ってもいいスペースを確保しなければなりません。また、小型・中型では重量が50kg前後の機種が多いですが、大型機種では300kgを超える機種もあるため、重量物に耐える床が必要になることも。

□ デザイン
気に入ったデザインであるかも重要なポイント。所有欲を満たし、製作意欲を生み出してくれる機械は最高の相棒になってくれるでしょう。

□ 販売店のアフターフォロー
機械には故障がつきものです。不具合が起きたときにすぐに対応してくれるアフターサービスがあるかどうかも大事です。

各部のはたらきを覚えましょう

木工旋盤の各部名称

木工旋盤の機械はとてもシンプルな構造です。大まかな分類としてモーターが取りつけられたボディに、モーターの回転を伝える主軸、材料を支えるための芯押し、刃物を載せる刃物台があります。各部の名称とそのはたらきを解説します。

① 芯押し(クイル)とハンドル

テールストックのハンドルを回すことで、クイルと呼ばれる芯押し部分を出したり引いたりできます。クイルには通常「回転センター」と呼ばれる芯押しパーツを取りつけます。

② テールストック

ヘッドストックと対になっている部分です。定盤に沿って動かすことができます。テールストックを固定するためのレバーは通常背面にあります。

③ 刃物台(ツールレスト)

加工中は常に刃物をこの刃物台の上に載せている状態でなければいけません。使う刃物や加工箇所に合わせて高さを調整します。刃物の動きを安定させるためのとても重要なパーツです。

④ バンジョー

刃物台の土台部分。定盤上を前後左右と自在に動かし、さらに刃物台の高さや角度を調整します。

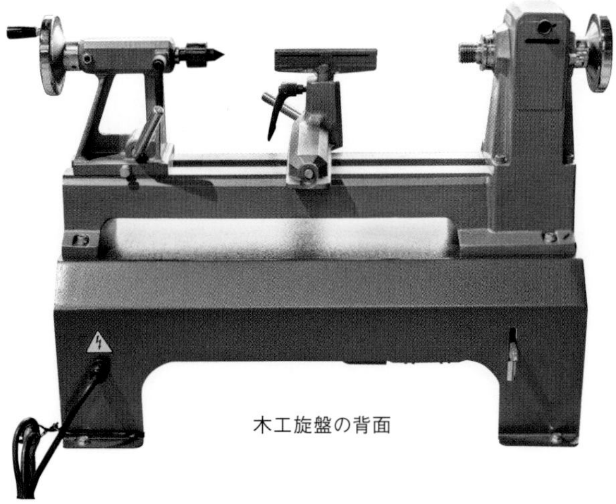

木工旋盤の背面

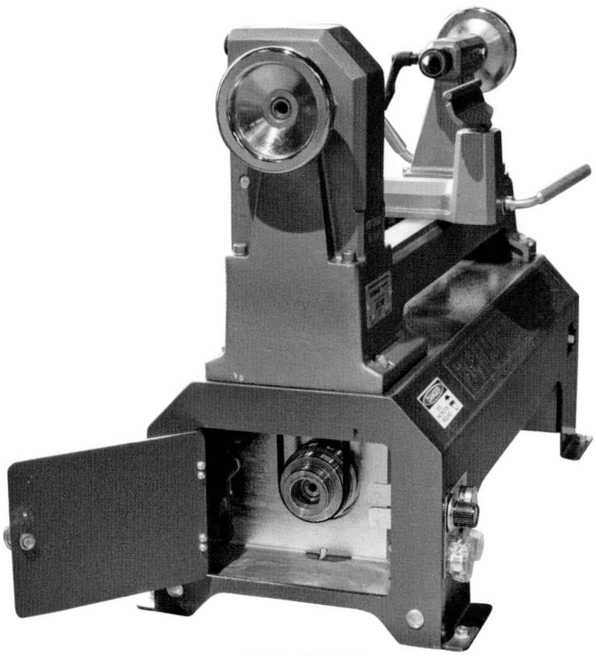

木工旋盤の側面

⑤ 定盤（ベッド）

バンジョーやテールストックをスムーズに動かすためのフラットな部分。傷やサビがつくと、とたんにバンジョーやテールストックの滑りが悪くなるため、きれいに保ちましょう。

⑥ 主軸（スピンドル）

木材を取りつけ、回すにあたり一番大本の重要な部分です。内側はテーパーになっており、ドライブセンターを挿すことができます。外側はネジが切ってあり、フェイスプレートやチャックを取りつけられます。

⑦ ヘッドストック

モーターの回転を主軸に伝えるためのベルトやプーリーが格納されています。通常ベルトをかけ替えるために上部や側面が開くようになっています。

⑧ スイッチ

ON／OFFのスイッチのほかに、回転速度が調整できるダイヤルや正回転／逆回転を切り替えられるスイッチがついているものもあります。

まずはこの6本をそろえよう

木工旋盤で使う刃物

木工旋盤用の刃物にはさまざまな種類があります。似通っていても、大きさ、形状が違えば、その用途も異なります。
刃物を総称して「バイト」と呼ぶことが多いですが、その中でも丸い刃がついているものをガウジ（gouge）と呼びます。
ほかにも、特殊な名前がありますが、刃物の名称と用途の違いを正しく覚えましょう。

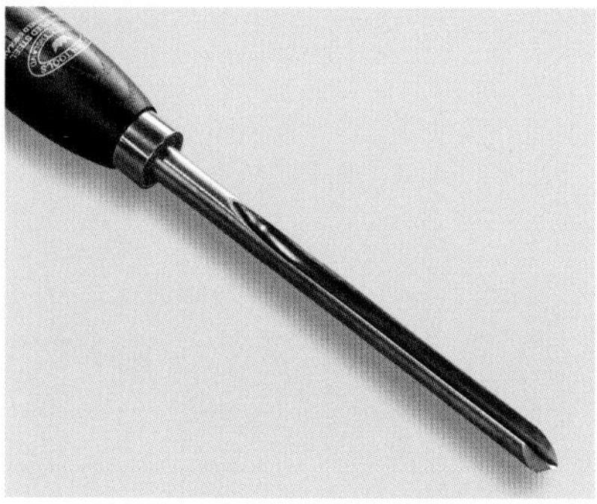

ボウルガウジ
(Bowl Gouge)

スピンドルガウジよりも深い溝がある刃物です。ボウル形状の作品をつくる際になくてはならない刃物です。使用頻度が高く、主に横木で使います

ラフィングガウジ
(Roughing Gouge)

Rough（荒い）というその名のとおり、荒削り用の刃物です。しかし、縦木専用で、間違っても横木では使わないように！ ＊縦木・横木の詳細はP25参照

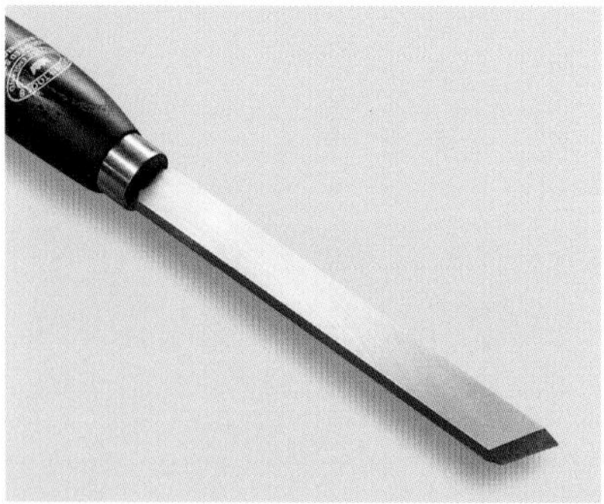

スキューチゼル
(Skew Chisel)

スキューチゼルは、主に椅子やテーブルの脚などの丸棒加工に使います。また平らに寝かせて、チャックのつかみ代を作るときに使うことも

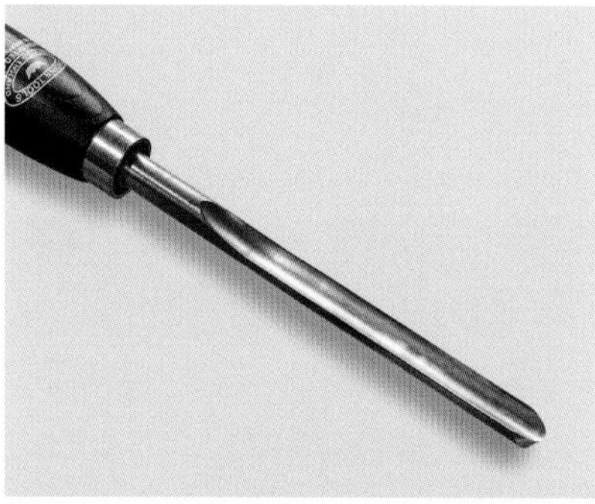

スピンドルガウジ
(Spindle Gouge)

別名:シャローガウジ(Shallow Gouge)
全体に浅い溝がある刃物で、縦木、横木の両方で使用します。丸棒に細かい加工をするときは30〜45度、ボウル形状に削るときは50〜60度など、製作物によって適した研ぎ角度があるため、複数本持つようにしましょう

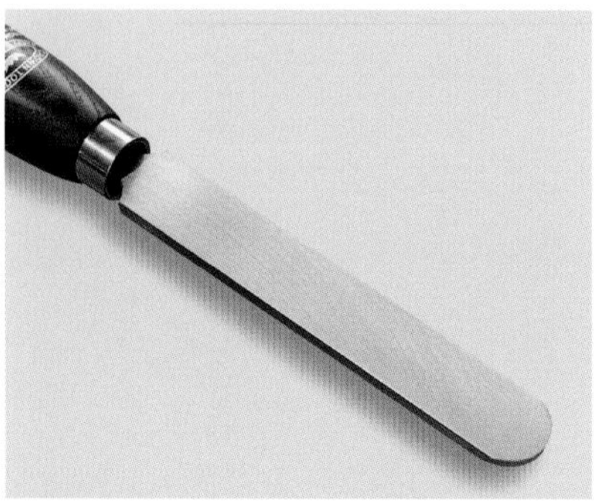

スクレーパー
(Scraper)

スクレーパーは表面の凹凸を整えるために表面を削る用途で使う刃物です。さまざまな形状がありますが、写真はラウンドノーズスクレーパーと呼ばれる汎用性が高いものです

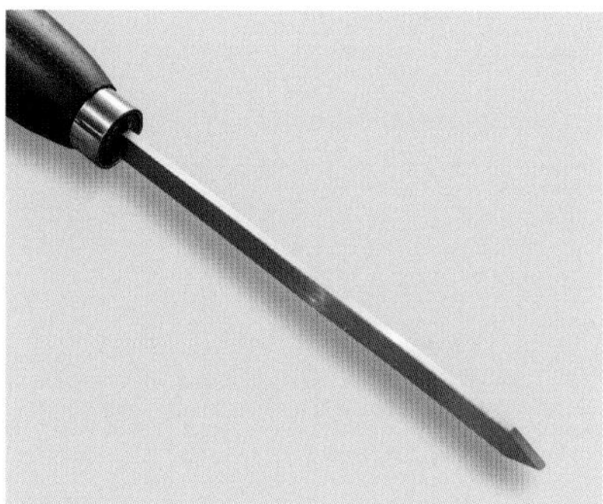

パーティングツール
(Parting Tool)

Partとは切り離すという意味で、この刃物は縦木の際に、切り込んで溝をつけたり、切り離したりする際に使います

基本の刃物（バイト）を そろえるときのポイント

ここで紹介した刃物（バイト）は、木工旋盤を始めるにあたってまずはそろえておきたい刃物です。ひととおりの加工ができるため、最初は不自由しません。多くのメーカーでは、初心者向けに基本の刃物をセットにしたものを販売しているので迷うことはないでしょう。

ペンや小物だけ作る場合は、最初から小さいサイズの刃物を選択しても構いません。ただし、そういうケースを除いては、まずは標準的なサイズのものをそろえ、自身の作品づくりに合わせて買い足していきましょう。

大きな作品をつくる場合は、太いボウルガウジが必要になったり、細かい装飾をする作品ではスピンドルガウジを数本持ち、それぞれ違う角度で研いでおくといったことが考えられます。また、スクレーパーも製作する作品の形状に合った形のものを持つことでクオリティも効率も上がります。

大事なのは、どういうときにどの刃物を使うべきかを正しく理解しておくことです。ラフィングガウジは荒削り用と覚えてしまうと、横木でも荒削りに使ってしまい、ケガをするリスクがあります。

また、刃物の中には一度買うと10年以上使えるものもあります。そのため、価格につられて安価なバイトセットを購入するより、信頼のおけるメーカーが提供するものがおすすめです。

刃物（バイト）の金属について

紹介したバイトの大半はハイス鋼（ハイスピードスチール）と呼ばれる金属でできています。その中でもM２ハイスと呼ばれる金属が使われています。これは性能もよく、広く使われているため、とても安価です。切れ味が落ちたら砥石で研ぎ直すと、切れ味が戻り扱いやすいです。一方で、替え刃式バイトで紹介したのは超硬合金（カーバイド）で、とても硬い金属です。切れ味が長く持つのが特徴です。しかし、硬いが故に研ぐことができないため、使い捨てになります。

ほかにも粉末ハイス（パウンダーメタル）やM42というハイグレードのハイス鋼を使ったバイトも各メーカーから出されるようになりました。これらは鋭い切れ味がより長持ちするように開発された刃物です。粉末ハイスもM42ハイスもM２ハイスと比較すると価格は高くなりますが、満足できるでしょう。

注意すべきは、粉末ハイスやM42ハイスは研ぎの道具で紹介する標準的な白い砥石ではきれいに研げないという点です。これらの刃物を研ぐためにはCBNが適しています（研ぎの道具P18参照）。

これから刃物をそろえる人はまずはM２ハイスでそろえ、こだわりが出てきたときに上級グレードの刃物を購入するといいでしょう。

導入すれば作品の幅が大きく広がる 特殊な刃物

これまで紹介した標準的な刃物とは違い、特殊な使い方や特殊な用途のための刃物もあります。より初心者向けの刃物もあれば、高度な作品づくりに使う刃物もあるなど、木工旋盤の刃物はとても奥が深いです。ここではその一部を紹介します。

テクスチャリングツールで加工した例

ホローイングツールで加工した花器

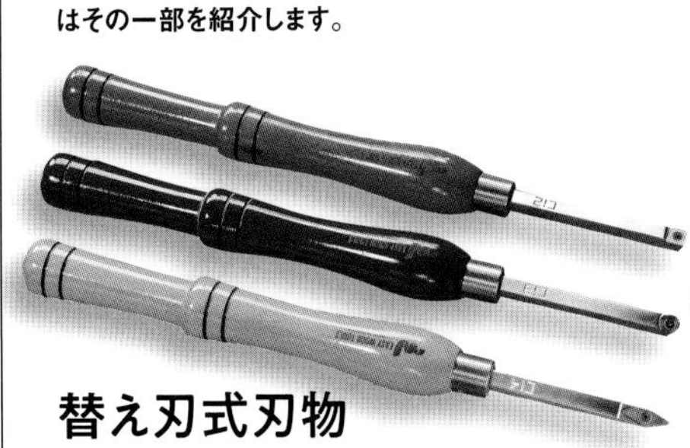

替え刃式刃物

近年増えているのが超硬合金の替え刃を用いたバイトです。一定のルールのもと刃を木材にあてれば削れるため難しい操作が必要なく初心者には扱いやすく、切れ味も長持ちします。一方では刃を研ぎ直すことができないため、使い捨てとなる点も踏まえておく必要があります

テクスチャリングツール (Texturing Tool)

一律のリズムで小刻みに切り込むことで模様をつけるためのバイト。刃のあて方でさまざまな模様を生み出すことができます。カラーリングと合わせれば魅力的な作品づくりにもいかせます

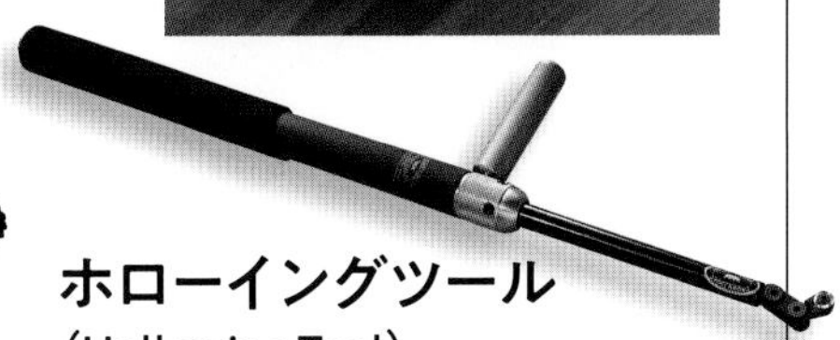

ホローイングツール (Hollowing Tool)

深彫りのための刃物をホローイングツールと呼びます。入口が狭く中が広い壺のような形状の内側を彫る際に使えるよう、先端に近いところで曲がっていることが特徴です

木工旋盤で安全に作業するためには必須
材料を固定するためのパーツ

木工旋盤では材料を高速で回転させます。そのため、材料を正しく固定できていないと、作業中に材料が飛んでしまったり、最悪の場合、自身の体や顔にあたることでケガをしてしまったりします。材料を固定する方法はいくつかありますが、標準的な方法と道具を紹介します。

❶ センター間で挟む

棒状の材料を木工旋盤に取りつける際は、センター間で挟みます。このとき使うのが、ドライブセンターと回転センター（ライブセンター）。それぞれテーパー軸（先細りになった軸）があり、ヘッドストックの主軸にドライブセンターを、テールストックのクイルに回転センターを挿し、テールストック側からクイルを突き出して棒の両端を挟みます。

ドライブセンターと回転センターは木工旋盤を購入すると、標準タイプのものが必ずひとつずつついています。テーパーはモールステーパーという規格で小型はMT1、中型以上はMT2が主流です。

ドライブセンター

先端の中心に突起がつき、その周りに4つの爪がついた標準的なドライブセンター。ヘッドストックに取りつける前に、材料にハンマーなどで打ち込んで、爪を食い込ませる必要があります。テールストック側に取りつけないように注意しましょう

回転センター（ライブセンター）

テールストック側に取りつけるのが回転センターです。ボールベアリングを内蔵しており、先端部分が回転するようになっています。突起の先端1点で支える形状のものやリング状のものなどさまざまな回転センターがあります

クラウンドライブセンター

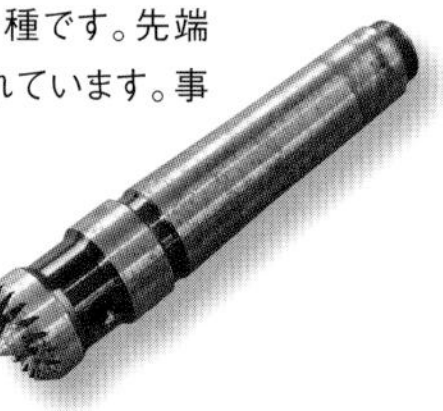

冠のような見た目からクラウンドライブセンターと呼ばれるドライブセンターの一種です。先端の突起部分にはバネが仕込まれています。事前に材料にハンマーで打ち込む必要はなく、テールストック側から押し込むことで固定させます。その際、周りの小さな爪がしっかり材料にかんでいることが大事です

❷ フェイスプレートで固定する

板材や材料の塊を固定する際に使う道具としてフェイスプレートがあります。中央の穴は主軸に固定するためネジが切ってあり、周辺には小さな穴が複数あいています。この小さな穴から木材をネジで固定します。たいてい木工旋盤を購入すると付属品としてひとつはついてきます。

旋盤選びとチャックの関係（主軸の規格について）

主軸の径にはインチ規格の1"×8tpiと1-1/4"×8tpi、ミリ規格のM30×3.5とM33×3.5といったいくつかの規格があります（1"＝25.4㎜）。主軸が太ければ剛性が増し、大きな材料も扱えます。中型サイズまでの主流は1"×8tpiで、大型では1-1/4"×8tpiとM33×3.5が多いです。日本国内では、大物でも小物でもオールマイティに使えるようM30×3.5という規格でそろえる販売店もあります。

チャックはそれぞれの主軸に合うように作られているので、主軸が違う機械に買い替える際は改めてチャックも買いそろえなければいけない場合があります。そのため、最初の旋盤選びは将来的なことも踏まえて投資することが重要です。

チャックの中には異なる主軸に対応できるようにネジ山部分を交換できるタイプ（インサートタイプ）もあります。

主軸径を変換するアダプターもありますが、主軸のブレにつながる可能性もあるため常時アダプターに頼るのはおすすめできません。

＊1"は1インチのことです。

❸ チャックで固定する

材料をつかむ道具として欠かせないのがチャックです。通常4つの爪（ジョー）があり、専用のチャックレンチを使ってこの爪を開閉することで材料を強固につかみます。くぼみに対し爪が内側から突っ張って固定する方法と、出っ張りに対し外側から爪でつかんで固定する方法のふた通りあります。

スタンダードジョー

標準的なチャック。木工旋盤への固定の仕方はP59参照。本書で特別な表記がない場合、チャックはスタンダードジョーのことをさしています

ウッドスクリュー

チャックにはウッドスクリューというネジパーツが付属しています。チャックの中央にウッドスクリューを取りつけて、下穴（ネジの直径より2㎜ほど小さくする）をあけた材料にねじ込んで固定します。固定力が弱いため、テールストック側から回転センターで支える必要があります。なお、縦木（P25参照）では使用できません

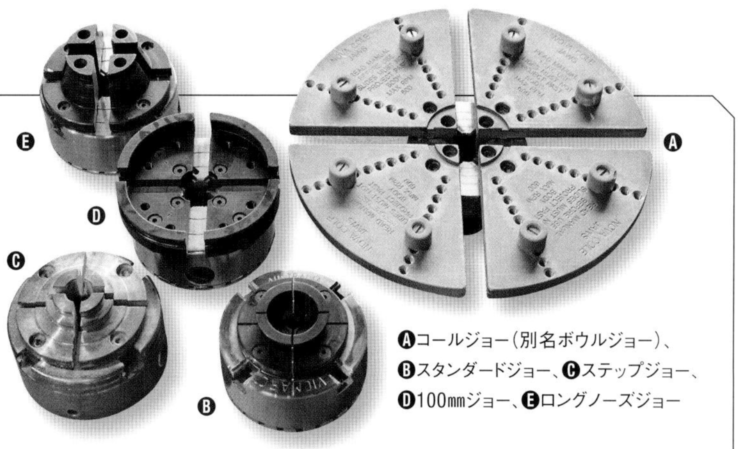

Ⓐコールジョー（別名ボウルジョー）、Ⓑスタンダードジョー、Ⓒステップジョー、Ⓓ100㎜ジョー、Ⓔロングノーズジョー

さまざまな爪（ジョー）

写真手前にあるⒷが標準タイプですが、ほかにもチャックの爪にはさまざまな形状があり、材料に合わせて適したチャックを使用します。なお、器作りでは標準的なチャック（スタンダードジョー）とコールジョーと呼ばれる大振りなチャックが必携です。そのほか、チャック類は必要に応じて買いそろえていきましょう

刃物の切れ味と形状が木工旋盤の重要ポイント

研ぎのための道具

木工旋盤で刃物の研ぎは避けて通れません。いくら上等な刃物を使っていても正確に研げていなければ、きれいな切削面を得ることはできません。初心者でも難しい研ぎを簡単にできるさまざまなジグが開発されています。ここでは研ぎのための標準的な道具を紹介します。

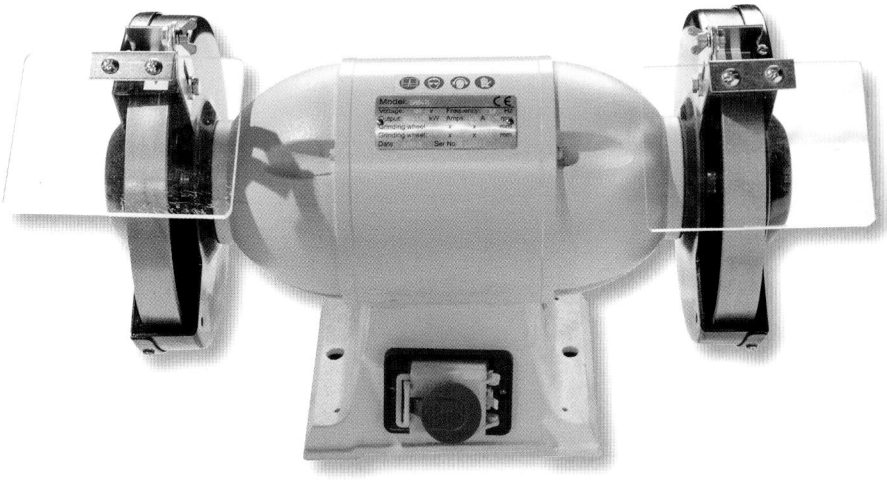

両頭グラインダー

左右にホイールを取りつけることができるグラインダーがもっとも一般的です。木工旋盤の刃物を研ぐ際、いくつか気をつけなければいけない点があります。そのひとつが摩擦熱を抑えることです。そのため、スロースピードグラインダーと呼ばれる回転数を抑えたグラインダーを選びます。また、グラインダーには主に6インチと8インチというふたつのサイズがあります。予算が許せば8インチのものを選ぶとよいでしょう

CBN

2010年代に入ってから急速に普及しているのがCBNと呼ばれるホイールです。通常アルミのボディに人工ダイヤモンドが電着され、半永久的に安定して研ぐことができます。砥石に比べてドレッシング（砥石そのものを磨くこと）などのメンテナンスが不要で、摩擦熱も抑えられる利点があります

ホワイトアランダム

グラインダーの砥石にも種類があります。通常グラインダーを購入するとホワイトアランダムと呼ばれる白い砥石が付随しています。ほかにも摩擦熱が抑えられる高性能なSGホイールと呼ばれる青色をした砥石もあります

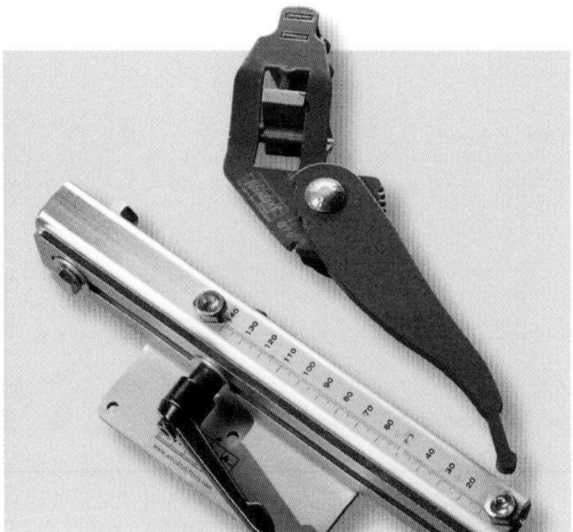

バイト研ぎ用のジグ

初心者でも安定して刃物を研ぐためには、研ぎジグが必要です。自作することも可能ですが、既製品があり、購入することができます。ジグを使うことで、毎回同じ角度、同じ形状に研げるようになります。写真は、ニュージーランド Woodcut Tools社のTru-Grindシャープニングジグで、ガウジ類の刃物からスキューチゼルやパーティングツールまでひと通り研ぐことができるすぐれものです。ほかにも、カナダOneway社のウルバリングラインディングジグなどもあります

安全&健康に留意しよう

安全のための道具

木工旋盤は、比較的安全に楽しめる木工といわれています。しかし、旋盤からはずれた材料で頭部や顔面を強打したり木クズなどが目に入ったりするなどの事故や、多量の粉じんを吸い込むことで起こる健康被害などが報告されています。安全に楽しむためにはリスクを把握して、しっかり対策を行なう必要があります。

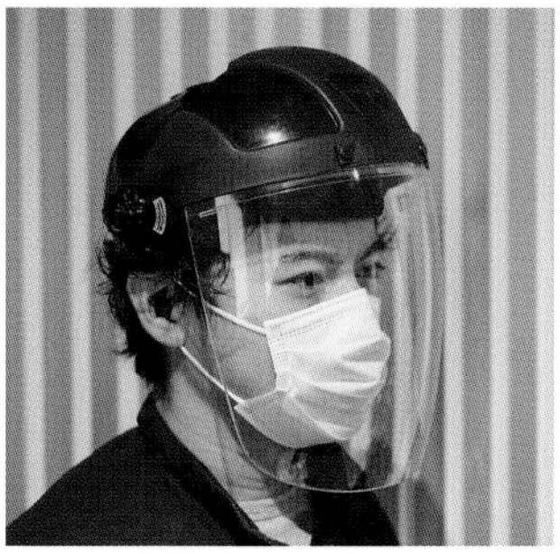

フェイスシールドとマスク

顔を保護するためのフェイスシールドは必ず装着しましょう。メガネをかけている人もその上から装着することができます。また粉じんを吸い込まないためにも、不織布のマスクを常に装着することをおすすめします

防じんマスク

サンディングでは、非常に細かい粒子が空気中を漂います。しっかりと防ぐためには国家規格基準の防じんマスクを装着してもよいでしょう

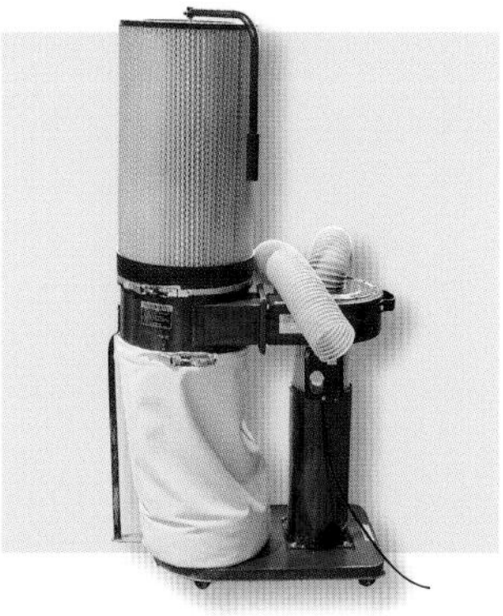

集じん機

粉じんに対しては、発生源から吸い取ってしまうことも重要です。そのためには集じん機を用意します。しかし、サンディングの際に発生する粒子はとても細かいため、1ミクロンフィルターを装着したものでないと、吸い込んだ粒子が結局空気中に漏れてしまいます

材料準備は木工旋盤の第一ステップ

木工旋盤用の材料にするための道具

調達した木材を木工旋盤に取りつけるためには、事前に細かくカットして準備しなければなりません。木材の加工のためにチェンソーやバンドソーなどの機械が必要になります。

バンドソー

バンドソーは帯状になった刃がぐるぐる回転することで木材を切断する機械です。写真はDIY向けの機種。板厚6㎝程度までなら難なくカット可能です。より大きな材料をカットしたい場合は、木工用の本格的なバンドソーが必要になります

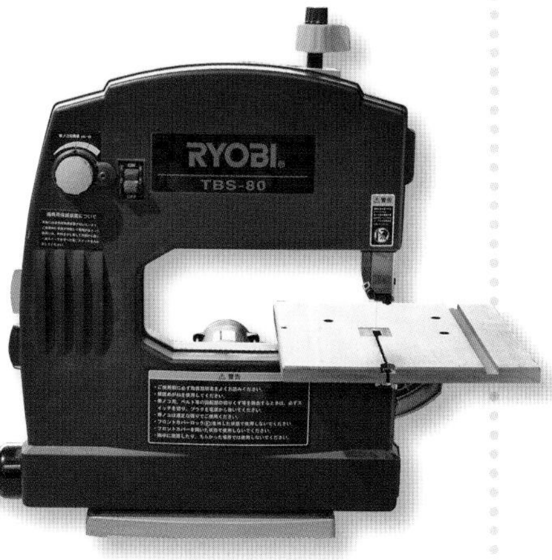

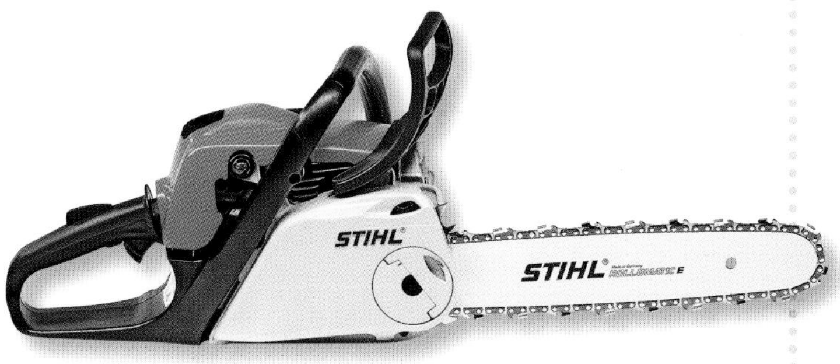

チェンソー

丸太や大きい塊で木材を入手した場合は、チェンソーを使ってさばく必要があります。個人使用であれば資格はいりませんが、安全な使い方を学んでおくことが必須です

材料

木を木工旋盤で加工できる木材にする

木工旋盤ではさまざまな種類の木材を使うことができます。ホームセンターや材木店で購入できる木材でもいいし、庭木の剪定枝を使うこともできます。どんな木材でも、木工旋盤に固定して回すことができれば材料として使うことができますが、食器として使うのであれば、合板や集成材は避け、無垢の木材を使用するほうが良いでしょう。ここでは木工旋盤で作業する前に木材について知っておきたいことを紹介します。

どこで入手するのか？

木工旋盤をとことん楽しむためには材料の確保が大きな課題になります。木工旋盤用に加工してある材料は一般流通していません。そもそも日本国内では木に関わる仕事をしている、山を持っているなど森にアクセスしやすい環境にいないと木材そのものを入手するのが難しいように思います。そんな木材の入手方法について、私の経験を踏まえながら検討していきたいと思います。

ホームセンター・量販店

ホームセンターやDIYコーナーが充実している量販店でも木材を購入できます。こういう場所で購入できる材料は、すでにきれいにカットされていますが、樹種やサイズは限られます。

インターネット

インターネットでも木材を購入できます。木材販売に特化したECサイトがあり、オークションサイトでは希少な木材などが売買されていることも。手軽に購入することはできますが、実際に手に取って選別することができないのが欠点です。

造園・庭師

造園業や庭師の方は、常にいろんな樹木を伐っています。それらの多くは通常産業廃棄物として処分しているので、了解を得られれば分けてもらえることもあります。ただし、個別対応になり、迷惑がられることも。事前に電話などをして相談してみましょう。

公園・河川

公園や河川などでは整備のために定期的に木の伐採をしています。その木材を分けてもらえることがあります。近くに大きな公園などがあれば管理事務所に問い合わせてみるのも手です。また河川での伐採木は、国土交通省の地方整備局や自治体が無料配布をしていることもあります。

木工旋盤教室・専門ショップ

全国にいくつかある木工旋盤教室では、材料の販売を行なっているところもあります。そのような場所で入手できる木材はすでに旋盤で加工できるように下準備がされたものが多いので、近隣にあればまずは訪ねてみましょう(P127参照)。

材木店・銘木店

近隣の材木店や銘木店を調べてみましょう。お店によって得意とする(取り扱う)樹木は違い、建材用の針葉樹であったり、家具用の広葉樹であったり、希少な木材をメインで取り扱っていたりとさまざまです。木材のプロなので材料についていろいろ教えてもらえるかもしれません。

製材所

一般ユーザー向けの販売を行なっていない場合がありますが、製材所が近くにあるのなら問い合わせるのも手です。材木店と同様に取り扱う木材に偏りはありますが、製材した板一枚から、または製材時に出る端材などを販売してくれるところもあります。製材所によっては乾燥済みの材料もあります。

木材から木工旋盤に適した材料へ

木工旋盤で加工するには、入手した木材を固定して回せるように下準備が必要になります。P20でさまざまな入手先を紹介しましたが、それぞれの入手先から得られる木材は大きさ、形、重さ、乾燥具合が異なります。木工旋盤で使用できる材料にするには木材の状態別にステップが異なります。入手した木材に合わせた保存方法や加工方法を確認しましょう。

❶基本の流れ

丸太

製材

チェンソーやバンドソーを使い、製作する作品の寸法に対し、ひと回り大きく切っておきます

乾燥

割れが入らないように処置しながら(P23参照)、数カ月～数年かけて乾燥させます

荒木取り

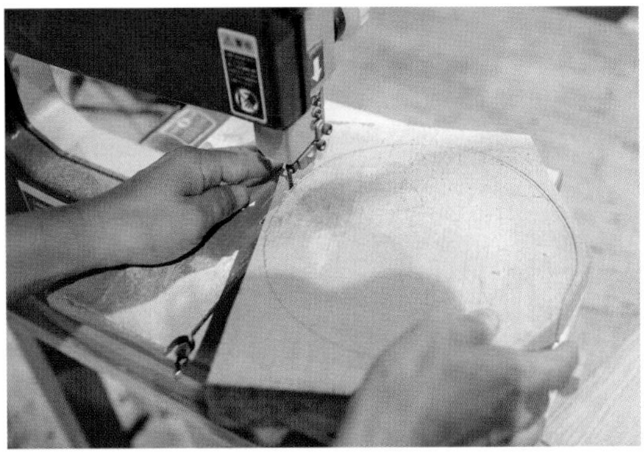

旋盤で回せるようにバンドソーを使って木材を丸く切り抜く、または角を落とします。大きな材料の場合、チェンソーを使うこともあります

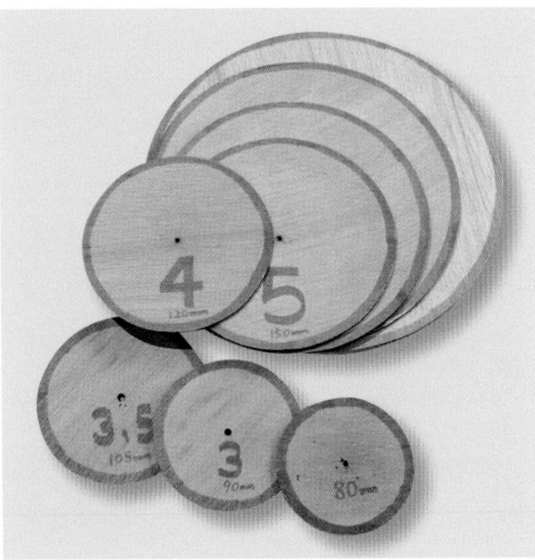

よく使うサイズは薄い合板を使って写真のようなテンプレートを作っておくと墨つけの際、便利です

❷木材の乾燥について

木工では乾燥した木材（乾燥材）を使用するのが一般的です。木工旋盤でも乾燥材を使うようにしましょう。もし入手した木材が乾燥していない生木だったときは、乾燥させる必要があります。乾燥していない材料を使って製作すると、割れや変形が発生します。

木材乾燥はとても難しく、乾燥途中で木材が割れてしまうことがあります。木材乾燥のコツは「ゆっくり乾かすこと」です。急激な乾燥は割れの原因となります。また、樹種にもよりますが、3cm程度の薄い木材で乾燥するまでに半年～1年、7cm程度の木材で2～3年ほどかかります。なお、長期間乾燥させても内部には多少の水分が残ります。

ここでは生木を手に入れた人でもできる木材乾燥の方法を紹介します。どの方法も、生木から荒取りをしたあと、風通しが良く、日の当たらない場所に置いて乾燥させます。表面や木口に小さな割れが入り始めたらこれらの方法を行なうと良いでしょう。

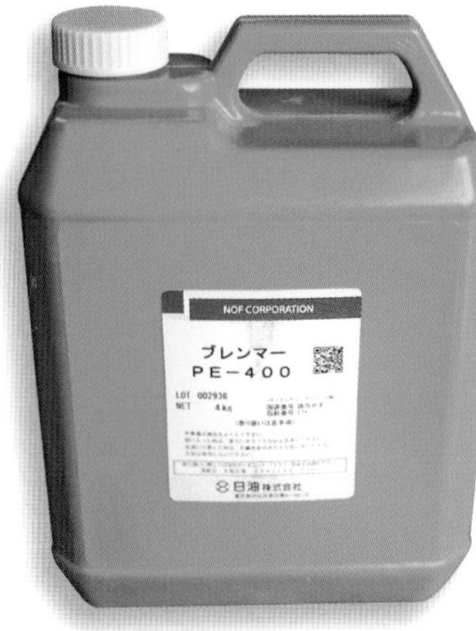

割れ防止専用薬剤

木材の割れ防止専用の薬剤も市販されており、インターネットで購入可能です。本としての汎用性を考慮して入れましたが、食器となる木材への利用はメーカーに安全性を確認しましょう

新聞紙やビニール袋をかぶせる

新聞紙で包んだり、ビニール袋をかぶせることで表面の急激な乾燥を抑制することができます。しかし、数日ごとにカビが生えていないかなど状態を確認し、定期的に交換する必要があります

電子レンジ

数カ月乾燥させ割れや変形の進行が収まった材料であれば、電子レンジを使ってさらに乾燥を促すことも可能です。ただし、電子レンジにかけすぎると割れが発生したり、焦げてしまったりするので、加減が必要です

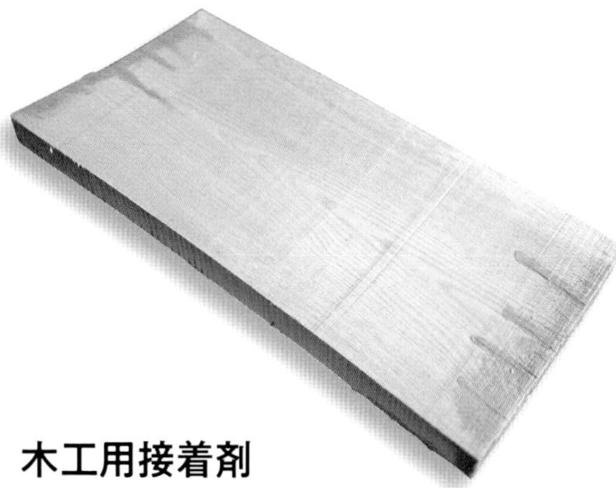

木工用接着剤

割れが多く発生する木口や表面に木工用接着剤を塗ることで急激な乾燥を抑えます

木のことを知って
作品づくりにいかしましょう

木材の基礎知識

もの作りにおいて使用する素材を知っておくことはとても重要です。
とくに木は生き物であり、樹種や部位によってその性質は大きく異なります。
また木工旋盤で加工する際の木繊維の方向（並び方）も加工に大きく影響します。
ここでは、木材についての基礎知識を紹介します。

❶木材の部位の名称と特徴

木工旋盤の材料を準備するうえで、木材の部位とその特徴を知っておく必要があります。

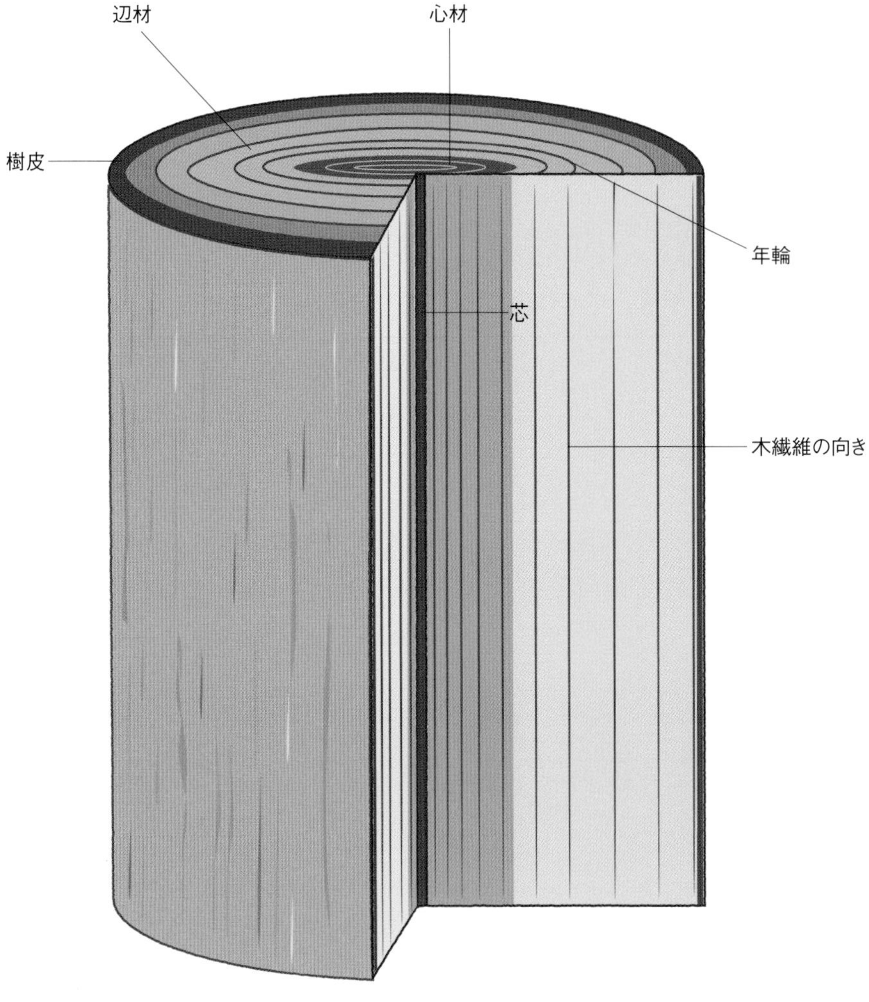

年輪

木目として現れます

木繊維

木材を構成する繊維。この繊維方向によって後述する縦木、横木に分かれます

辺材

周辺部に位置する部材で、心材に比べて白っぽい色をしており、変形・収縮が起こりやすいです

樹皮

樹の皮。木材の乾燥時に皮がついていると虫が入りやすいため、取り除くほうがよいです

芯

丸太のいちばん中心の部位。木材はこの芯から放射状に割れるため、材料を切り出す際に、芯を取り除く必要があります

心材

内側の部材で辺材に比べて濃い色をしています。材料として使いやすい部位です

❸縦木と横木

木工旋盤では、木繊維の向きが回転軸に対してどこを向いているかによって縦木（センターワーク）と横木（フェイスワーク）に分類されます。縦木と横木では使用する刃物が違い（ラフィングガウジ、パーティングツールは縦木専用です）、また刃物を移動させる方向が逆になります。しっかり区別しておかないときれいに仕上げられなかったり、ケガをするリスクもあるので、正しく理解しましょう。

縦木と横木の図

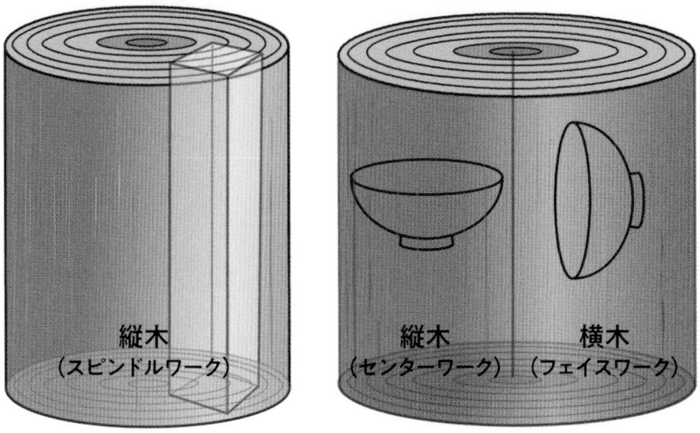

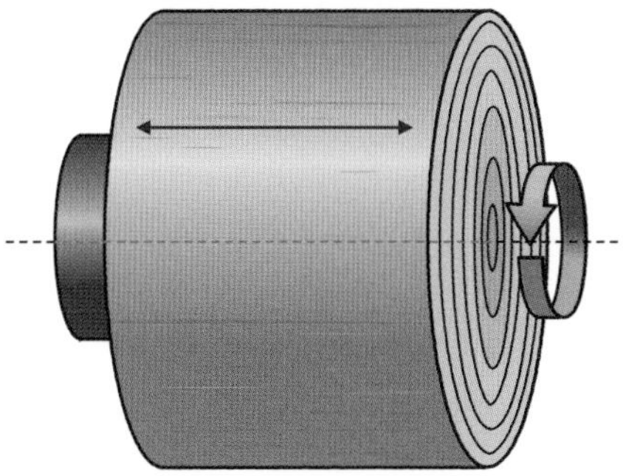

縦木
（センターワーク）

木繊維の向きは、回転軸と平行です。コップなど縦長の形状や丸棒を削る際は縦木になります。大根のかつらむきのようなイメージです

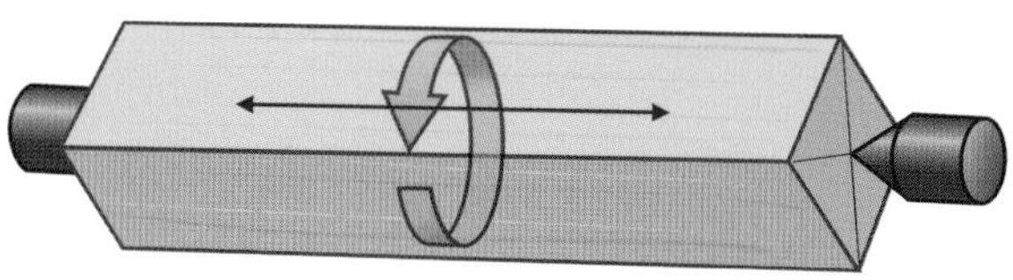

角材から丸棒に加工するのも縦木（センターワーク）の一種でスピンドルワークとも呼ばれます

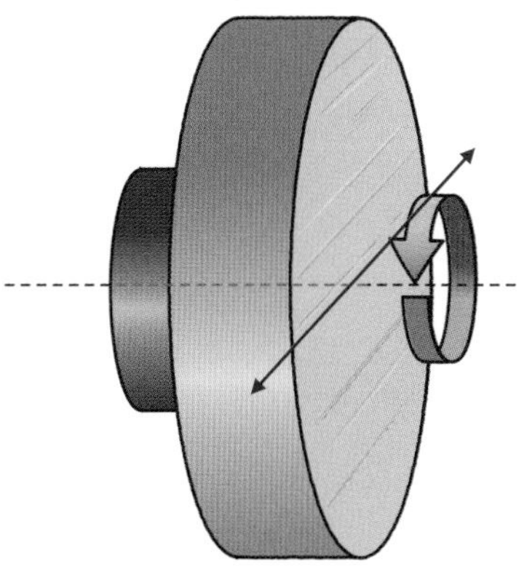

横木
（フェイスワーク）

木繊維の向きは、回転軸に対して直交しています。お皿などを削る際は横木になることが多いです

❷木材の収縮と変形

木材は、水分が蒸発し、乾燥する過程で収縮し、また部位によっては変形も起こります。この収縮を上手にコントロールできない場合、割れが発生してしまうことになります。この木材の収縮や変形には、樹種、生育場所、製材された部位などさまざまな要因があります。それぞれの部位で起こる収縮の方向と割合はイラスト「木部による収縮率の違い」のとおりです。また、どのように製材されたかによっても木材の変形が異なります。接線方向での収縮率が大きいため、イラスト「木部による変形の違い」のような変形を起こします。

木部による収縮率の違い

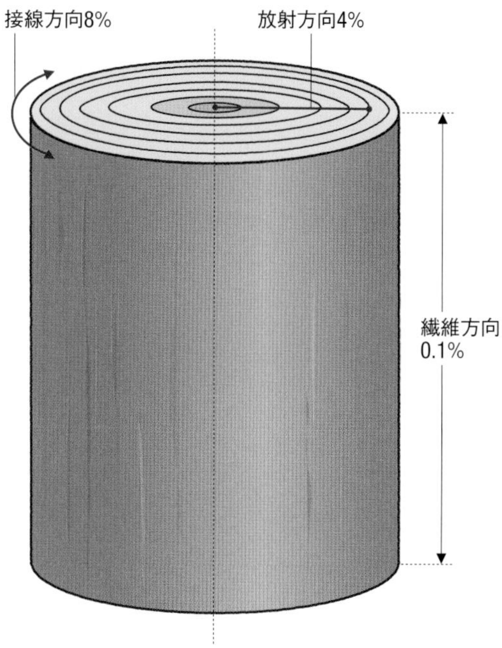

木部による変形の違い

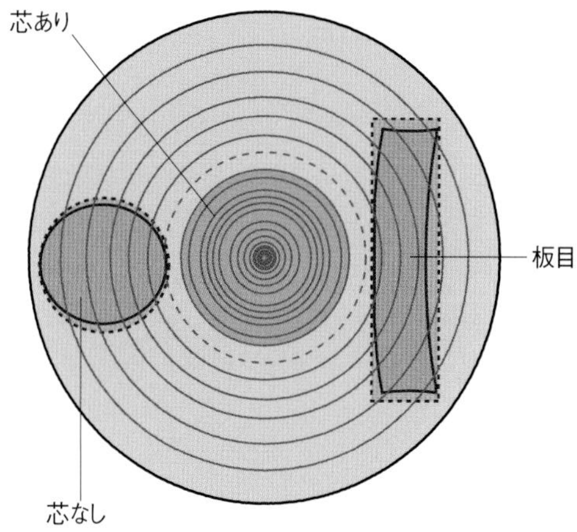

お気に入りの樹種を見つけよう

樹種で変わるお皿の色と表情

同じ形の小皿だけれど樹種が違うだけでこんなにも表情が変わります。食卓に器が並んだ様子を思い浮かべながら樹種を選んでみませんか?

シデ
クリ
ケヤキ
イタヤカエデ
カイズカイブキ
クルミ
ミズナラ
ホオノキ
タモ

［イントロダクション3］

木の器がある食卓の1日

お椀。作り方はP80

パン皿。
作り方はP86

朝の時間

取っ手つきボウル。
作り方はP90

丸い重箱。
作り方はP106

昼の時間

食後にお茶を……

お盆。作り方はP112

小皿。作り方はP58。
コーヒーメジャー。作り方はP120

おやつの時間

ケーキスタンド。作り方はP100

小皿。作り方はP58

夜の時間

調理べら。作り方は116

鎬(しのぎ)を擦(す)るを習得しよう

削り方の基本

きれいな作品をつくるためにまず習得したいのが「鎬(しのぎ)を擦(す)る」というテクニックです。英語ではベベル・ラビングといいます。刃物の鎬と呼ばれる箇所を木材に擦らせながら加工できるようになると、スムーズな切削面を得ることができます。ここではそんな「鎬を擦る」を理解するために欠かせない3つのステップを解説していきます。

1 切ると削るの違い

一般的に「削る」と表現されるものにも木工旋盤には「切る」、「削る」のふたつの動作と切断面、切りクズの状態があります。「切る」というのは繊維を断ち切っていくことです。削りクズがシュルシュルと出ます。一方、「削る」というのは表面をガリガリとこすり取っていくことです。木工旋盤の技術を覚えるうえで、この「切る」と「削る」の違いを意識することはとても大切です。工程ごとにしっかり使い分けていきましょう。

鎬を知ろう

木工では、砥石にあてて研がれた面のことを鎬といいます。鎬面ということもあります。丸い砥石で研がれているため、厳密には平面ではなく、わずかにくぼんだ形状になります。

写真で学ぶ

「切る」と「削る」の違い

切ると削るの違いを、切り出し小刀で鉛筆を削って説明します。

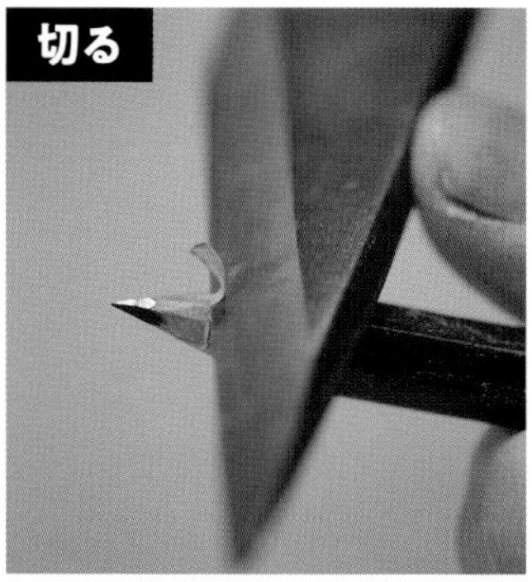

鉛筆を削るとき、刃を寝かして、表面をスライスするように刃を動かします。これが"切っている"状態です。写真のような細長い切りクズが出ます。刃の入り方次第でカールした切りクズになることもあります

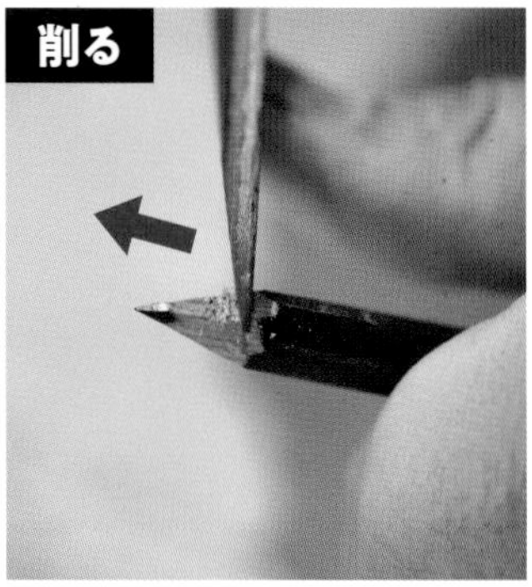

刃を切削面に対して垂直にあてて、表面を矢印の方向にこする（またはひっかく）動作をすると粉状のクズが出ます。この状態が"削っている"状態です

＊写真の矢印の向きは刃物を動かす方向です

キャッチと呼ばれる怖い現象

切るともつかない削るともいえない"中途半端な角度"で切り込んだとき、刃は材料にぐっと食い込みます。この刃の角度が適切でない場合に起こる現象を「キャッチ」と呼びます。

鉛筆削りでは自分で鉛筆と刃物を持ち、自分の力だけで削るため食い込みを抑えられます。一方、木工旋盤は木材がモーターで強力に回転しています。そこに中途半端な角度で材料に刃を入れると、刃が大きく食い込み、作品に大きな傷が残ってしまいます。また場合によっては、刃物を通じて"ガツン!"と大きな衝撃を受けたり、最悪のケースでは作品が割れたり、ケガをする危険もあります。

キャッチを起こしても、あわてず冷静になってどんな角度で刃物を材料にあてていたかを検証するといいでしょう。自然と間違った角度で刃をあてることが少なくなります。

中途半端な角度で鉛筆に切り込んでしまった刃

木工旋盤でキャッチを起こした例。キャッチによる大きな傷がついている

2 刃物の溝の向きは進行方向に45度

ふたつ目のステップは、具体的な刃の構え方です。木工旋盤で主に使用する刃物のボウルガウジなどには溝があります。この溝の向きを削り進んでいく方向に45度傾けます。時計でたとえると、右に進むのであれば2時に、左に進むのであれば10時の方向に傾けます。

刃を正面から見た図

＊矢印は刃物を動かす方向です

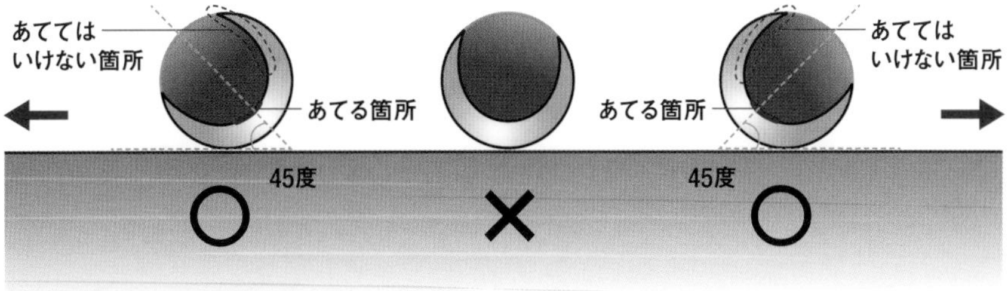

刃物の向きNG例①

刃物の溝を真横に倒しすぎると、材料が刃先に触れても自然と切れていかず、材料に刃物を強引に押しあててしまいます

左から右に削り進めていくときは、刃物の溝が右に45度（2時の方向）傾くようにします

刃物の向きNG例②

刃物の溝は真上に向けない。刃物の溝が上を向いていると、進行方向の反対側に刃物があたり、キャッチのリスクが高まります

刃物の溝が正確に45度で傾いていれば、刃先が触れた箇所が自然に切れていき、写真のように切りクズが出てきます

3 刃物のハンドルの位置と角度

鎬を擦るための最後のステップはハンドルの角度です。いくら刃物の溝を45度に傾けても、ハンドルの位置が正しくなければきれいな切削面に仕上げることはできません。とくに、曲面を削ることが多い木工旋盤では削り進むにつれてハンドルの位置を動かし、常に鎬が擦れている状態にしなければいけません。

ハンドルの位置のNG例

ハンドルを正確に動かせていないと、刃物の溝を45度に傾けても、鎬が面であたりません

鎬が面であたらないため、刃がぶれやすく、写真のような波紋がたくさんついてしまいます

こんなときに起こりやすい

初心者でやりがちなのが、削り進める中で右手の位置が変わらず、鎬を擦れないまま、刃先1点のみをあて続け、表面が凸凹してしまうことです

内側を彫るときのハンドルのポジション

内側も同様に、ハンドルを持つ右手は体から離れた位置からスタートします

削り始めて中央付近まで削り進んでくると、右手が体に近づいてきます

外側を削るときのハンドルのポジション

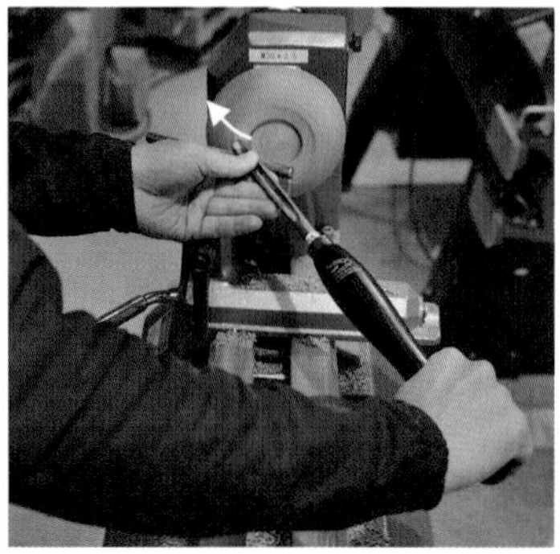

お皿の外側を削るときなどは、ハンドルを持つ右手が体から離れた位置からスタートします

削り進むにつれて、徐々に右手が体に近づいてきます

削り終わるころには、体のすぐそばに右手があります

4

各刃物の基本の使い方

ボウルガウジ以外の刃物の基本的な使い方を解説します。どの刃物も①刃物台の高さ、②鎬を擦らせる、③ハンドルの位置がポイントになります。それぞれの刃物の使い方を覚えましょう。

パーティングツール

縦木での加工で、溝をついたり、切り離すときに使用します。刃物台の高さは回転軸と同じ高さにしますが、材料のサイズ(径)によって調整が必要です。

正しい刃のあて方

まず、鎬部分を材料の上に置きます

鎬を擦らせながら右手を引いていくと、刃先が材料に触れ削りクズが出始めます

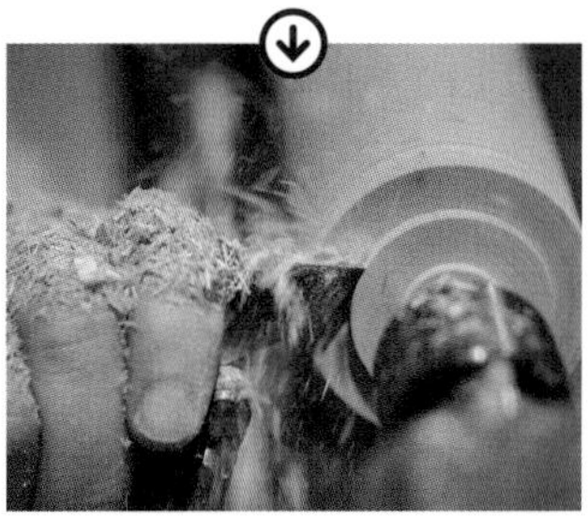

削りクズが出たら、そのまま前方へ刃を押します。材料に対し常に接線で刃をあてるようにすると鎬を擦らせて削っていけます

間違った刃の位置

写真のように、接線であてず、刃先を突き刺すようにあてるのは間違いです

スキューチゼル

主に縦木の丸棒削りや細かい細工を削り出すときに使います。また刃を寝かせて、スクレーパーのように使う場面もあります。尖った先端をロングポイント、下がったほうをショートポイントと呼びます。

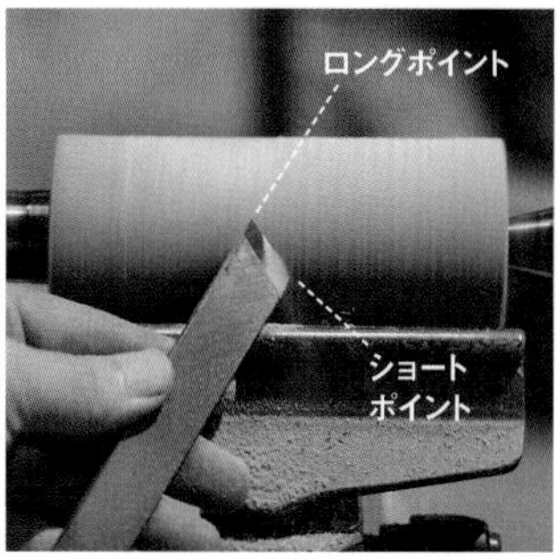

丸棒削りの際は、ロングポイントを上にした状態で、材料に対して刃が45度の角度であたるように構えます。刃の中心から下側(ショートポイント側)が材料にあたるようにすると安定します。このとき、刃の裏側の鎬が材料に擦れているようにしましょう。刃物台の高さは、自然に刃物を構えた際に、刃が回転軸の高さになるところが適しています

細工削りなど細かい加工をするときは、ロングポイントを使って切り込みます

刃物台に寝かせてスクレーパーのように使うこともあります。チャックのつかみ穴の側面を仕上げる際に重宝します

ラフィングガウジ

ラフィングガウジは縦木専用の荒削り用の刃物です。荒削り用ですが、使いこなせばさまざまな作業ができます(P54参照)。

荒削りの際は、回転軸に対して90度で構えます

鎬は接線で擦らせます。刃物台の高さは、回転軸と同じ高さにすると良いでしょう。ただし、材料の直径によって最適な高さは変わります

写真のように鎬が擦れていない状態でも削ることはできますが、切削面が荒れてしまいます

コップ内側の側面など切削面に対して垂直に刃をあてられない場合は、サイドカットスクレーパーなどが有効です

サイドカットスクレーパーの刃。段欠きされたような形状をしている

切削面に対して、スクレーパーの刃を垂直にあてるのが基本です

コップの内側など深い箇所を削る場合は、ボックスツールレストという刃物台を使用するとスクレーパーが安定します

スクレーパー

スクレーパーは凸凹を削り取り表面を整えるときに使います。扱い方を間違えるとキャッチを起こしやすい刃物なので、慎重に作業しましょう。

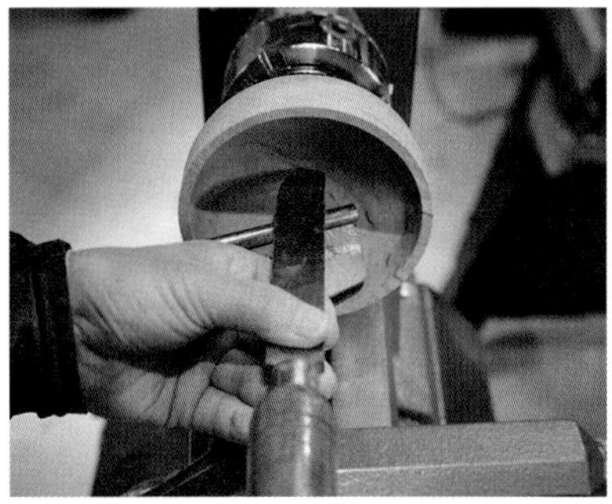

刃物台は、スクレーパーを水平に構えたときに、刃の上端が回転の中心にくる高さにします。切削面との距離は5～10mm程度が望ましいですが、真っすぐな刃物台ではそれが難しい場面もあります

ボウルガウジの応用的な削り方

ボウルガウジでは、P36で解説した削り方が基本となりますが、作業場面に応じていろいろな切削作業ができます。

引き切り（プルカット）

通常の削り方で鎬が擦れない場所やフェイスワークの外形を大まかに削るときに有効な削り方です。刃物の構え方を間違えると大きなキャッチを引き起こすので、注意しましょう。

溝は進行方向側に向け、左側の刃が切削面に対して45度であたり、その刃のすぐ裏の鎬が擦れるようにし、刃物を引きながら削ります

刃先が45度で材料にあたるようハンドルを大きく下に構えます。ハンドルが上がり刃物全体が水平に近くなるとキャッチのリスクが高まります

スクレーピング

溝を真横に寝かせ刃をあてることでスクレーパーと同じような削り方が可能です。局所的に面を整えたいときに有効です。キャッチのリスクが少なく、初心者でもやりやすいテクニックです。

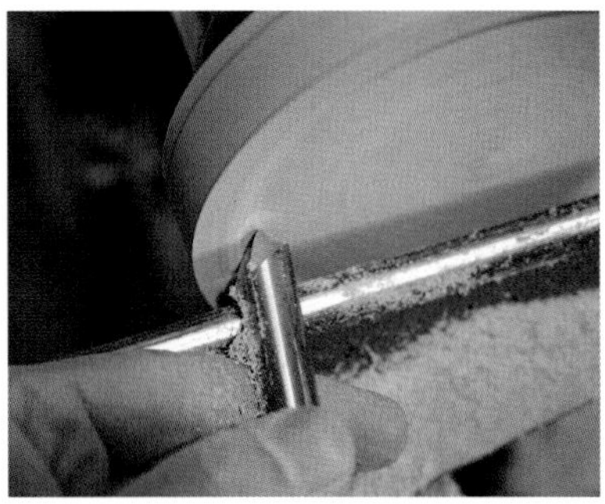

溝を真横にして、下にくる刃を切削面に対して垂直にあてます

5 順目で削る

木工旋盤で木を切削する際、刃物は常に木の繊維を断ち切っています。正しい方向（順目）で削っていればなめらかな切削面に仕上がりますが、逆の方向で削ると切削面が荒れます。ここでは順目と逆目の違いと、正しい刃物の移動方向を解説します。

順目と逆目

木材は繊維の束です。刃物は常にその繊維の束に切り込んでいます。繊維の束をなでるように削ることを順目といいます。逆に、繊維の束を逆立てる方向で削ることを逆目といいます。

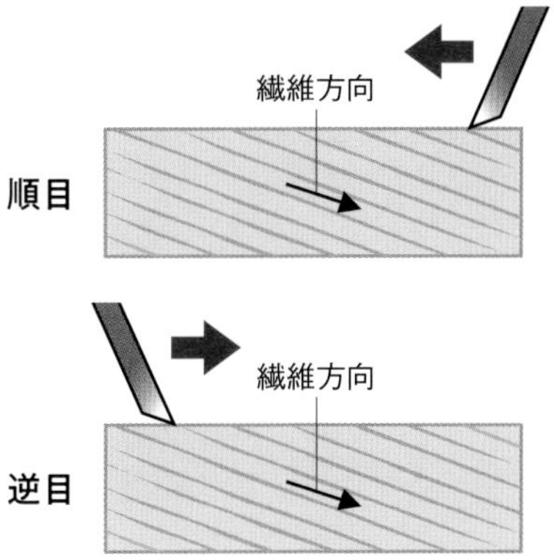

逆目で荒れる理由

逆目で削った場合、繊維に刃があたり、束になっていた繊維が割け、めくれ上がります。めくれ上がった箇所を刃が切っていくため、イラストのような凸凹とした形状になり、切削面が荒れます。

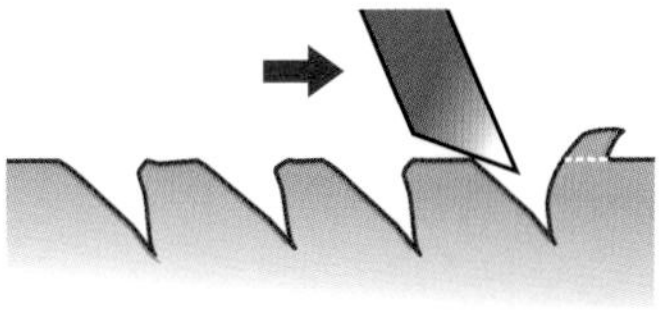

横木（フェイスワーク）では必然的に逆目になる箇所がある

横木（フェイスワーク）ではイラストのように逆目になる箇所が2点あります。よく切れる刃物で、鎬を擦らせながら削って、できる限り切削面の荒れを防ぎましょう。

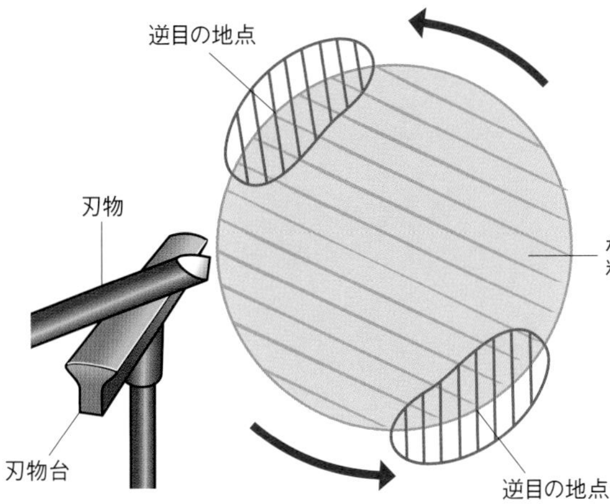

縦木・横木での刃物の動かし方

木工旋盤では順目で削る必要があります。そのため、イラストのように縦木と横木では刃物を動かす方向が異なります。

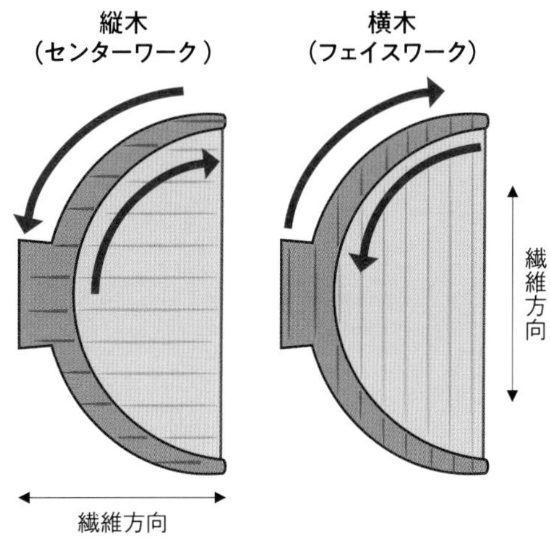

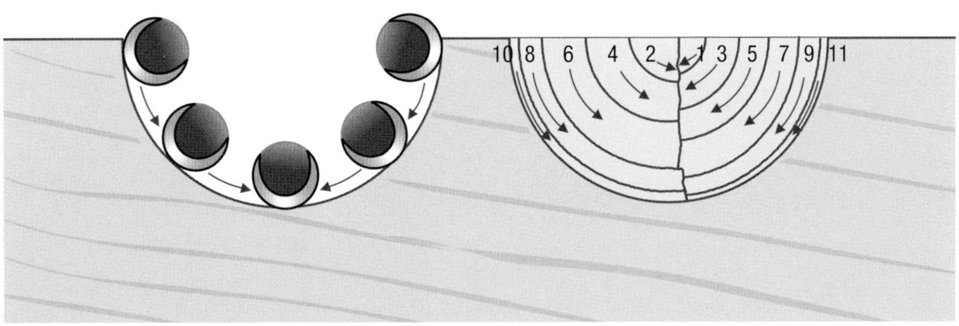

スピンドルワークで順目に削る

スピンドルワークでは、常に高いところから低いところへ向かって刃物を動かします。木工旋盤では「丘を下る」と表現します。逆目になるため、低いところから高いところへ動かしてはいけません。

刃物の切れ味の良さが仕上がりを左右します

刃物の研ぎの基本

木工旋盤でもっとも重要な作業といえるのが刃物の研ぎです。正しい刃の形を知り、常に刃物の切れ味を保ちましょう。

木工旋盤では刃物の研ぎが欠かせません。それぞれの刃物には正しい形状があります。その形状になっていないと削りにくくなり、さらにはキャッチを起こしやすくなります。初心者にとって、刃物を同じ角度かつ正しい形状に仕上げるのは難しいですが、刃物の研ぎ専用のジグが開発されています。そのジグを使うことで安定して効率よく研ぐことができます。ここでは、それぞれの刃物の正しい形状とWoodcut社の「Tru-Grindシャープニングシステム」を使って刃物の研ぎ方を解説します。

刃物を研ぐための機材と環境の例

8インチスロースピード両頭グラインダーに取りつけたCBNホイールは左側が600番、右側が180番。600番は普段の研ぎに、180番は刃先の形状を大きく変えるとき、スクレーパーを研ぐときに使います。

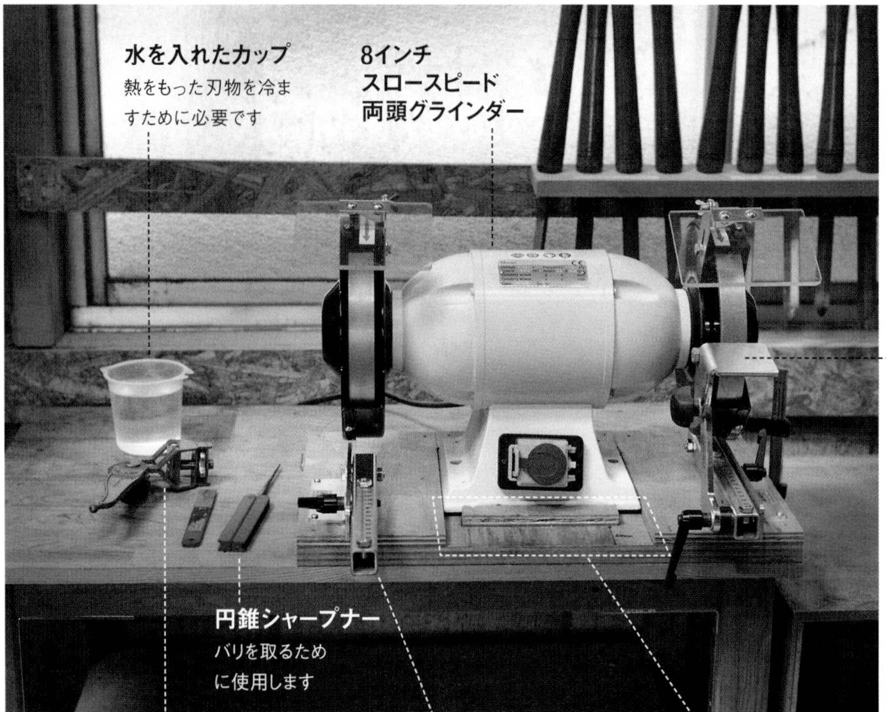

Point 3

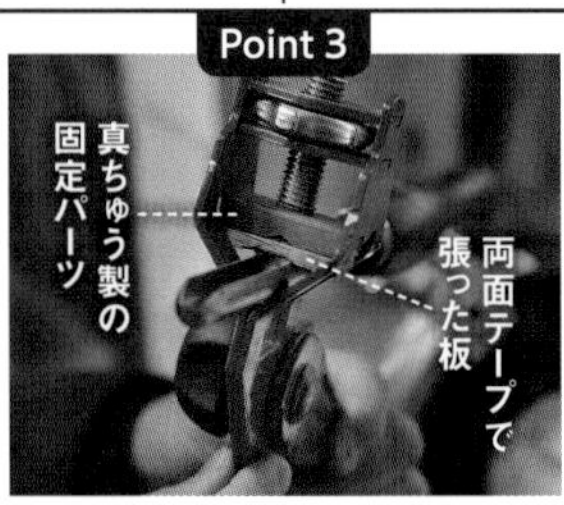

Tru-Grindツールホルダー

刃物を研ぐときに装着します。ツールホルダー本体の固定パーツは真ちゅう製で中央部に三角の切り欠きがあります。この固定パーツでスキューチゼル以外の刃物を固定すると傾いてしまうことがあるため、普段は写真のように板を両面テープで張って使用します

Point 2

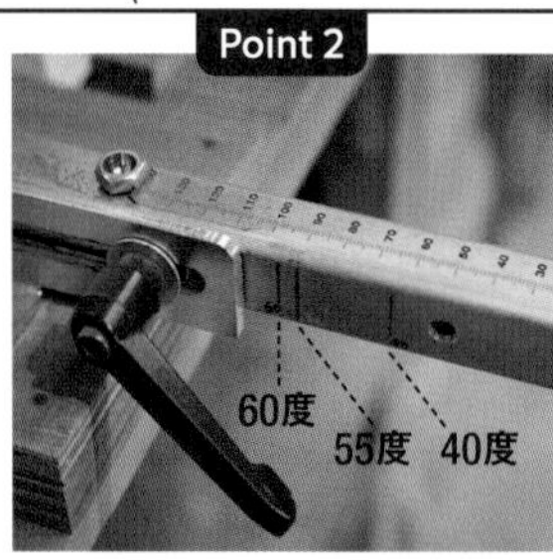

Tru-Grind シャープニングシステム

刃物を研ぐときは、このベーススライドの上に置いて研ぎます。ベーススライドの引き出し位置で刃物の研ぎ角度が変わるため、油性ペンなどでよく使う位置に印をつけてすぐ変えられるようにしておくのがおすすめです

Point 1

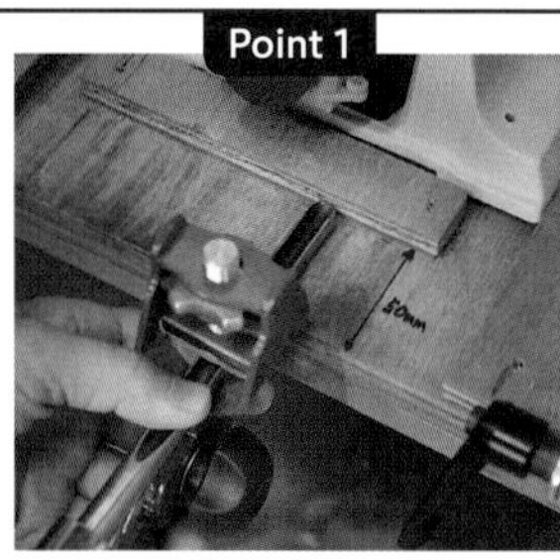

ジグ

Tru-Grindシャープニングシステムで刃物を研ぐときはツールホルダーから刃先までの距離を50㎜にする必要があります。そこでグラインダー前にツールホルダーセット用のジグを作り、定規でいちいち測らずにツールホルダーを取りつけられるようにします

ジグを使った研ぎの基本の流れ

使用頻度の高いボウルガウジを使い、Tru-Grindシャープニングシステムを使って一連の研ぎの流れを紹介します。

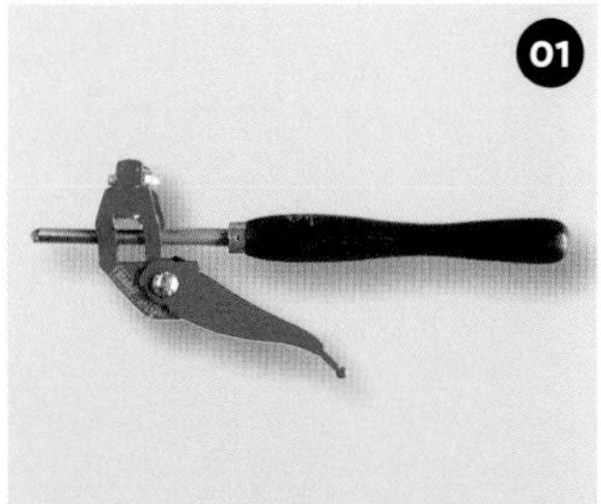

研ぎ台のジグにあて刃物にツールホルダーを装着します

ツールホルダーの足の先端をベーススライドの先端のポケットに置きます

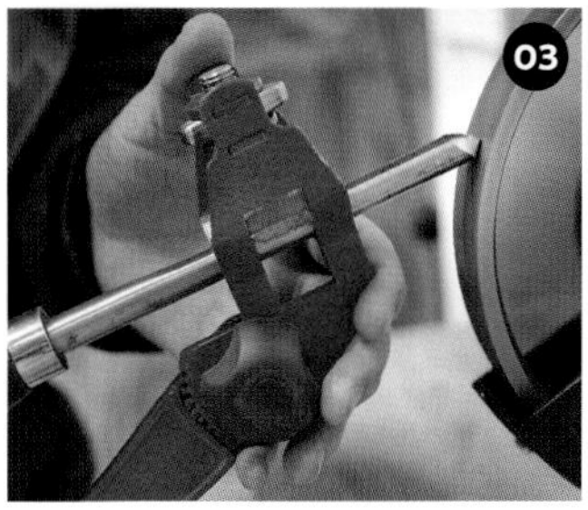

グラインダーのスイッチを入れ、そっと刃先をホイールの上に載せます。このとき、左手は軽く支える程度

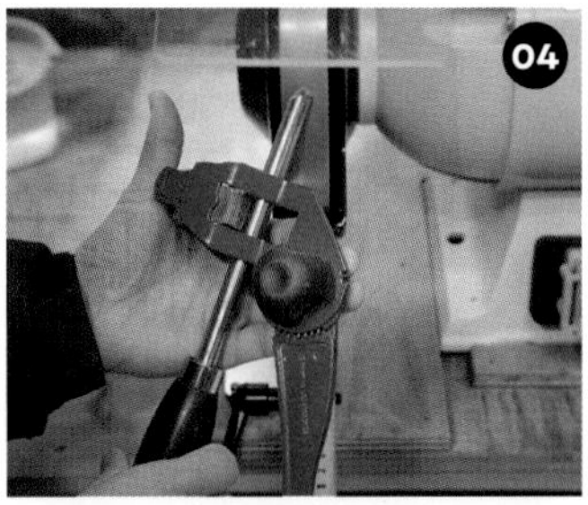

左右交互に倒せるようにするため、ツールホルダーを握らず、支える程度にします。まず左の鎬を研ぎます

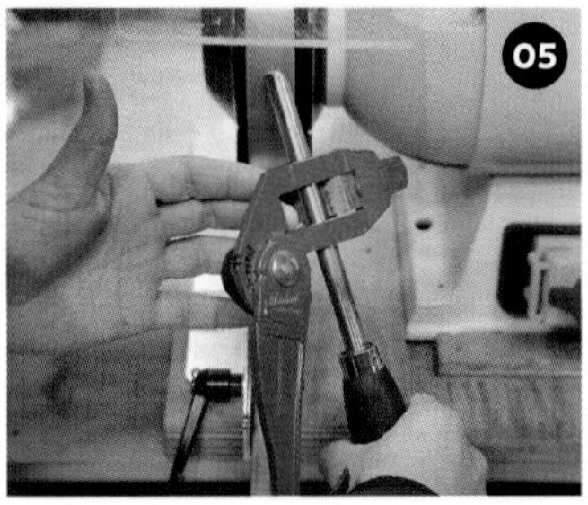

左の鎬の端まで研いだら、次に右に倒します。鎬の先端まで研げるように倒していきます。通常の研ぎでは、左右に2～3回往復したら十分です

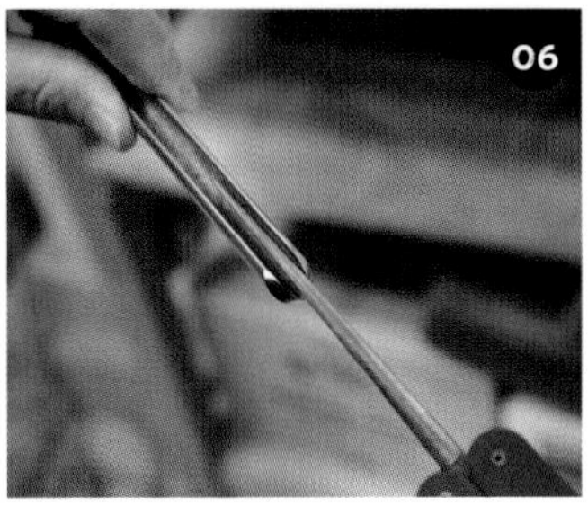

ツールホルダーを取り外し、円錐シャープナーで内側に出たバリを取り除きます。このとき研いだ刃先を丸めてしまわないように溝に沿わせて行ないます

ツールホルダーの足の部分は9段階に角度が変えられるようになっています。角度を変えることで鎬部分をどこまで後退させるか決めることができます。ここでは、4番に合わせます

刃物を研ぐときのチェックポイント

刃物の研ぎは刃を傷めずに研ぐことが大切です。ポイントを押さえて作業を行ないましょう

刃先の摩擦熱を高温にしすぎない

刃物を研ぐときは刃先の摩擦熱を抑えるため、水につけて冷ますことがあります。しかし、急激に冷ますと金属がもろくなる恐れがあり、この作業を推奨していないメーカーもあります。摩擦熱を抑えて研ぐためにも、熱を帯びにくいCBNホイールがおすすめです

左右に倒す動きはスムーズに

研ぎで重要なポイントは素早くきれいに研ぐことです。そのためには左右に倒す動きをスムーズに行なう必要があります。停滞してしまうと、局所的に熱を帯び、金属が青くなってしまいます。これは青熱脆性（せいねつぜいせい）と呼ばれ、金属がもろくなる現象です。このような状態にならないように注意しましょう

熱を冷ますため、こまめに刃先を水につけます。しかし、CBNホイールでは熱を帯びにくいので頻繁に行なう必要はありません

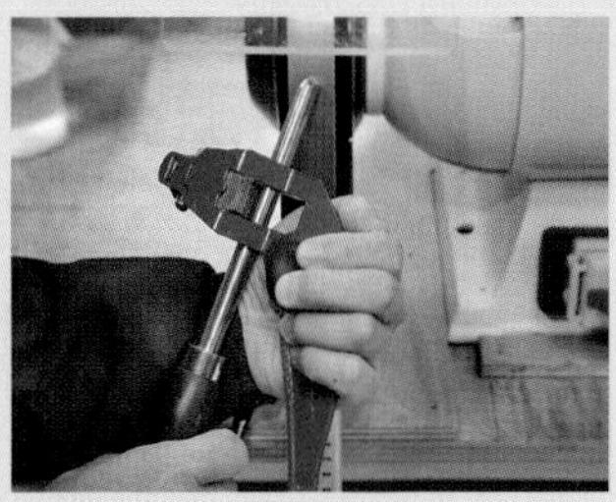

このように左手で研ぎジグを握るのはNGです。手首を大きく動かすことになり、スムーズにツールホルダーを倒すことができません

青熱脆性が発生した刃先

スピンドルガウジの正しい形状

スピンドルガウジの研ぎ方はボウルガウジと同じです。ただし、ボウルガウジと違って、さまざまな角度がありますので、その角度に合うようにベーススライドの位置を調整してから研ぐようにしましょう。

正しい刃の形

写真のように側面から見たときに鎬側面がフラット、またはゆるやかな弓なりのカーブになっていることが望ましいです

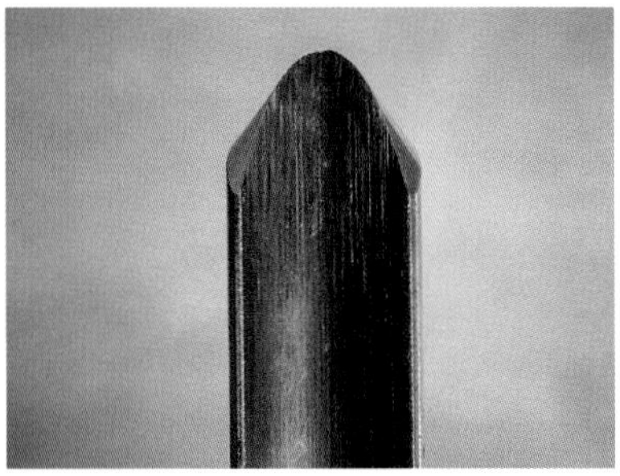

真上から見ると刃先がきれいな放物線を描いています

悪い刃の形

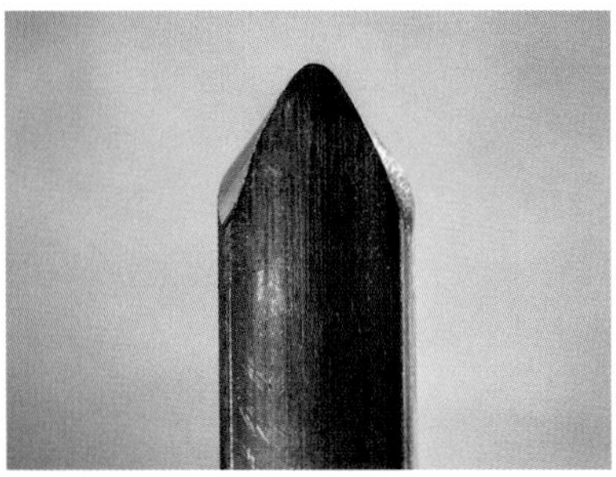

写真のように、先端が尖りすぎていると旋盤作業でのコントロールが難しくなってしまいます

悪い刃の形②

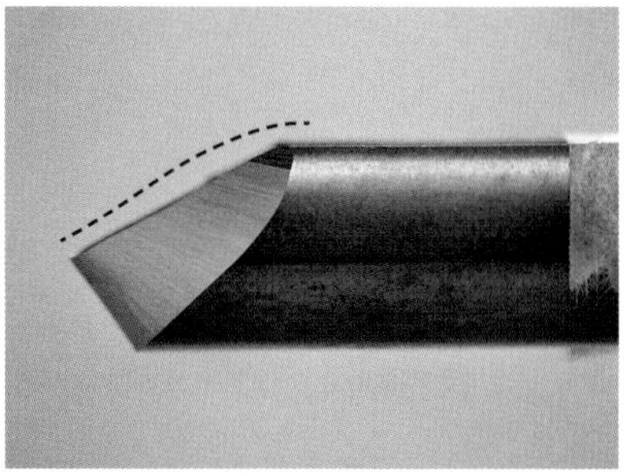

刃の先端から鎬側面の先にかけてへこんでしまっています

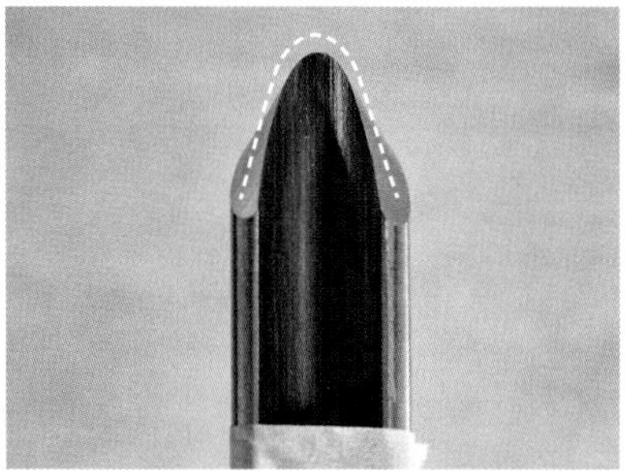

上から見てみると先端が尖りすぎています。これは刃の側面を研ぎすぎたケースです。先端が尖りすぎているため、削りにくくなります。またスクレーピングのような使い方ではうまく削れません

悪い刃の形③

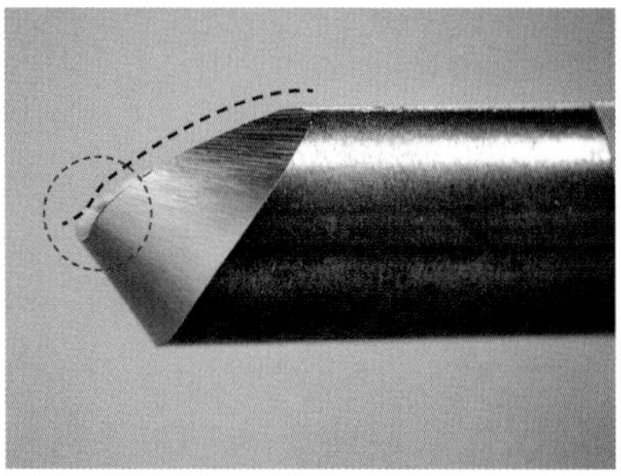

先端が極端にくぼんでいます

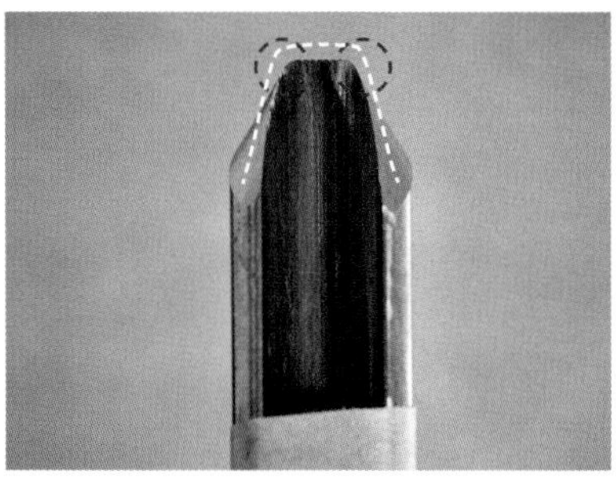

上から見ると刃先が平らになっています。先端を研ぎすぎて平坦になってしまい、写真のように丸く囲んだ箇所が出っ張っています。この出っ張りが原因でキャッチが起こることがあります

ボウルガウジの正しい形状

上から見た形状、側面から見た形状で、正しい形状と悪い形状を見てみましょう。刃の形が崩れると、材料が削りにくくなるのですぐ気づくと思います。また最悪の場合は、キャッチを起こしやすくなります。ボウルガウジは50度～60度で研ぐことが多いですが、おすすめは55度です。

正しい刃の形

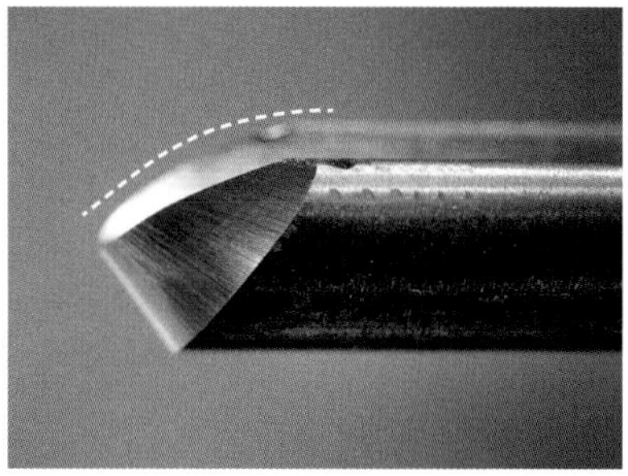

側面から見た写真。刃の先端から鎬側面の先端までが弓なりのゆるやかなカーブを描いている形状が望ましいです

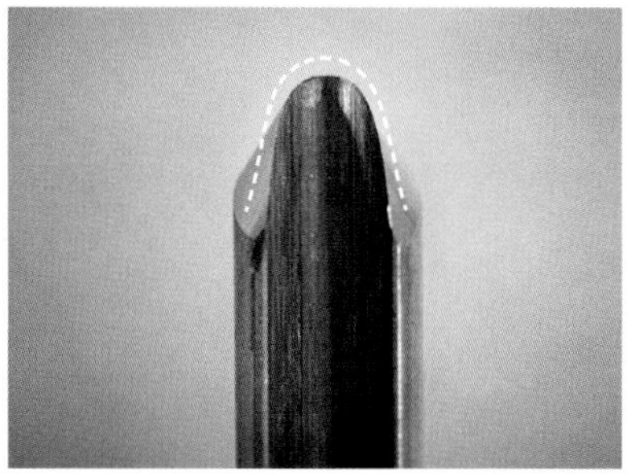

刃を真上から撮った写真。刃先がきれいな放物線を描いていればきれいに研げています

悪い刃の形①

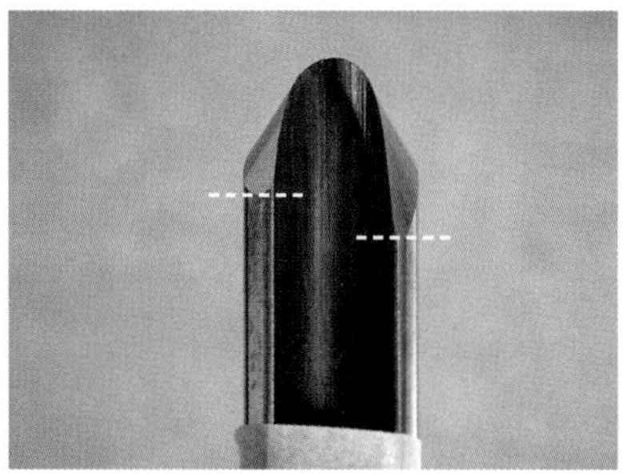

左右の鎬側面の長さが違います。刃物は左から右へと両側を使うため、鎬側面の形が左右非対称だとうまく削れないことがあります。刃物を研ぐ際は、左右対称になるように刃を研いでいきましょう

パーティングツールの研ぎ方と正しい形状

パーティングツールの刃先の形状は横から見て50度から60度、真上から見て直角になっていることが大事です。この形をTru-Grindシャープニングシステムで研ぐにはコツが必要です。

研ぎ方

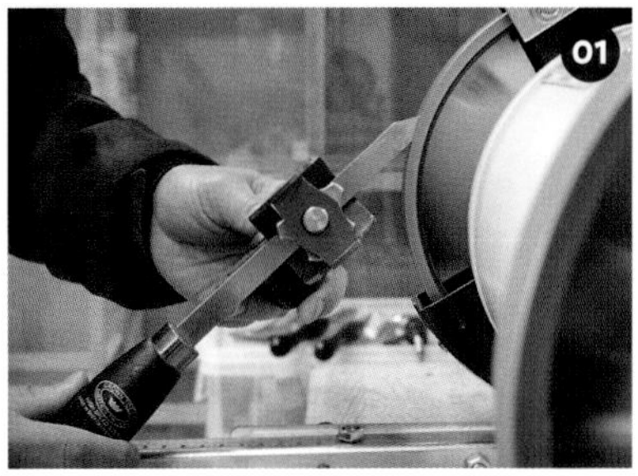

ツールホルダーにパーティングツールを固定します。パーティングツールを研ぐときは写真のように持ちます。ツールホルダーの足は1番の角度でセットします

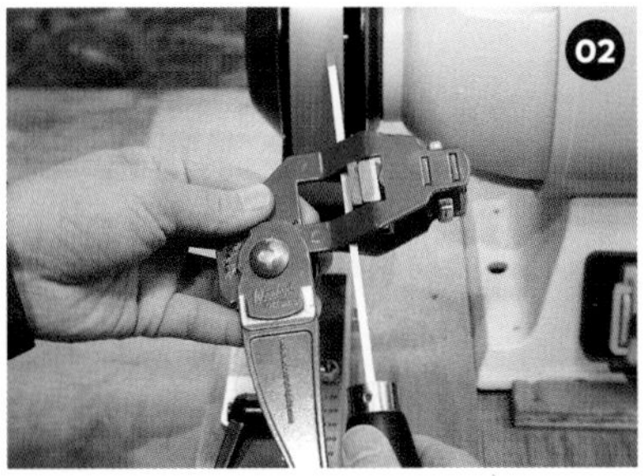

Tru-Grindシャープニングシステムでパーティングツールを研ぐときは少し注意が必要です。ツールホルダーに装着すると、ホイールに対して刃先が斜めにあたってしまうのであて方を工夫しながら刃先が直角になるようにしましょう

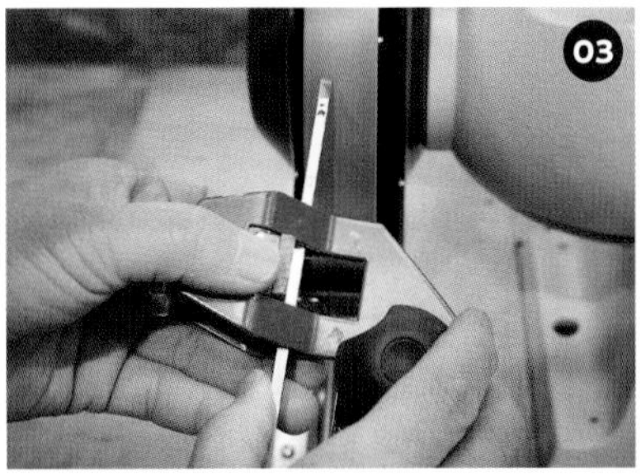

反対側も同様に刃先が直角になるようにしましょう。両側を研いで、刃の先端が中心にくるようにします

正しい刃の形

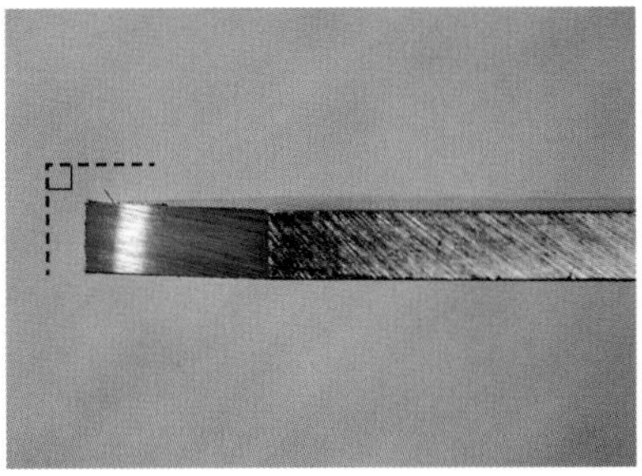

真上から見て刃先が直角になっていることが大事です

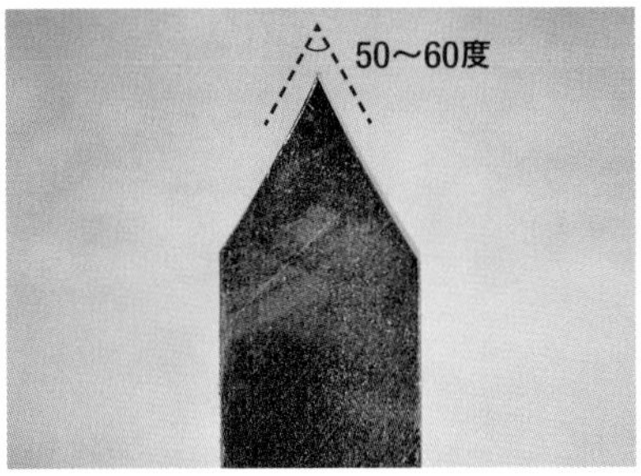

側面から見た写真。パーティングツールは刃の角度を50度から60度に研ぎます

スキューチゼルの研ぎ方と正しい形状

フリーハンドで研ぐと形を崩しやすいスキューチゼルもジグのおかげで素早くきれいに研ぐことが可能です。正しい研ぎ角、形を確認しながら研ぎましょう。

研ぎ方

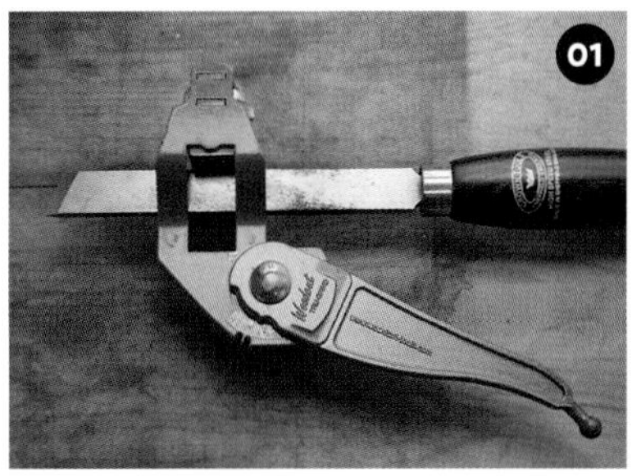

スキューチゼルはツールホルダーの当て板をはずして、真ちゅう板の溝(P40参照)に差し込んで固定します。固定するときは写真のように尖っているほうを下にします

ツールホルダーの足の角度はホイールにあてたときに刃先がホイールに対して水平になるところにセットします

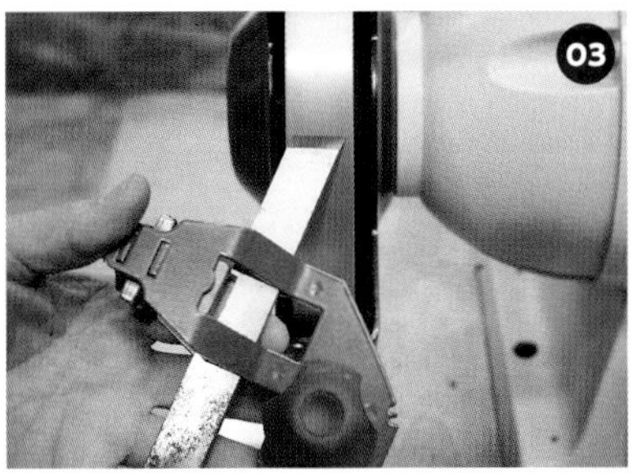

片面を研いだあと、裏側も研ぎます

正しい刃の形

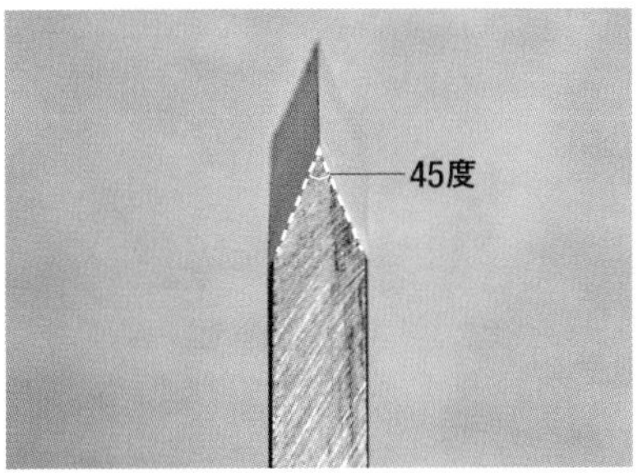

側面から見た写真。スキューチゼルは角度を45度で研ぎます

上から見たときに鎬幅が均一になるように仕上げましょう

スクレーパーの研ぎ方と正しい形状

スクレーパーはツールホルダーではなく、グラインダーの研ぎ台を使うほうが簡単に研ぐことができます。写真では「Tru-Grindシャープニングシステム」の研ぎ台（スタディレスト）を使っています。

研ぎ台とホイールは3㎜ほどの距離になるようセットします

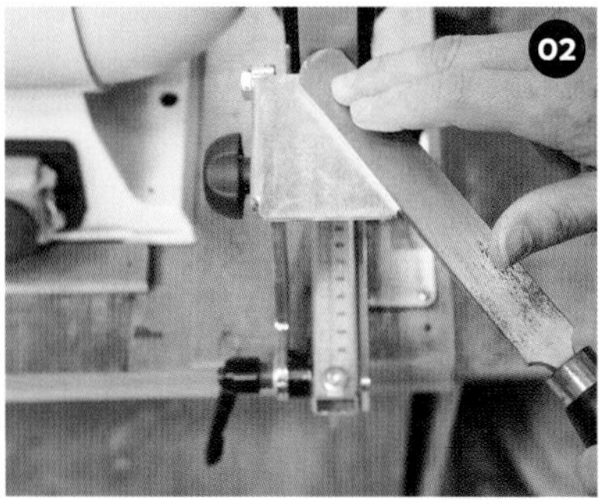

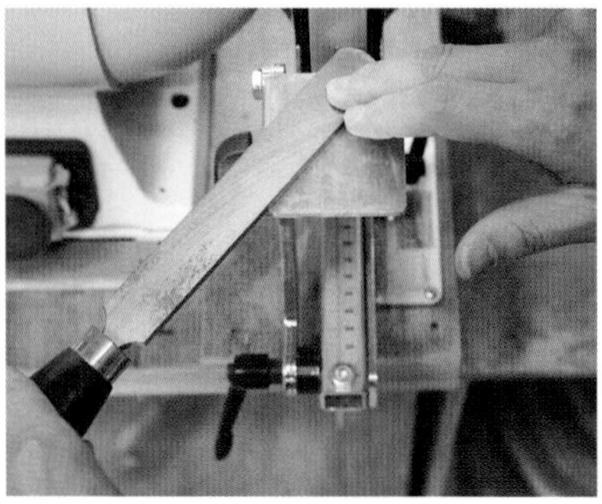

スクレーパーを研ぎ台にしっかり密着させながら、刃先全体をホイールにあてていきます

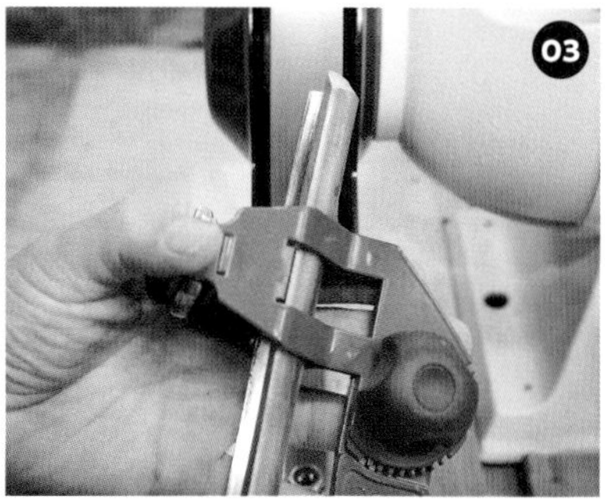

ホイールに左から右へ、右から左へとまんべんなくあてながら研いでいきます

正しい刃の形

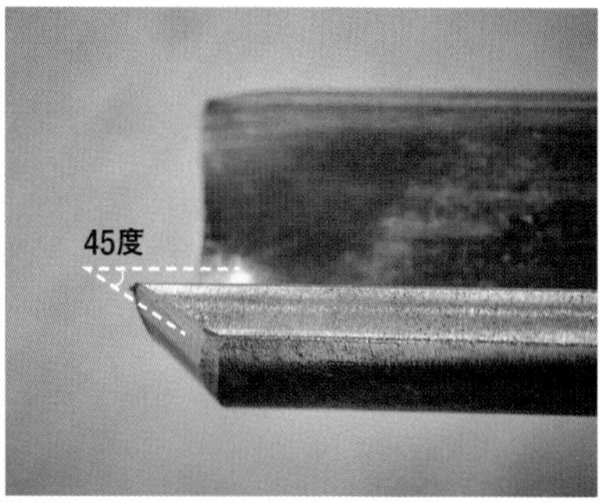

ラフィングガウジは45度で研ぎます

上から見たとき、刃先がフラットになっていることが望ましいです

ラフィングガウジの研ぎ方と正しい形状

ラフィングガウジは正面から見て刃先がフラットになっています。常にフラットになっているかを確認しながら研ぎましょう。

研ぎ方

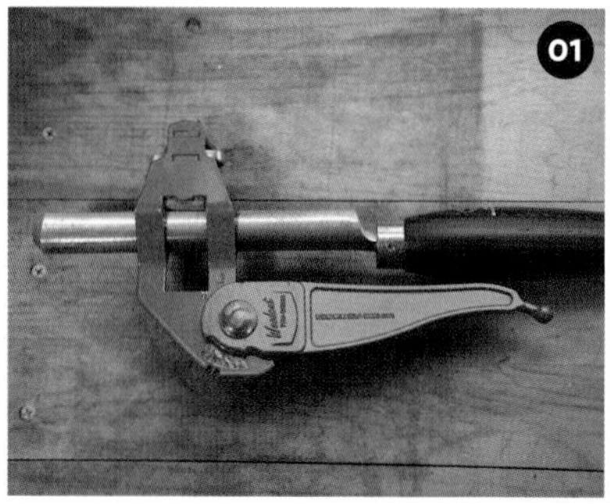

ラフィングガウジを研ぐ場合、ツールホルダーの足は1番の角度でセットします。刃先はツールホルダーから50㎜で固定しましょう

ベーススライドはボウルガウジを研ぐときの55度のラインに合わせます。こうするとラフィングガウジを45度で研ぐことができます

Check Point

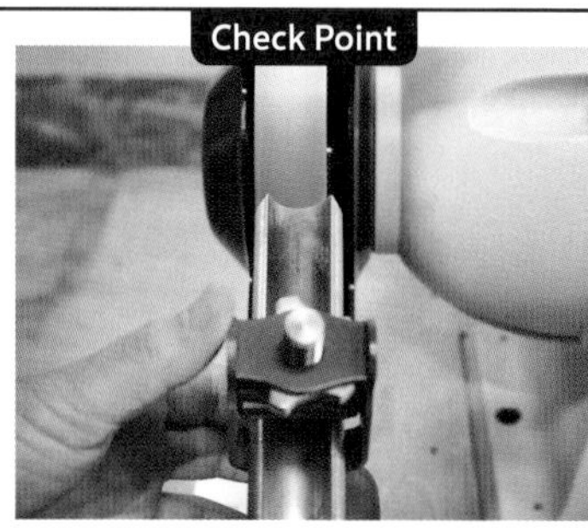

上から見て刃先がフラットになるように注意しながら研ぐことがポイントです

砥石で研ぐときの注意点

CBNホイールの普及が進んできていますが、グラインダーに付属している砥石(ホワイトアランダム)がまだまだ現役です。ここでは砥石で研ぐときの注意点を解説します。また、使っている研ぎ治具はOneway社のウルバリングラインディングジグです。

注意点①

砥石で刃物を研ぐと写真のように火花が散ります。刃物が熱くなりすぎないようにこまめに冷やしながら研ぎましょう。しかし、熱くなりすぎた状態で水につけると金属が弱くなるのでご注意を

注意点②

砥石は金属砥粒が表面のすき間に詰まります。そのため、刃物を研ぐときに摩擦が生じやすく注意点①のように作業しなければなりません。また、砥石の中央部分をよく使うため平面が崩れてしまうことも

注意点③

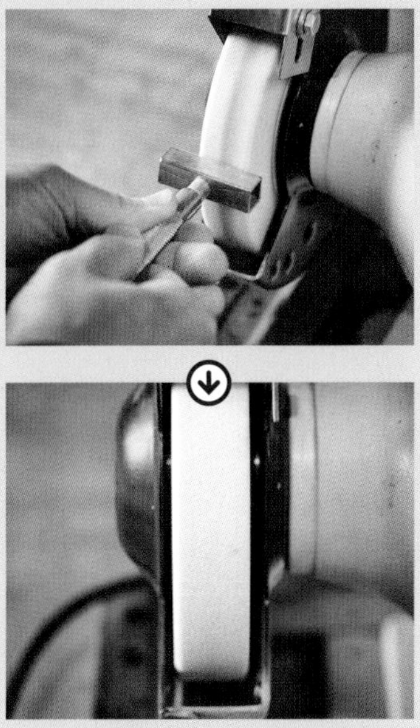

表面の砥粒詰まりや刃物の研ぎ効率の低下などを防ぐため、ドレッサーという道具を使って砥石を削り直し、きれいな状態に戻しましょう

注意点④

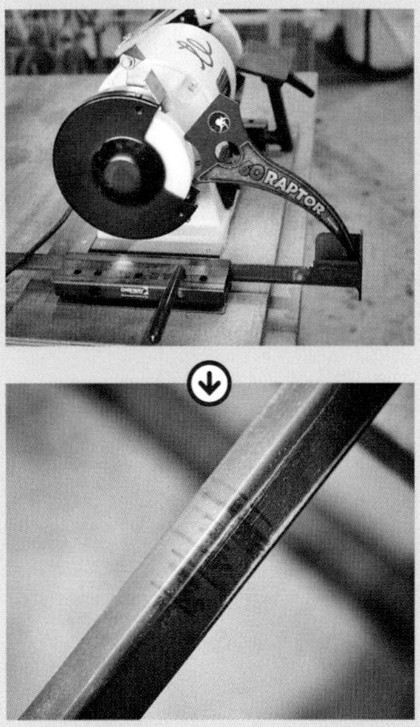

砥石は表面を削って研ぎ能力を回復させるため、直径が徐々に小さくなっていきます。そのため、刃物の研ぎジグを使用する場合は常に正しい角度を維持できるようにセッティングをし直す必要があります。すぐセットできるようにするためのジグが市販されています。下の写真は、セッティング位置が変わるたびに引き直したマーカーライン

スクレーパーは研ぎのときに出るバリを使って木材を切削していきます。研いだ直後、上面を手でなでてバリを感じたら、研ぎは終了です

正しい刃の形

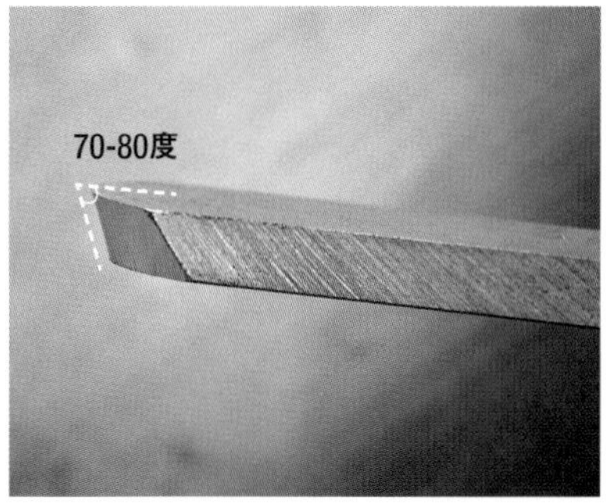

研ぎ角度は70〜80度になっていればOKです

仕上げ削りをする前に刃物を研ぎましょう

あと1回、2回切削したら仕上がりというときには、必ず刃物を研いでおくようにしましょう。やはり研いだ直後が、一番切れ味が良く、逆目も発生しにくくなります。写真は、同じ刃物で削った切削面です。半分から左は研ぐ前、右は研いだ直後に削った面です。同じ刃物でも研ぎの前後では全く切れ味とその結果が違うことがわかります。

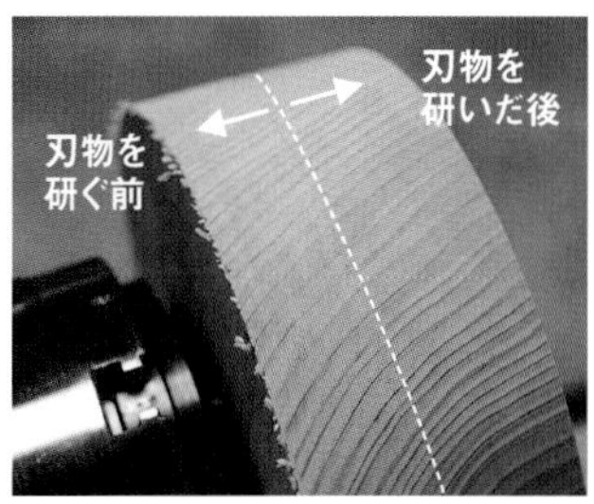

丸棒削りで刃物を動かす基本動作に慣れよう

センターワーク

まずは角材を丸棒にするところから始めてみましょう。ここでは、ラフィングガウジを使い丸棒に加工したあと、所定の太さで削りそろえる方法を解説します。さらに少し難易度は上がりますが、球形の削り方なども紹介します。最後のエクササイズでは、ハチミツをすくうハニーディッパーを作ります。

Lesson 1

固定の仕方とパーツのはずし方

木工旋盤に材料を固定する

ヘッドストック側にドライブセンター、テールストック側に回転センターを取りつけ、材料の両端を固定する方法を紹介します。

ドライブセンター

回転センター

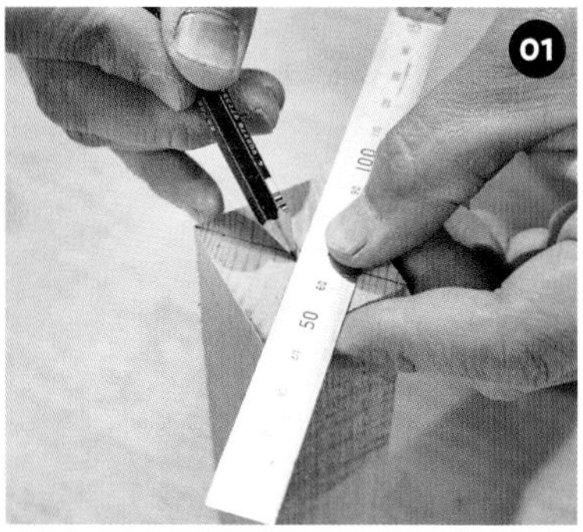

定規をあてて材料の両端に対角線を引き、中心点を求めます

Check Point

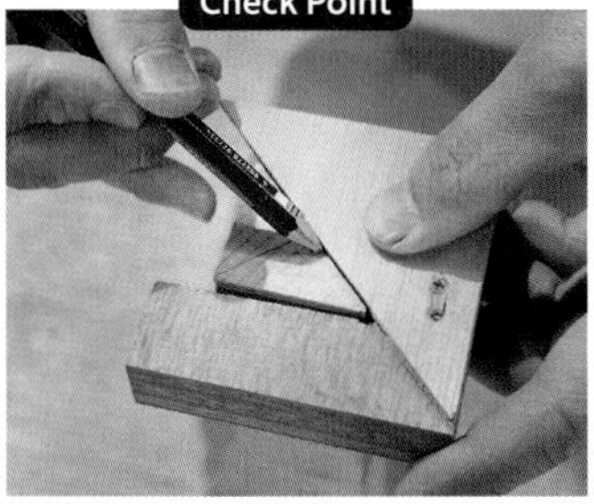

写真のようなジグ（センターファインダー）があると角材以外の材料の中心点も引くことができるので、ひとつ作っておくとよいでしょう

正三角形にカットした2・5mm厚合板と、L形の18mm厚合板で自作したジグ

ドライブセンターの先端を中心に合わせて、爪がしっかり材料に食い込むまで、カナヅチを使って叩きます。爪の食い込みが十分でない場合、加工中に材料が空回りしてしまうことがあります

材料がついたドライブセンターをヘッドストックの主軸に差し込んだら、材料を挟み込むようにテールストックを近づけて固定します。次にハンドルを回して芯押しを中心に合わせてから押し出し、しっかりと固定します

センターワークでの木工旋盤の回転数

センターワークで作業をする際の適切な回転数を下の表で確認しましょう。数値はrpm（1分間の回転数）です。適切な回転数で回すことは重要なポイントのひとつで、速すぎると機械本体がガタガタ動いたり、材料が振動して上手に削ることができません。削り始めのバランスが取れていない段階では、この数値の半分ほどから始め、スムーズに回転する速さに調整してください。

直径＼長さ	150mm	305mm	460mm	610mm	915mm	1220mm
13mm	2500	2100	1500	900	700	700
50mm	2000	2000	1500	1250	700	700
75mm	1750	1250	1000	900	700	700
100mm	1250	900	700	700	700	700
125mm	1000	900	700	700	700	700
150mm	900	700	700	700	700	700

Lesson 2

角棒を丸棒にする

1 角材を荒削りする

荒削り用の刃物ラフィングガウジの基本的な使い方を解説します。

刃物台を材料から約5㎜離れた位置にセットします。このとき材料を手で回して刃物台にあたらないことを確認しましょう

01

刃物台の高さはラフィングガウジを刃物台に置いて、刃先が回転軸と同じ高さになるように合わせます。ただし、材料の大きさや刃物の構え方によっては、刃物台と回転軸の高さを合わせるなどわずかに高くしたほうが削りやすいこともあります

02

ラフィングガウジを刃物台に置き、回転軸(材料)に対して垂直になるように構えます。このとき刃物の溝の向きは上を向いているようにしましょう

03

角ばっている材料を削るときは衝撃を最小限に抑えるため、刃物全体を左手で上から押さえるように構えます

04

角が削れて丸くなってきたら写真のように刃物を下から握って削っていきます。人差し指を刃物台に沿わせるとスムーズに削れるようになります

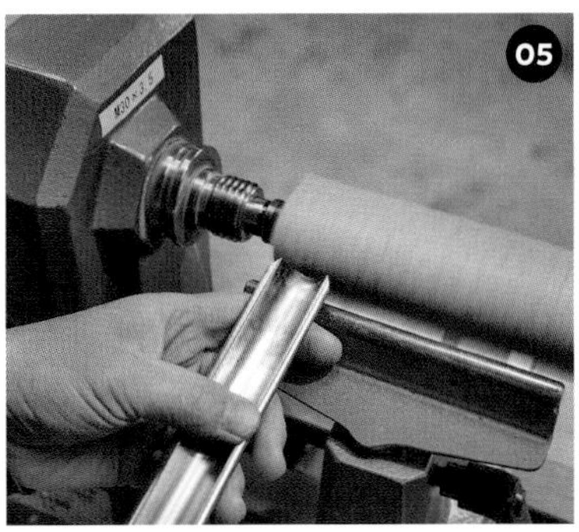

05

木工旋盤の電源をオンにしたら刃物を刃物台に置いて、回転する材料へそっと突き出します。削れる位置まで刃物を出したら、左右に刃物を動かしながら全体を削っていきます。全体の角が取れ、丸棒になるまで行ないます

04

回転センターのリングが材料に接するところまで芯押しを突き出します

Check Point

先端が尖った回転センターの場合は、先端がしっかり材料に食い込んでいれば固定できています

ドライブセンター・回転センターの取り外し方

ドライブセンターや回転センターは、木工旋盤の付属品であるノックアウトバーをハンドホイール側から差し込み、コンコンと叩いて取り外します。ノックアウトバーを叩くときはドライブセンターや回転センターを必ず手で持ち、定盤や床に落とさないようにしましょう。

テールストック側に取りつける回転センターは、ハンドホイールを回してクイルを引き戻すときに自動ではずれる機種もあります

材料が削れて細くなっていくと、パーティングツールの角度も変えなければいけません。接線で削れるように刃をあてましょう

彫った溝にゲージをあてて、サイズを確認します

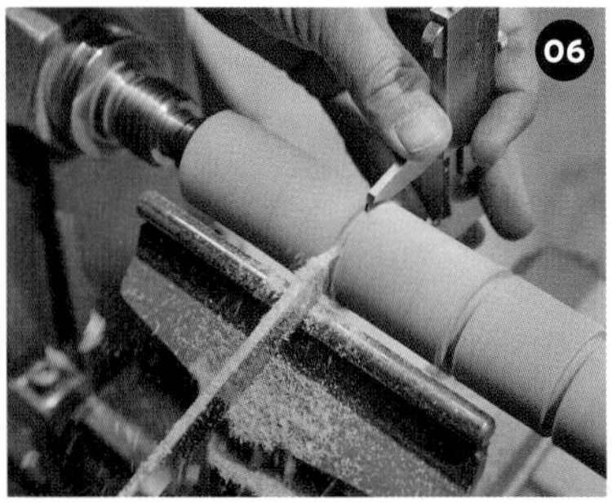

ゲージの代わりにノギスを使ってもOK。回転中の材料にノギスやゲージをあてるときは、下側のジョーが材料にあたらないように注意しましょう。太さの目安となる溝は複数箇所に作ります

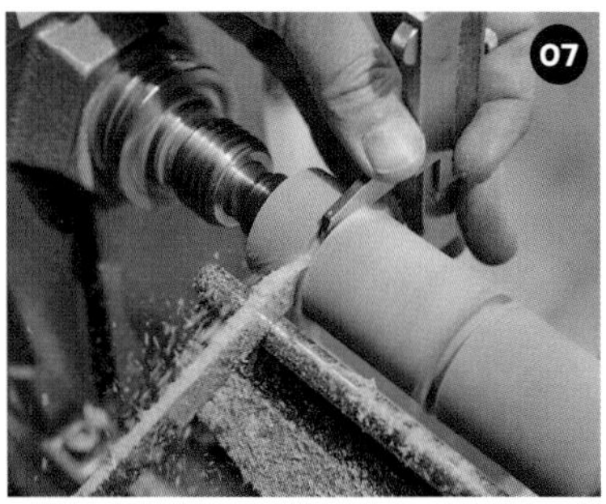

仕上がりサイズに近づいてきたら、ノギス(またはゲージ)をあてたままパーティングツールで削っていきます。所定の寸法に達すると、ノギスがスポッと溝にハマります。これで目安の溝彫り作業の完了です

2 仕上がりサイズの目安となる溝を彫る

仕上がりサイズの目安として丸棒にパーティングツールで溝を彫ります。ここでパーティングツールの使い方も覚えましょう。切削中、ノギスやゲージをあてていますが、初心者は木工旋盤を止めてサイズを確認するようにしましょう。

刃物台の高さを回転軸と同じ高さにセットします。材料の直径が大きい場合は、回転軸より高めにセットするほうが削りやすくなります

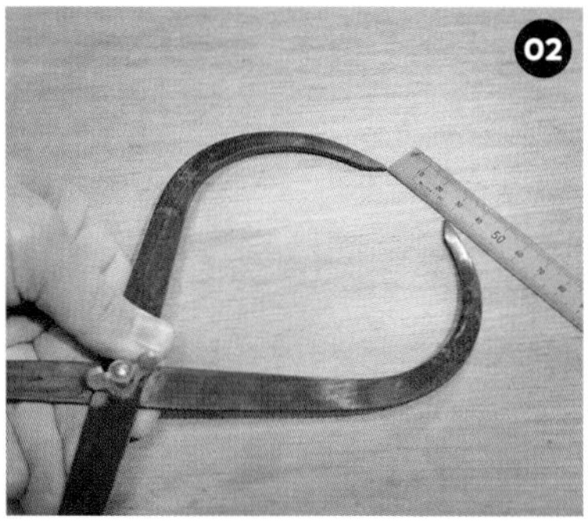

コップやお椀などの円筒部分の厚みを計測できるゲージという道具を準備します。定規をあてて丸棒の仕上がり寸法を決めたら幅を固定します

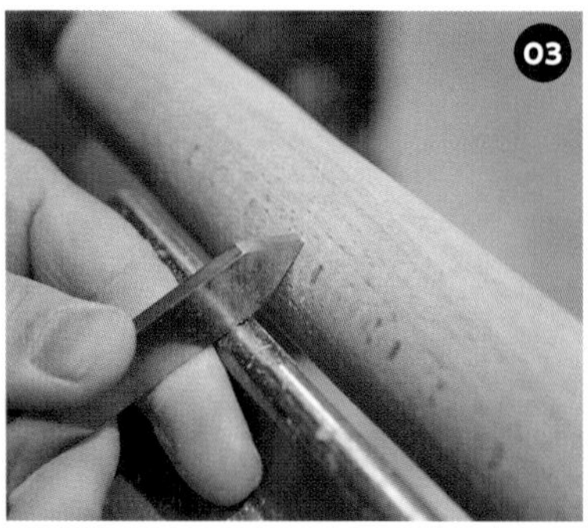

パーティングツールは写真のように立てて使います。刃物を材料に突き刺すのではなく、刃を接線に擦らせるように削っていきます

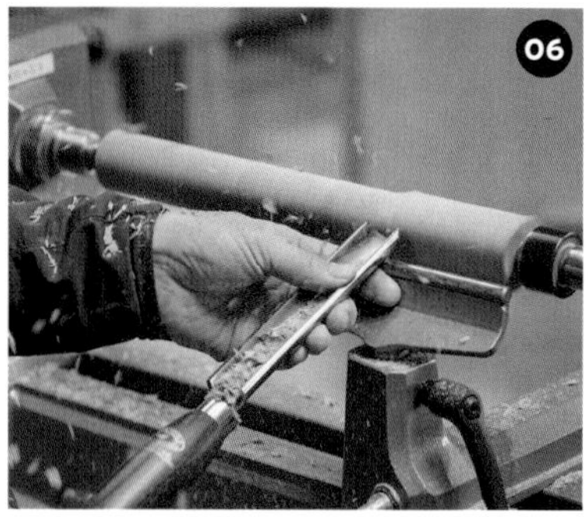

刃物を左右に動かすときは、常に回転軸に対して垂直で、刃物の溝が上を向いた状態を保ちましょう。また、切削量を一定にしながら削っていくことも大事です。刃物台が材料よりも短い場合は、刃物台を移動させながら、順番に削っていきます

荒削りの丸棒が完成しました

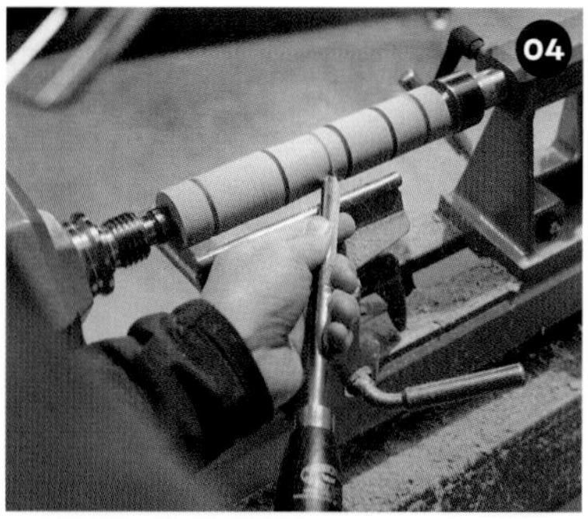

溝の間を少しずつ削って高さをそろえていきます

左方向へ削る場合は、10時の方向に溝を傾けて、鎬が擦れるように右手を逆位置に構えて削ります。パーティングツールで彫った目安の溝とそろうまでこの作業を繰り返していきます

Check Point

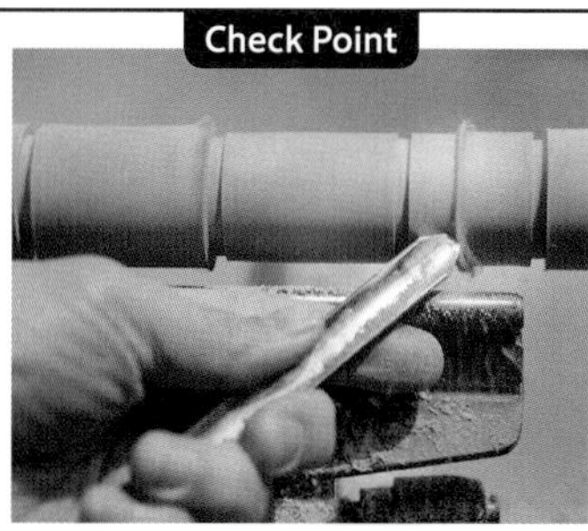

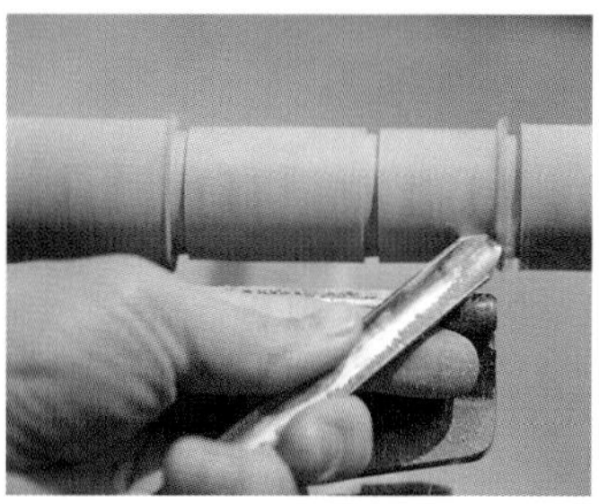

刃の溝と刃物のハンドルの角度を一定にし、鎬を擦らせながらスムーズに移動すると、切削面もきれいになります

刃物の溝の角度を意識しながら削り進めます

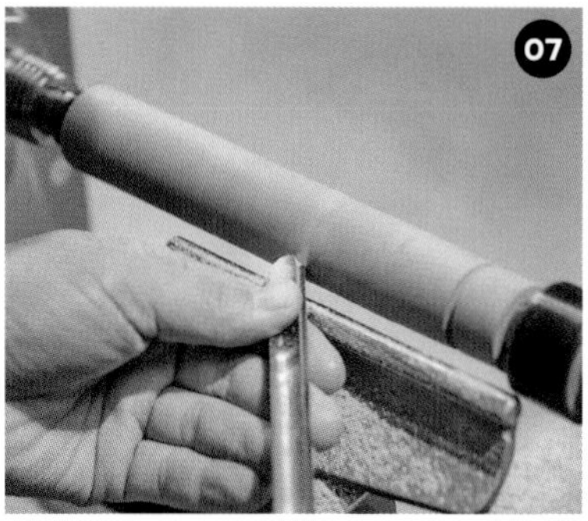

角度を意識しながら削っていくと、徐々に目安の溝が浅くなっていきます

目安の溝がなくなったら丸棒の完成です

3 丸棒のサイズにそろえる

使用する刃物は研ぎ角60度のスピンドルガウジです。削りの基本で紹介した「鎬を擦る」で丸棒を仕上げていきます。

材料が一番迫り出ているところにスピンドルガウジの刃先があたるように（刃先が回転軸と同じ高さになるように）刃物台をセットします

刃物の溝の角度は進行方向に45度。写真では右に向かって削っていくので、2時の方向に傾けています

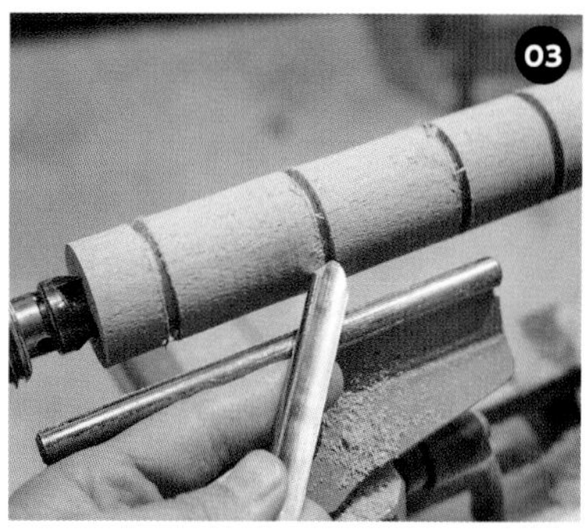

さらに鎬が擦れる角度になるように刃物を構えます

Lesson 3
装飾の削り方

1 谷形曲面の削り方

ここからワンランク上のセンターワークのテクニックを解説していきます。まずは谷形（U字）の曲面を作る方法を紹介します。使用する刃物はスピンドルガウジ40度です。

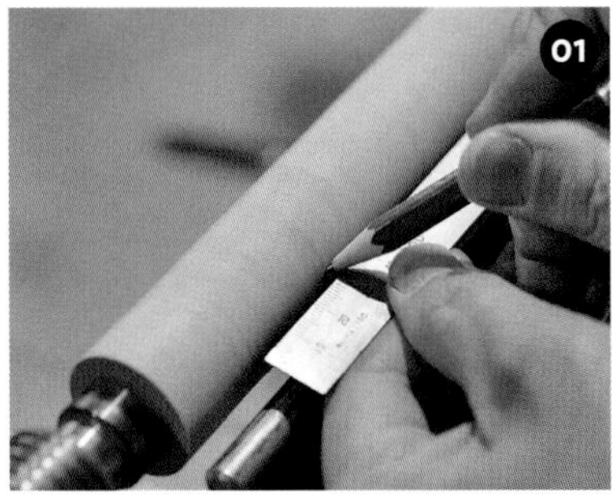

直定規をあて、谷形曲線を削る箇所に墨線を引きます。回っている材料に鉛筆をあてるだけでスッと線を引くことができます

材料に墨線が引けた状態です

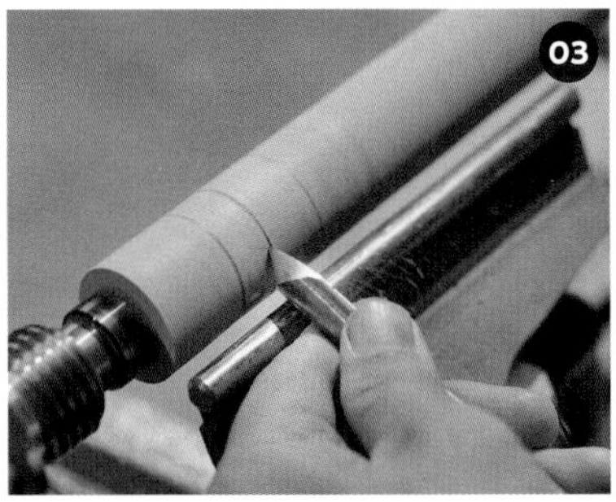

墨線の間の中央あたりから削っていきます。刃物の溝を右向きに真横に傾けて構え、刃の先端を材料にあてます

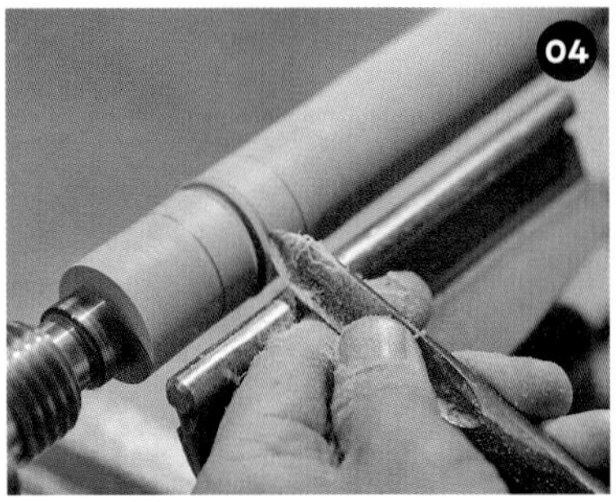

切り込んだ溝から5mm程度右側に刃をあて今度は刃物の溝を❸とは反対側に真横に傾けて構え削っていきます

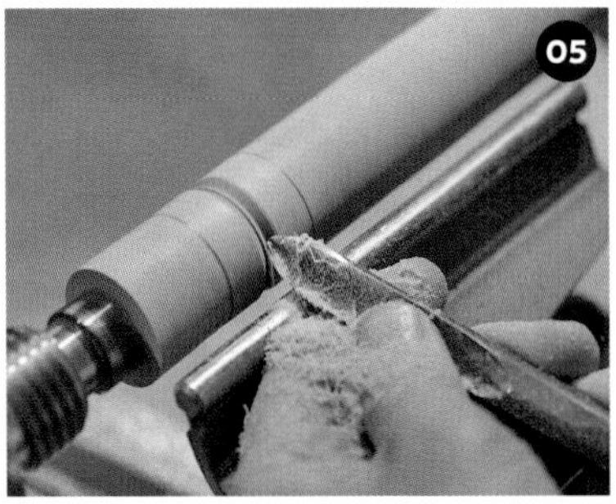

溝が一体化するまで削ります

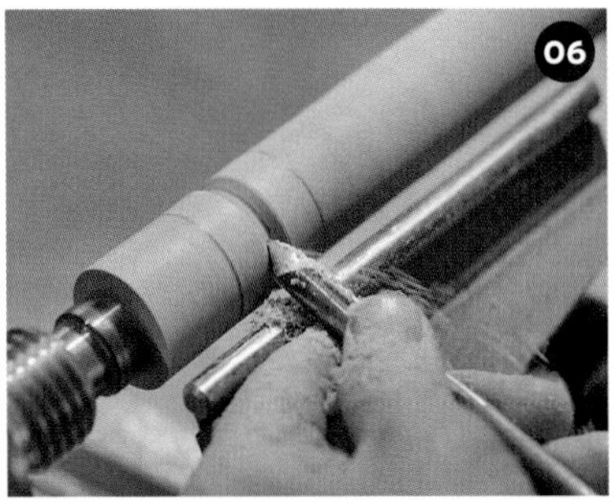

刃物を左右交互にあてて溝の幅を少しずつ広げていきます

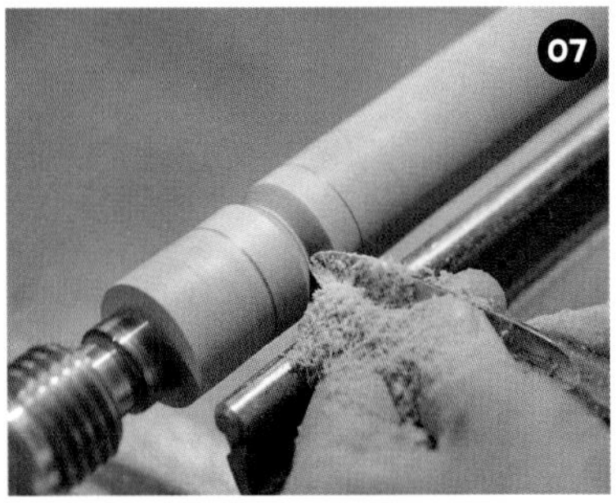

ここまではU字の形にこだわらず切り込み幅を広げていきます

溝をU字形に仕上げていきます。刃の動きは左ページ（P51）を参照してください

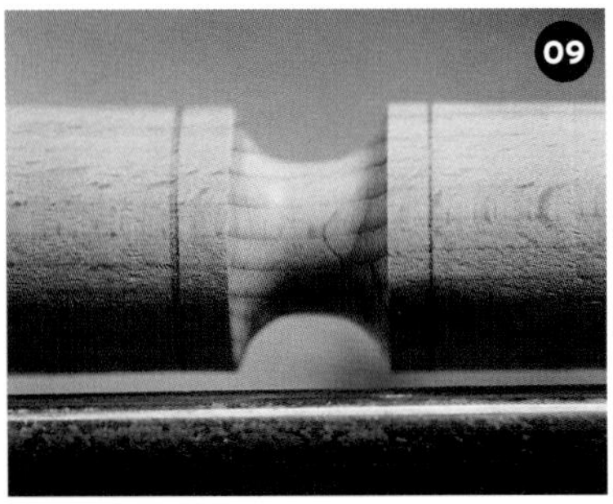

美しいU字の曲面の完成です

削るときの刃物の溝の向き

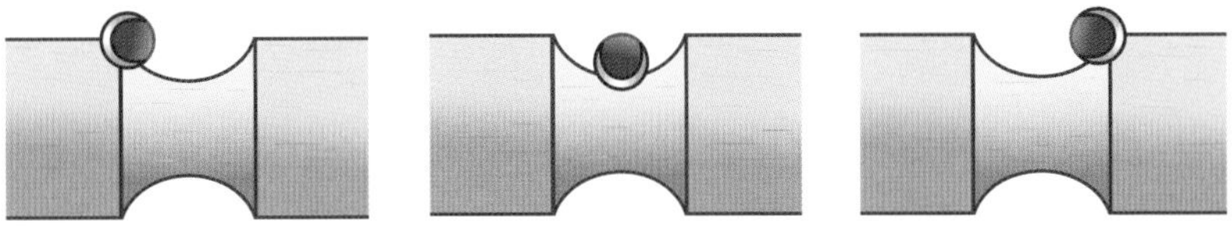

反対側から　　真上を向いて終わる　　横を向けて入れる

谷形曲面を削るときの刃物の動かし方

連続写真で谷形曲面の削り方を紹介します。まず溝の縁に刃を構えますが、このとき鎬の方向が回転軸に対して垂直になるようにします。最初は刃の溝を真横に向けて切り始めますが、底に向かうにつれて鎬を擦らせながら少しずつ溝を上へ向けていきます。刃先で表面をすくうような軌道を描きます。片面が底まで削れたら次は逆側から削り、これを交互に行ないます。切削方向は高いほうから低いほうです。

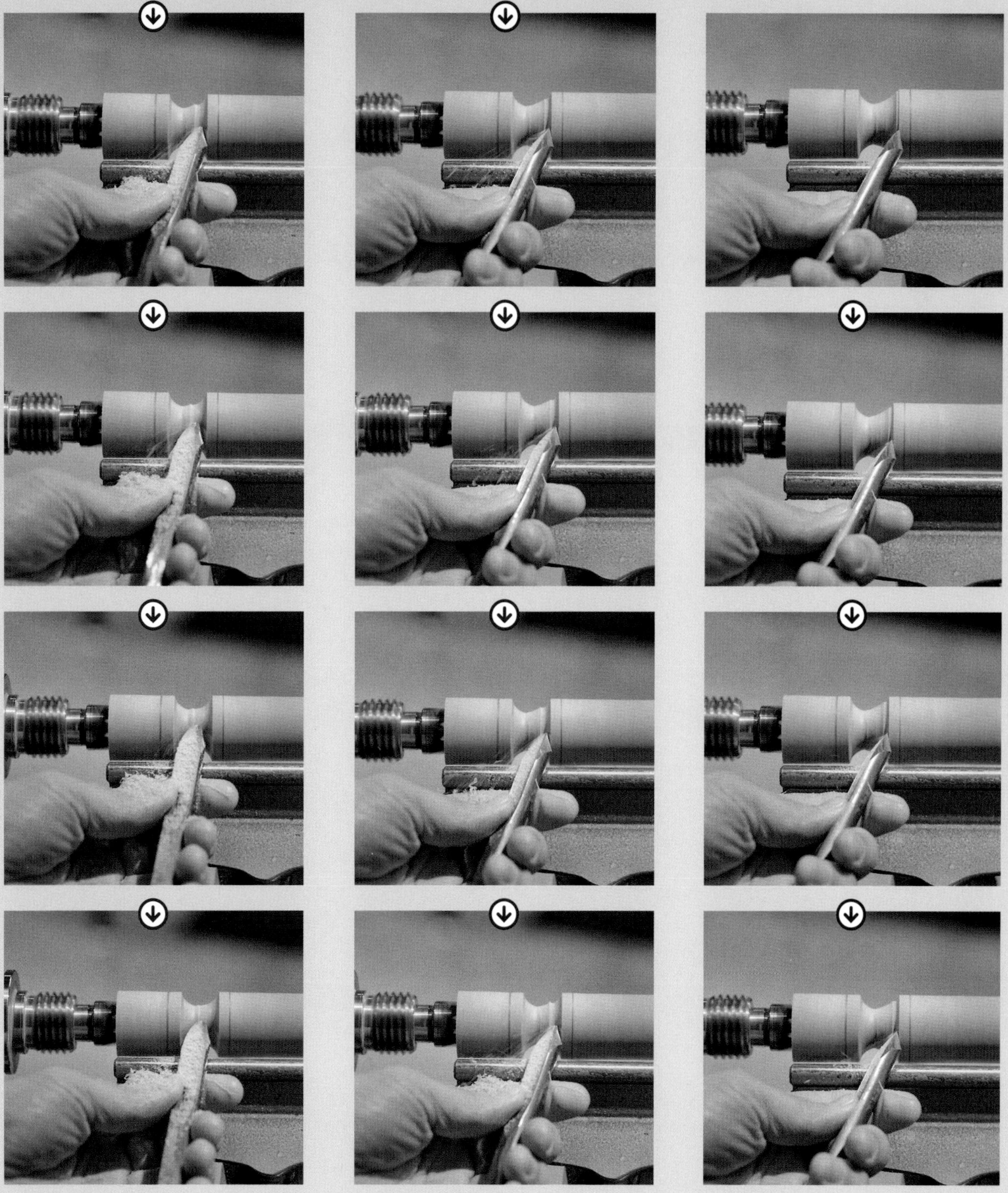

ひし形になるときは刃物の動かし方を見直そう

球体を削ろうとして、ひし形になってしまう場合は、ハンドル(右手)の位置の移動ができていないケースがほとんどです。単純に刃物を転がして溝を真上から横に向けるだけの削りであればひし形になってしまいます。

左ページ(P53)の
球体を削るときの動きと、
見比べてみてください

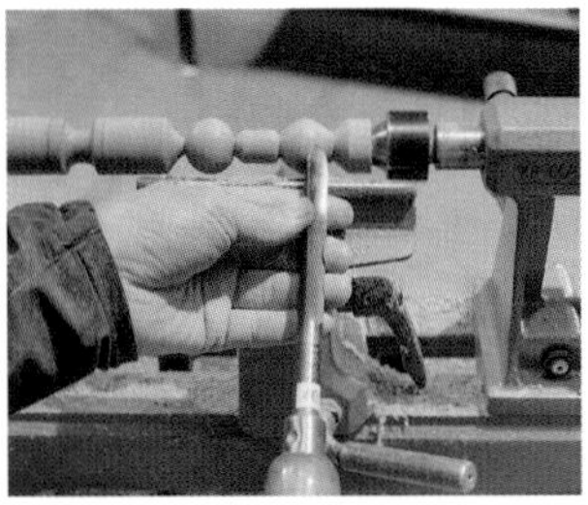

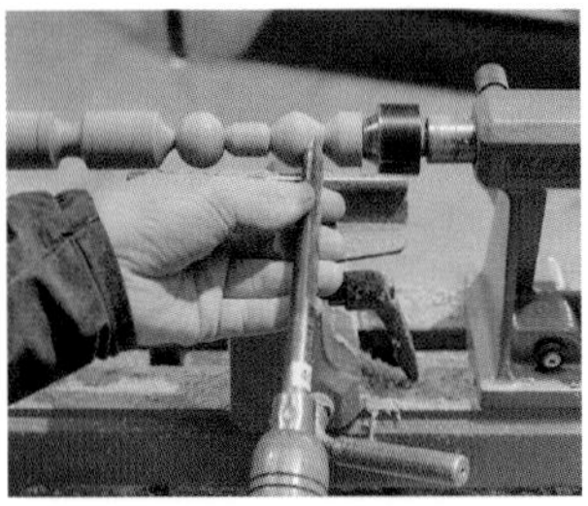

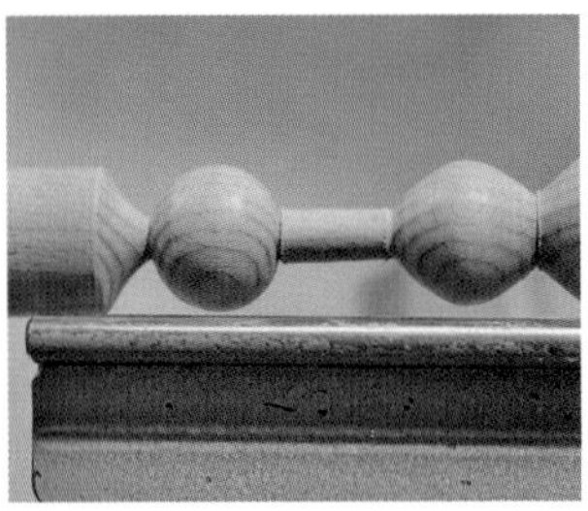

右手の動きがあるかないかでこのように削り出される形が大きく変わってしまいます

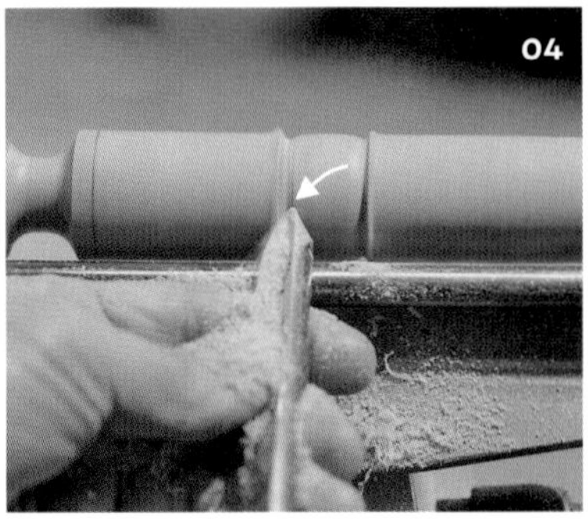

球体を削るときは頂点を起点に刃物を動かしていきます。頂点を起点に目視で左右同じくらいの幅になるように削ります

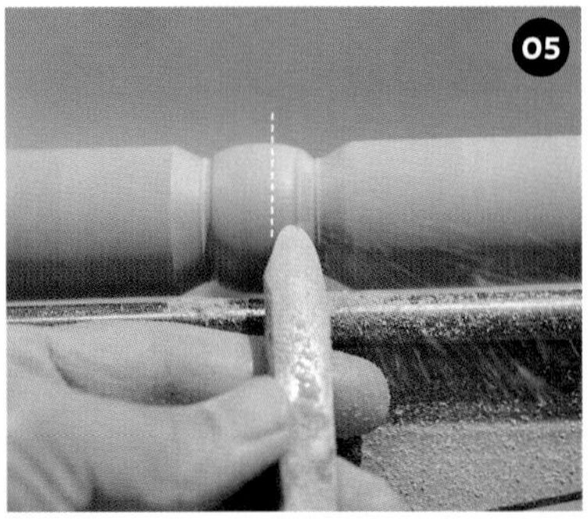

頂点を起点にした削り作業を繰り返して鎬を擦らせながら少しずつ削って成形していきます

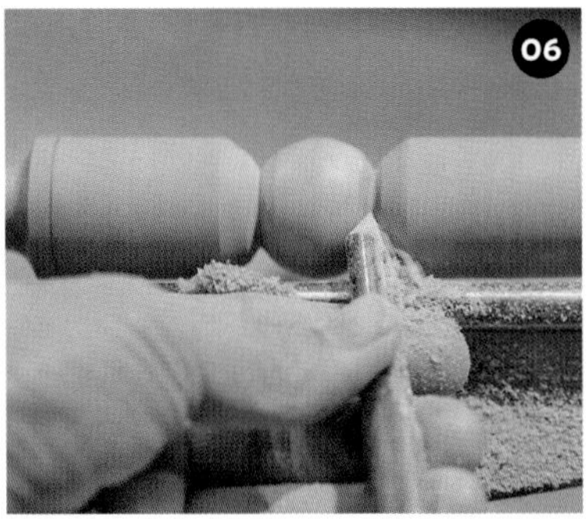

両端はスピンドルガウジの溝を真横に傾けて鋭角な40度の研ぎ角をいかして切っていきます。球体を削るときの刃物の動きは左ページ(P53)の連続写真を参照してください

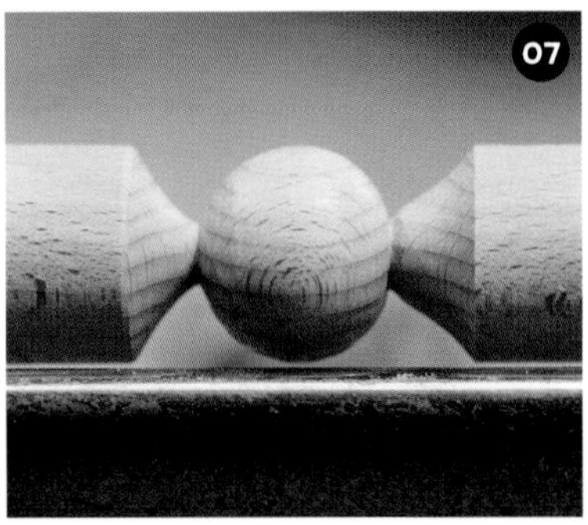

球体の完成です

2 球体の削り方

ボール状の曲面の削り方を紹介します。この削り方を覚えると美しい正円の球を削ることができるようになります。使用する刃物はスピンドルガウジ40度です。

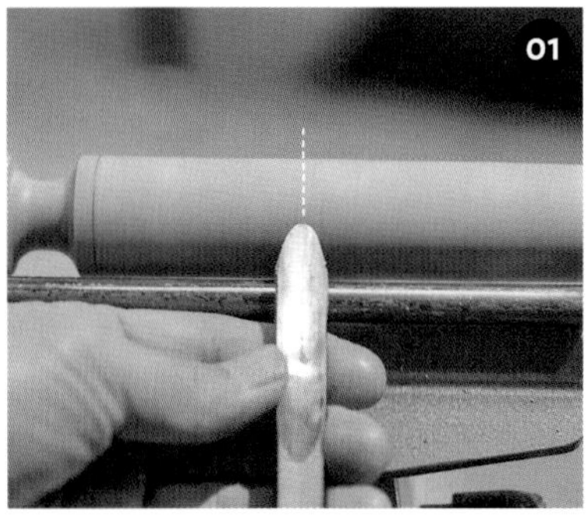

刃物台に刃物を載せ、溝を真上に向けた状態で材料の上に鎬を載せます

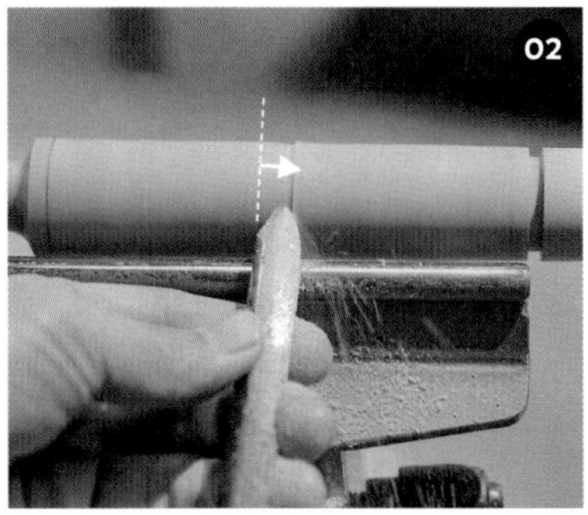

刃物を動かす向きは右です。削るときは刃物を転がすようにします。少しずつ切っていき、無理に深く切り込まないようにしましょう

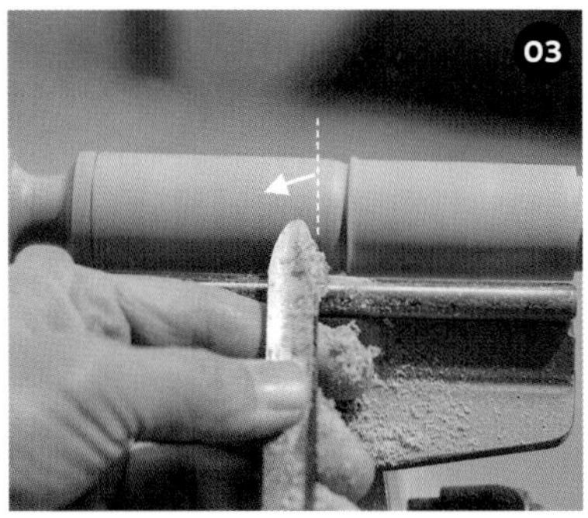

右端まで刃物を動かしたら今度は左側に向かって削っていきます。削るときは❷と同様に刃物を転がすようにします

球体を削るときの刃物の動かし方

作業のポイントはハンドルと刃物の動きです。頂点に刃物があるときは溝が真上を向いており、回転軸に対して垂直に構えていますが、削り進めるにつれ、溝の向きを横に転がして、さらにハンドル位置を右方向に大きく動かしていきます。最初はこのふたつの動作を同時に行なうのが難しいと感じるかもしれません。

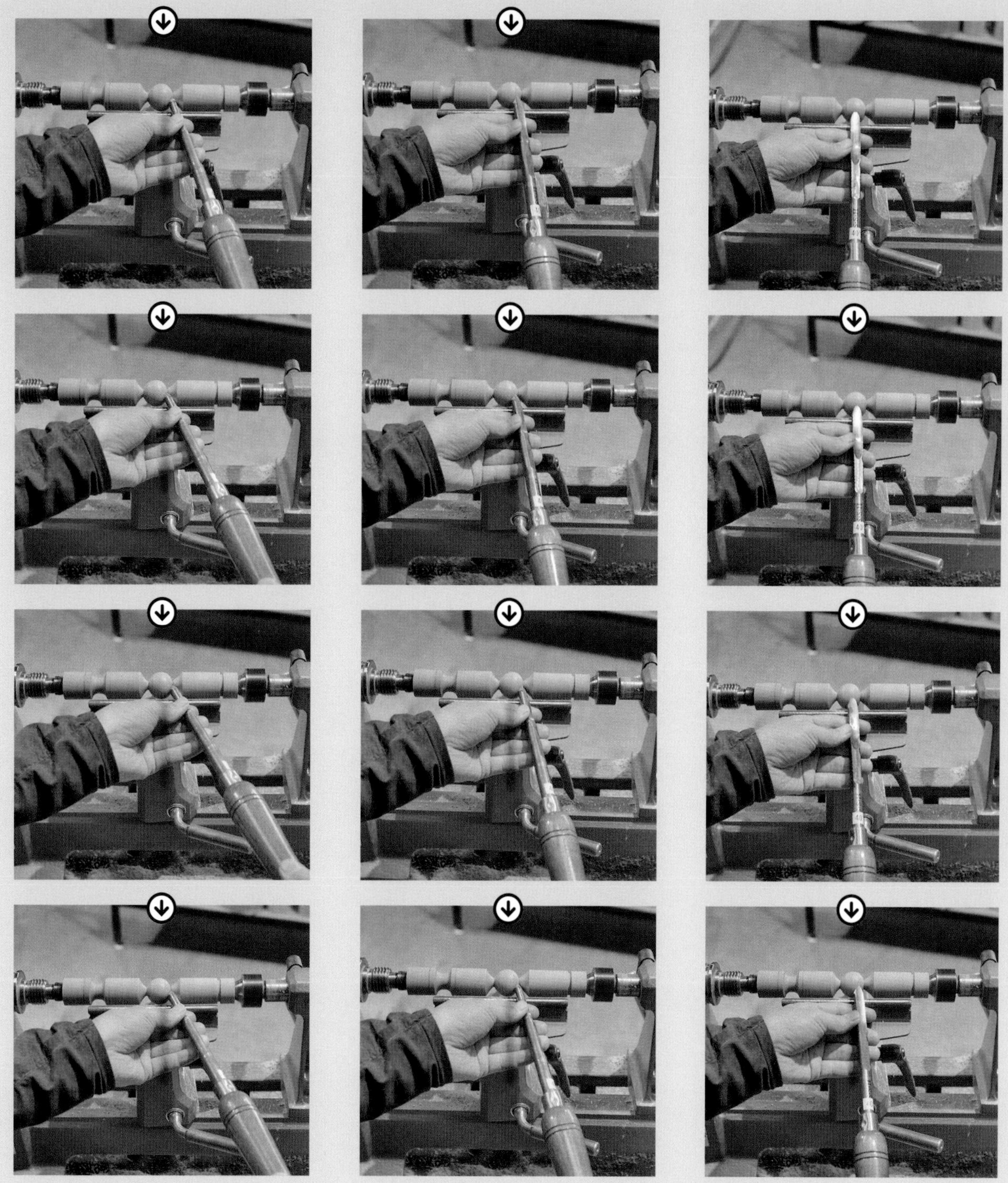

Lesson 4

ワンランク上のセンターワーク

ラフィングガウジを使いこなす [その1]

スピンドルガウジを使った、鎬を擦る削り方を解説しましたが、荒削り用のラフィングガウジでも、スピンドルガウジを使うときと同じように鎬を擦らせて削ればきれいな切削面を得ることができます。

左方向に溝を45度傾け、鎬面を材料に擦らせながら削ります

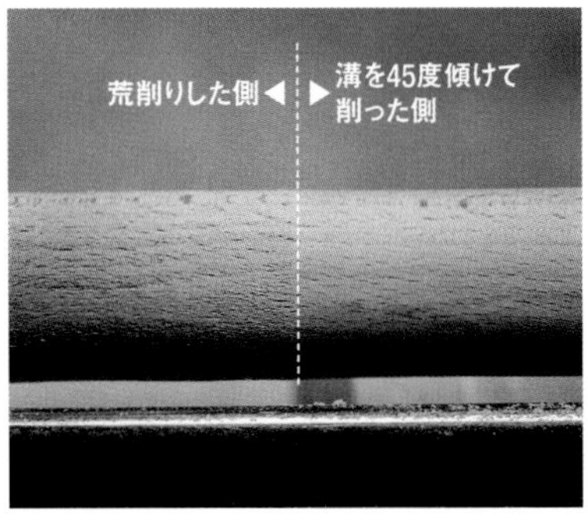

右側が刃物の溝を45度に傾けて、鎬を擦らせながら削った箇所。左側は刃物の溝を真上に向けて回転軸に対して垂直に刃物を構えて削った箇所です。左側は繊維がむしられたような切削面になっているのに対して、右側はなめらかに仕上がっています

ラフィングガウジを使いこなす [その2]

ラフィングガウジの刃の端はフラットになっています。ここを使いこなせばパーティングツールで行なう加工作業をラフィングガウジでできるようになります。ポイントは刃の溝の向きを真横に向けることです。

通常のラフィングガウジの削り方で（刃物の溝を真上に向け、回転軸に対し垂直にハンドルを構えて）ある程度削っていきます

刃の溝を真横に向けて、フラットな部分に材料をあてて削り出します

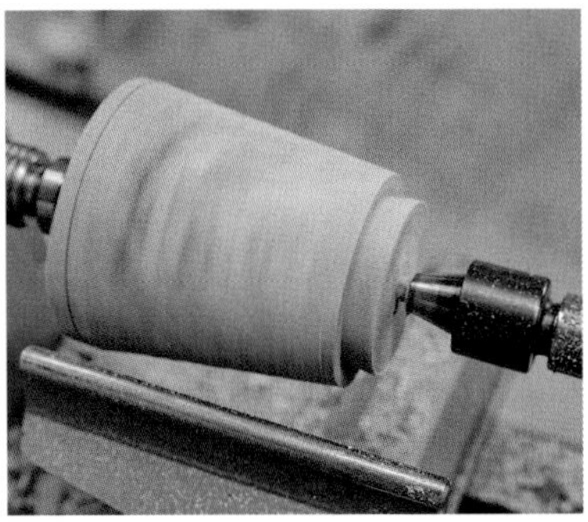

仕上げにスキューチゼルなどを使いますが、チャックでつかむためのつかみ代ができました

スキューチゼルで丸棒削り

スキューチゼルも丸棒を削り出すための刃物です。初心者には扱いが難しいかもしれませんが、慣れるととてもきれいな切削面で削り出すこともでき、先端が鋭利なため細かい細工などもできます。

スキューチゼルで丸棒を削る際は、尖っているほう（ロングポイント）を上にして、材料に対して刃が斜め45度であたるようにします。そして鎬を擦らせながら削っていきます

切り込むときや切り離すときは尖っているほう（ロングポイント）を下に向けます

［エクササイズ 1 ］

ハニーディッパー

ハニーディッパー作りで
これまで学んだセンターワークのおさらいをしましょう。
決められた寸法、決められた形状に削り出す
最初のエクササイズになります。

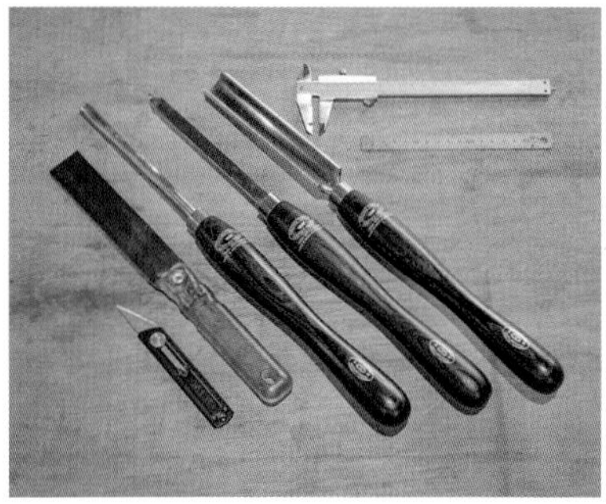

使用するバイト

ラフィングガウジ、スピンドルガウジ(60度)、パーティングツール

使用する固定道具

ドライブセンター、回転センター

その他の道具

ノギス、定規、小刀

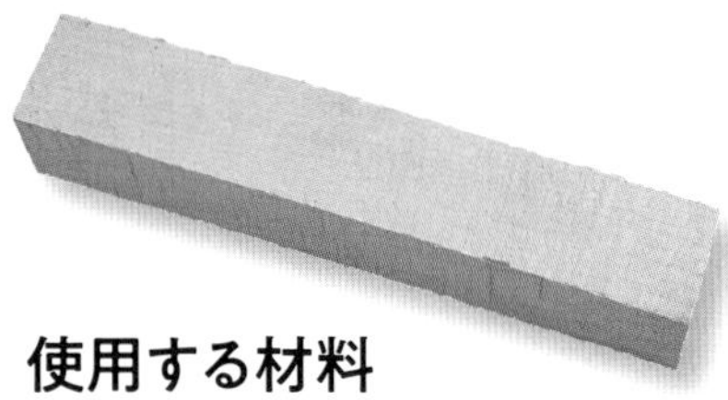

使用する材料

30mm角、長さ140mm。樹種:ブナ

ハニーディッパー完成図

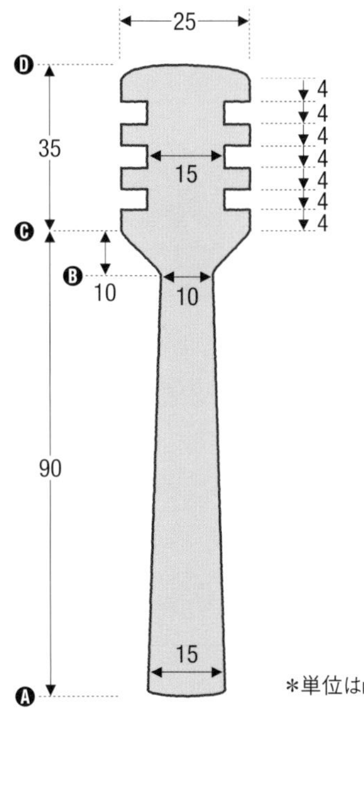

丸棒に削り、墨線を引く

まずは角材を丸棒に削り、成形加工のための墨線を引きます。

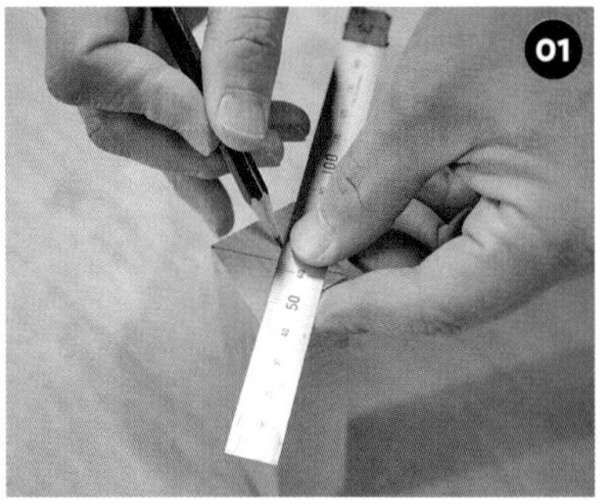

材料の両端に対角線を引きます

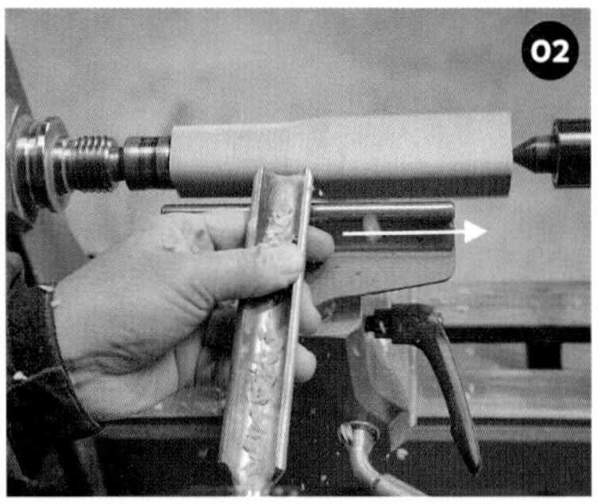

ドライブセンターと回転センターで木材を固定したらラフィングガウジを右に左に動かして、丸棒の太さがそろうまで削ります

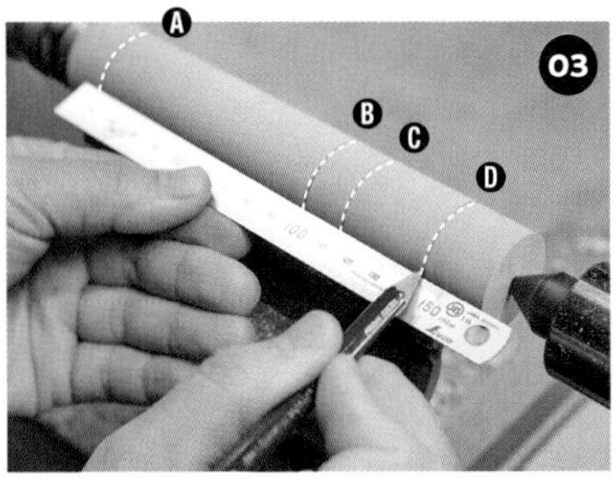

材料を回転させているときに定規をあてて墨線を引きます。一番左が0mm(Ⓐ)で、80mm(Ⓑ)、90mm(Ⓒ)、125mm(Ⓓ)の位置に墨つけします

目安の溝を彫り形を整える

墨線に合わせて太さの目安となる溝を作ります。その溝に合わせて全体の形状を整えていきます。

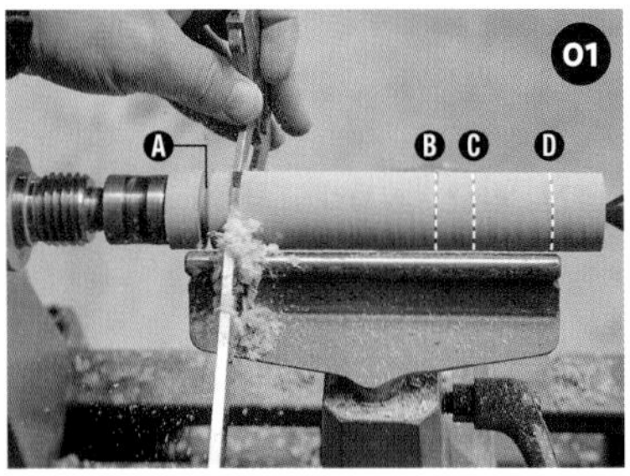

パーティングツールで太さの目安となる溝を彫ります。まず墨線Ⓐの左側に直径10mmの溝を彫ります。この溝は完成後にノコギリで切り落とす箇所になります。墨線Ⓐの右側の適当な位置に直径16mmの溝を彫ります。この溝は持ち手の目安の溝です

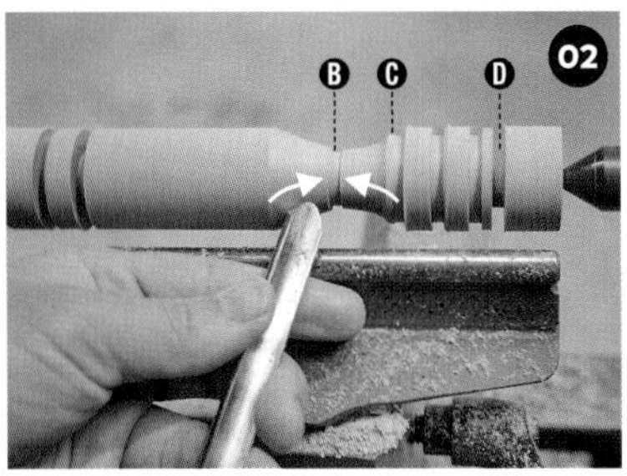

墨線Ⓑに直径10mmの目安の溝を、墨線Ⓒの右側から15mmピッチで直径25mmの溝を3本、墨線Ⓓの右側に直径10mmの溝をそれぞれ彫ったら、ハニーディッパーの首部分(墨線ⒷとⒸの間)をスピンドルガウジで谷状の曲面に仕上げていきます

スピンドルガウジ（またはパーティングツール、スキューチゼル）で材料を切り離します。材料が落ちないよう左手を添えておきましょう

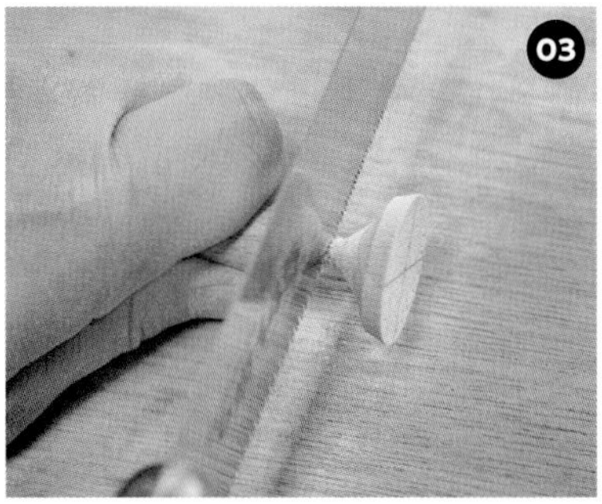

材料が木工旋盤からはずれたらハニーディッパーの持ち手側の不要部分をノコギリで切り落とします

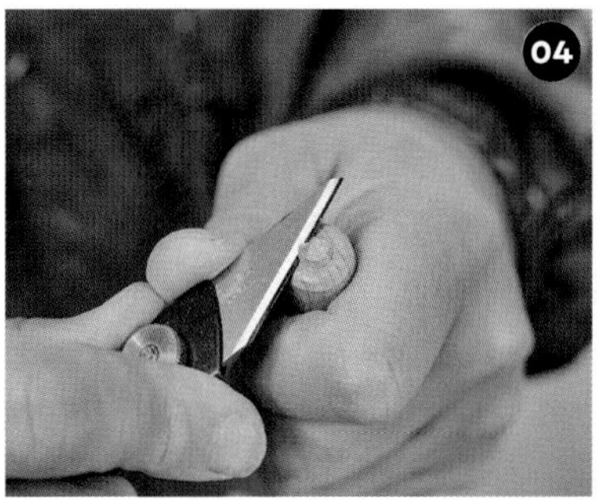

切り落とした跡を小刀で整え、サンドペーパーでなめらかにします

クルミ油を塗ります。余分な油はしっかり拭き取っておきましょう

サンディングし、材料を切り離す

ハニーディッパーの形に仕上がったらサンディングし、両端を切り離し、形状を整え、最後に塗装をして完成です。

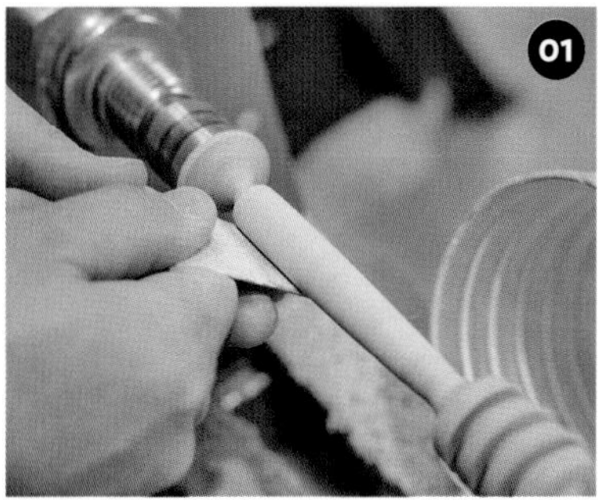

まず150番のサンドペーパーで全体を磨き、240番でもう一度磨きます

Check Point

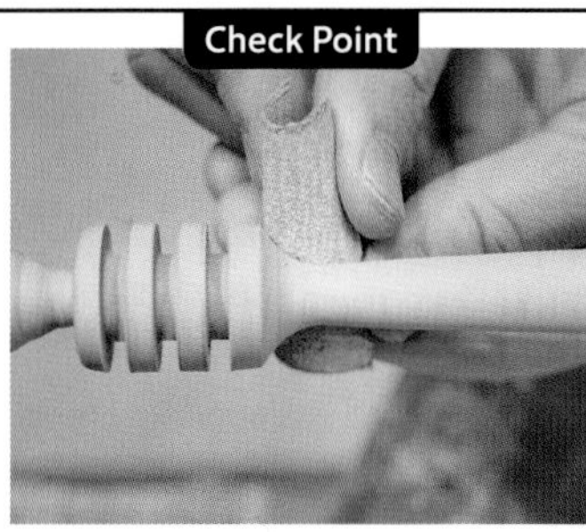

首の部分は、形状にフィットするようにサンドペーパーを丸めてあてましょう

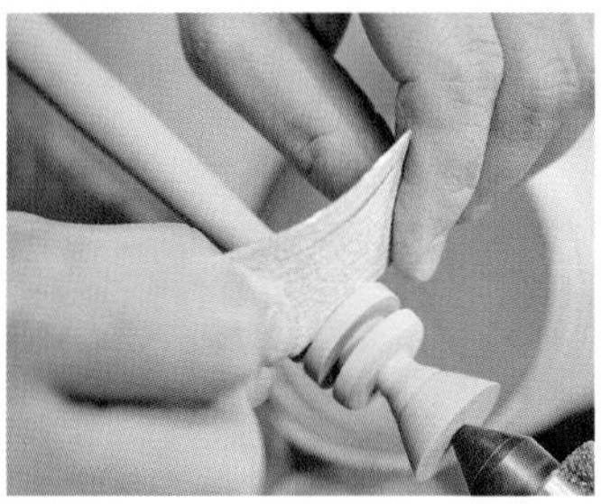

ディッパー部の溝の内側は形が崩れないようにサンドペーパーをあてます

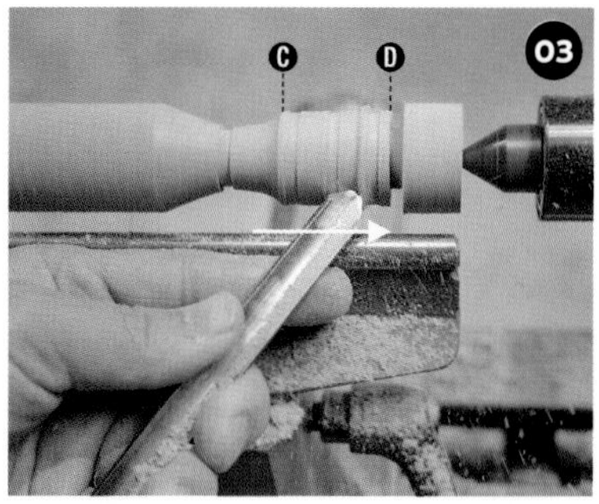

ハニーディッパーのディッパー部分（墨線Ⓒ～墨線Ⓓの間）の太さを目安の溝のとおり直径25㎜に切りそろえます

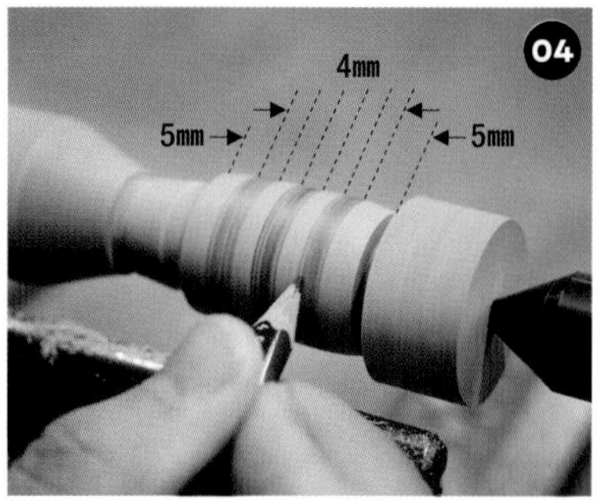

ディッパー部分の太さをそろえたら墨つけをします。定規をあてて写真のとおり墨つけし、パーティングツールで切り込みを入れる箇所をわかりやすくするため鉛筆で黒く塗りつぶします

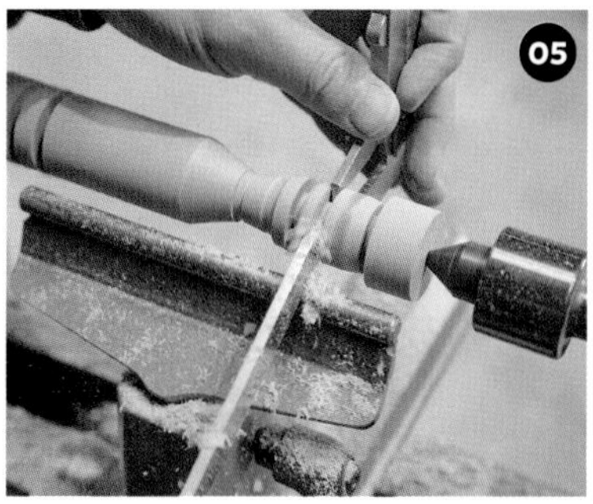

パーティングツールで黒く塗りつぶした箇所に溝を作っていきます。サイズは直径15㎜にします

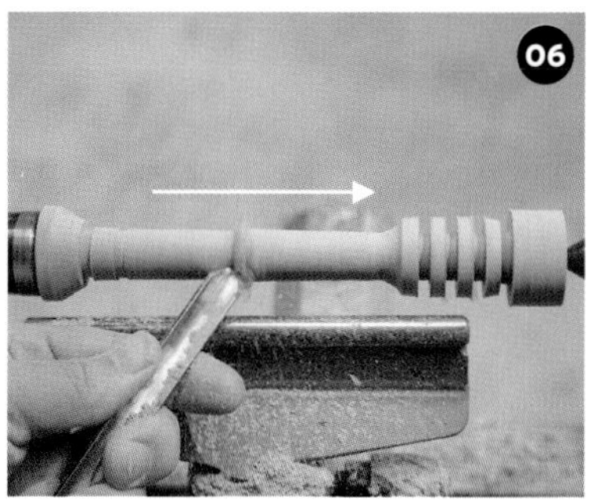

スピンドルガウジで鎬を擦らせながらハンドルの先端から首まで成形します。スピンドルワークは必ず太いほうから細いほうへ刃物を動かします

シンプルな小皿作りで学ぶ

フェイスワーク

お皿などの食器類はフェイスワーク（横木）で作ることが多いです。
フェイスワークでは主にボウルガウジを使います。
ここでは、基本的な加工の順番と刃物の扱い方を、
小皿作りをとおして解説していきます。

小皿の断面図

＊単位はmm

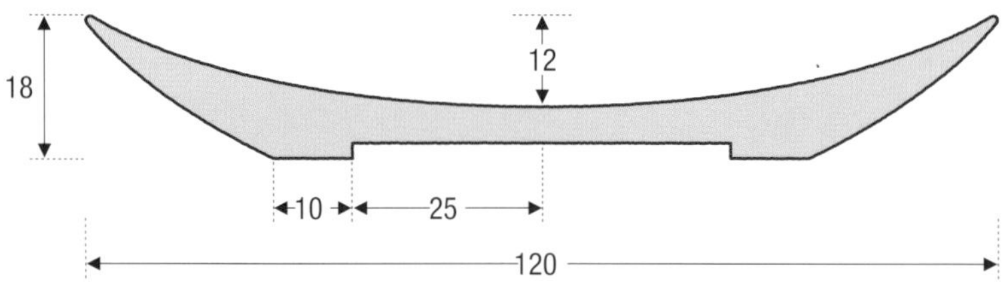

使用する材料は直径120mm、厚さ25mmです。この材料の加工をもとにフェイスワークを習得していきましょう

フェイスワークでの木工旋盤の回転速度

フェイスワークで作業する際の適切な回転数をこの表で確認しましょう。数値はrpm（1分間の回転数）です。適切な回転数で回すことは重要なポイントのひとつで、速すぎると機械本体がガタガタ動いたり、材料が振動して上手に削ることができません。削り始めのバランスが取れていない段階では、この数値の半分ほどから始め、スムーズに回転する速さに調整してください。

直径＼長さ	50mm	75mm	100mm
120mm	1500	1250	1100
200mm	1250	1200	1000
255mm	1000	900	800
305mm	850	750	650
355mm	750	650	575
405mm	650	575	500
460mm	600	500	400

1 固定の仕方

削り始めの材料の固定の仕方には、フェイスプレートを使って固定する方法とチャックでつかむ方法があります。チャックでつかむ方法で固定する場合はボール盤が必要です。ボール盤で木材にチャックの爪が入る穴を彫ります。フェイスプレートを使う場合は毎回ビスで留め、はずす作業が必要ですが、チャックでつかむ場合はこの作業がありません。そのため、作品をまとめて作るときはチャックでつかむ方法がおすすめです。また、深さが許せばP17で紹介したウッドスクリューも使えます。

フェイスプレートを使った固定の仕方

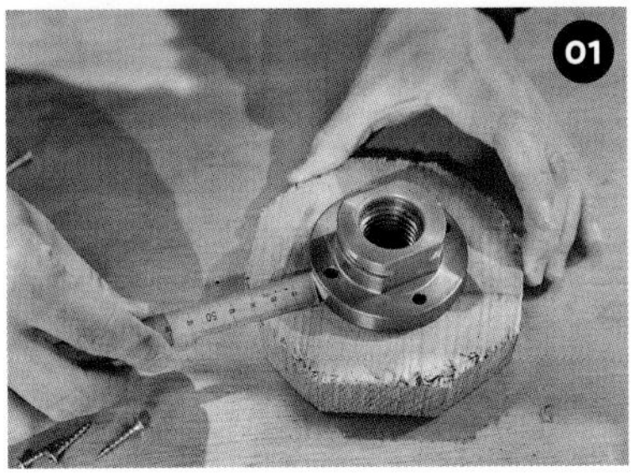

定規をあてながら中心位置を確認し、フェイスプレートを材料の中心に取りつけます

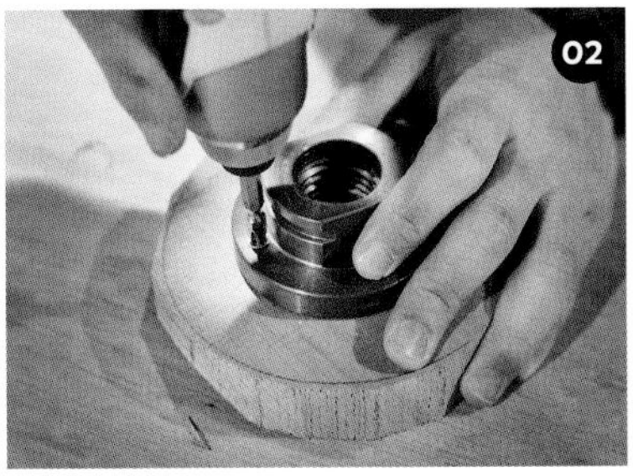

ビスを使って、フェイスプレートを固定します。ビスはフェイスプレートの穴を通したときに飛び出す長さ(15㎜程度)を確認して選んでください

フェイスプレートで固定した状態

チャックに材料を取りつけるときは材料の中心部分を押さえ傾かないようにします。チャックレンチを回し、爪を突っ張らせるようにして固定します。チャックレンチを挿す穴は2カ所あるので2カ所とも締めておきましょう

チャックで固定した状態

チャックでつかむ固定の仕方

ボール盤を使ってチャックでつかむための穴をあけます。爪を閉じた状態のチャックの直径が52㎜なので、直径55㎜のフォスナービットで深さ4㎜ほどの穴をあけます

木工旋盤にチャックを取りつけるときは、チャックが主軸からはずれ落ちるのを防ぐため、右手でチャックを持ち、左手でハンドホイールを回します。取り外すときも同様に右手でチャックを持ったまま動かさず、左手でハンドホイールを回してはずすようにしましょう

フェイスプレートやチャックが手回しではずれないときの対処法

フェイスプレートやチャックが主軸に固まり、手ではずれないときがあります。そんなときは主軸をロックして、付属のレンチを使って固まりを解除します。その後、主軸ロックを解除してハンドホイールを回してはずしましょう。

チャックはTレンチを差し込んで固まりを解除します

フェイスプレートは付属のレンチではずす

2 荒削り（外周を整える）

ボウルガウジで角張った材料の外周を荒削りして円盤状に仕上げていきます。きれいな円盤状に仕上がると回転が安定し、回転速度をあげることができます。

ボウルガウジを刃物台に載せます。進行方向に45度傾け、鎬を擦る角度で構えます

このときの鎬を擦る角度は、回転軸と平行になる角度です

材料を回転させ外周を削ります。回転数は約600回転から始めましょう（材料の大きさによる）

Check Point

刃先のバタつきが大きい場合は、左手を使って刃物の上から押さえ込むように持ちましょう

このとき、鎬を回転軸と平行に動かし、直径が均一になることを意識しながら削っていきます

Check Point

外周を削っていくときは右方向、左方向、どちらの方向でも削れるようにしておきましょう

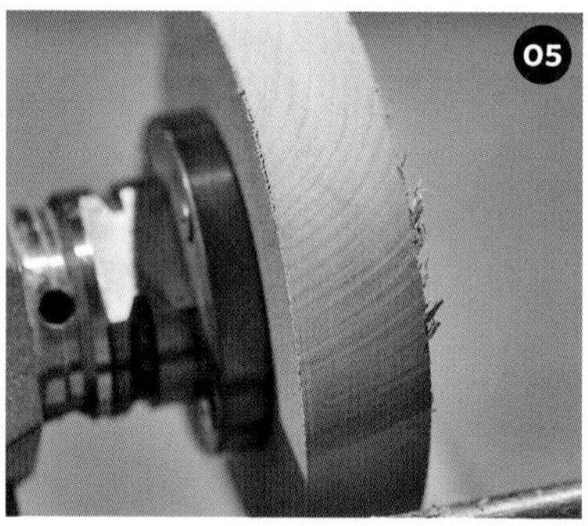

外周全体が削れたら終了です。この時点で外径を決めてしまってもよいでしょう

3 荒削り（平面出し）

ボウルガウジを使って平面を削り出します。平面は回転軸に対し垂直になるように刃物を構え、縁から中心に向かって真っすぐ動かしていきます。この工程で、平面がきれいに出せないと、作品の仕上がりサイズに影響が出ます。なお、ここで削り出す平面の一部がテーブルとの接地面になります。

刃物台を回転軸に直交する向きでセットします。材料との距離は5mm程度です

刃物台の高さは、ボウルガウジを構えたとき、刃先が材料の中心にくる高さにセットします

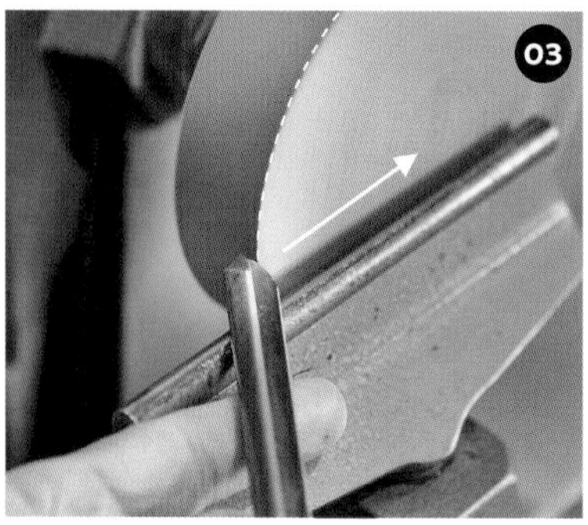

材料の際から中心に向かって削り始めます。ボウルガウジの溝の角度は進行方向に45度、ハンドルは鎬を擦れる角度（鎬は回転軸に直交する角度）で構えましょう。削り始めは表面から入るのではなく、側面（外周）から切り入れるようにしましょう

4 チャックで固定するための穴を彫る

フェイスワークは器の外側→内側の順番で形を整えていきます。そのため、外側の成形を始める前に、内側を削るためのチャック固定用の穴かホゾ（つかみ代）を作っておく必要があります。ここではチャック固定用の穴を作ります。

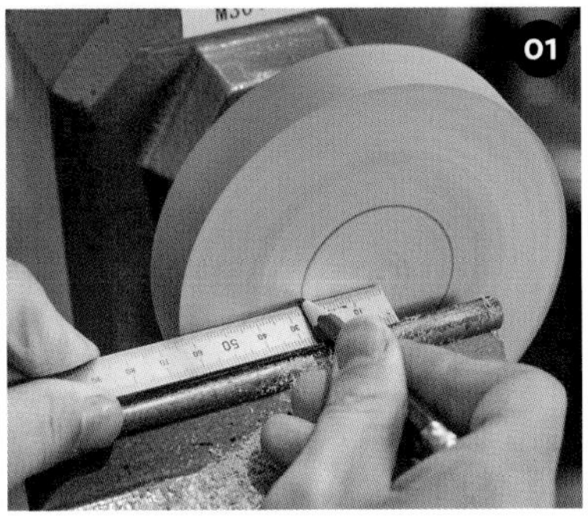

チャックの爪の直径に合わせて墨線を引きます。手持ちのチャックが50㎜だったので、中心に定規の端をあて25㎜の位置に線を引きます

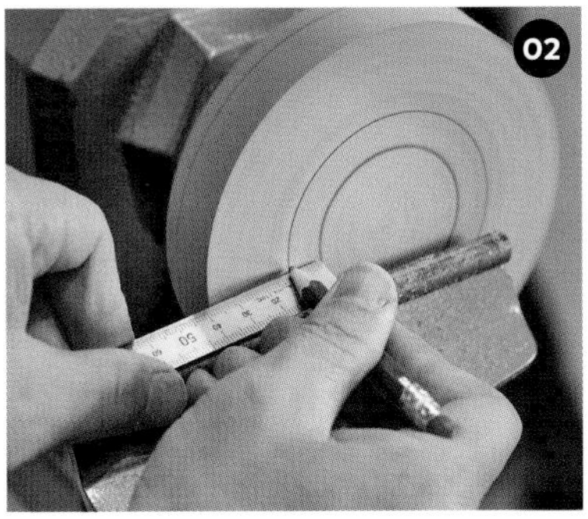

さらに最初に引いた線の10㎜外側にも墨線を引きます。この2本の線の間が、底側の接地面になります

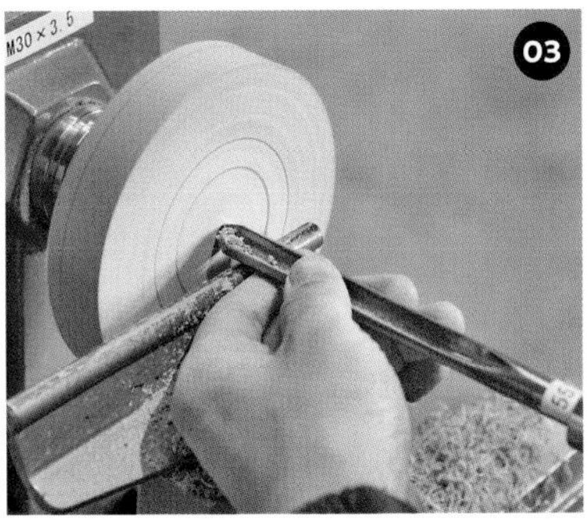

ボウルガウジを水平に持ち、材料の中心に押し込みます。このとき、刃物の溝を左方向に45度向けておくと良いでしょう

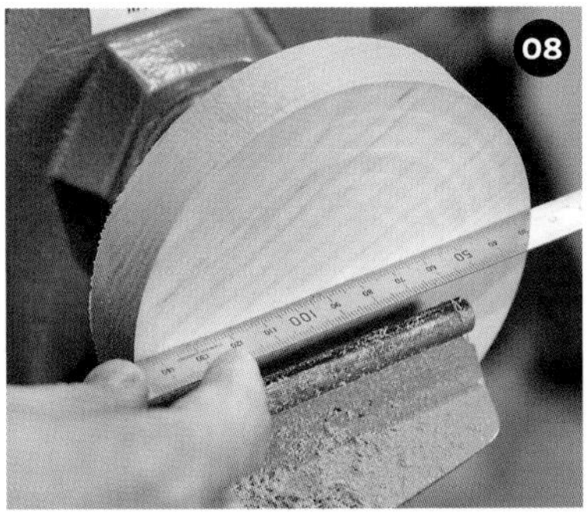

回転を止め、定規をあてて平面が出ているか確認します。この工程でしっかり平面が出せると、このあとの工程で寸法や形状が正確に出せるようになります

荒削りの注意点

鎬が擦れていない場合

鎬が擦れていないと切削面が美しく仕上がりません。鎬が擦れていないときは鎬面ではなく刃先1点で材料に触れていることになり、安定性に欠け、筋がつきやすく、凸凹になりやすくなります。

鎬が擦れていない場合は、写真のように刃先の先端だけが材料に触れている状態になっています

鎬が擦れていないと、刃物がふらふらし、安定性に欠けてしまい、切削面が荒れてしまいます

鎬を擦らせて、角度を維持しながら中心に向かって削っていきます。左手と右手を同じスピードで前へ運ぶように動かします

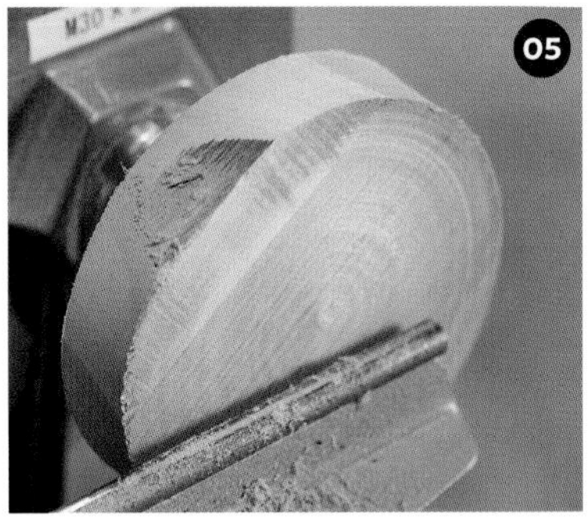

いったん回転を停止させて平滑になっているかチェックしましょう。削れていない箇所があったら再び削ります

きれいに削るコツは強引に削らず、ゆっくり削っていくことです

ボウルガウジがぶれないように持ち、鎬を擦らせながらスムーズに動かしていきましょう

5 外形を削る

外形を削るときは一度に一気に削ろうとせず、左ページのイラストのように角を少しずつ削り落としていきます。また最初は刃物を進行方向に真っすぐ動かすようにしましょう。直線で角を落とし、角度を変えて再び直線で削ることを繰り返して、大まかな形を削り出します。仕上げ削りは一気に行ないます。

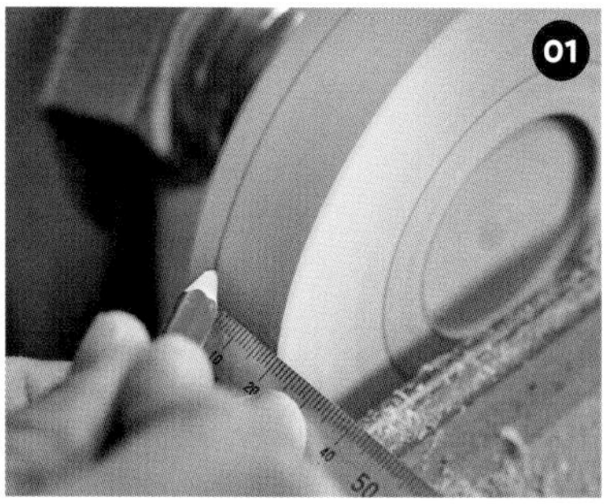

お皿の高さの目安となる墨線を引きます。ここでは底面から18㎜のところに引いています

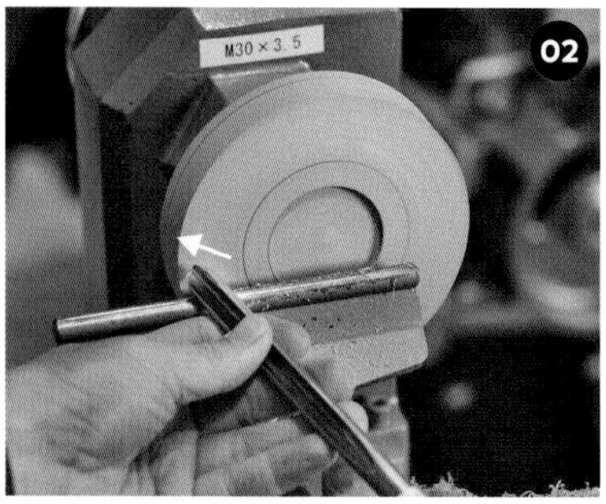

フェイスワークでは、器の外形を削る際は、中心側から外側に向かって削っていきます。そのため、刃物の溝の向きは、左側へ45度傾けます

削り進めていきます。カーブさせる必要はありません。直線で削っていきましょう。少しずつ削り出す面を大きくします

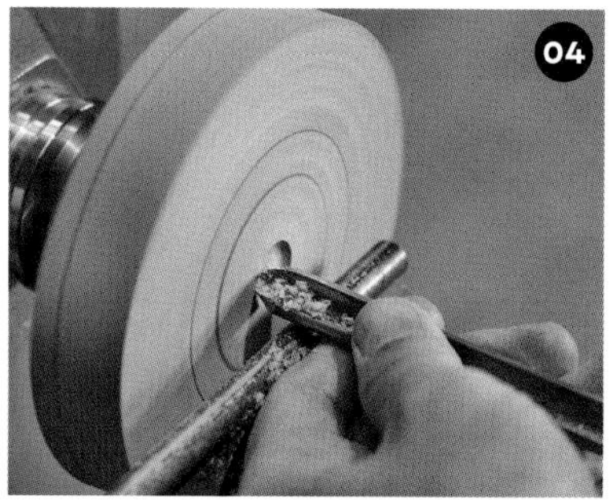

刃物は回転軸に平行のまま左側に穴を広げるように動かします

穴が広がると、鎬をあてるスペースができるので、刃物を鎬が擦れる角度に持ち直します。そのまま、左側に穴をさらに広げるように動かします。常に鎬を擦っている状態を保ちましょう

深さが3〜4㎜程度になるまで、この一連の動作を繰り返します。最初に引いた墨線の手前まで到達したら、削るのをやめます

次にスキューチゼルを刃物台に寝かすように構え、先端を墨線にあてます

チャックが材料をしっかりと保持できるように、チャックの爪の角度に合わせて穴の側面にわずかな角度をつけます。スキューチゼルの刃を写真のような角度にして材料にあて押し込みます

チャックとしっかり密着させるため、穴の底面を平らにします。ここではスキューチゼルの刃全体を使って底面の凹凸をならしていきます

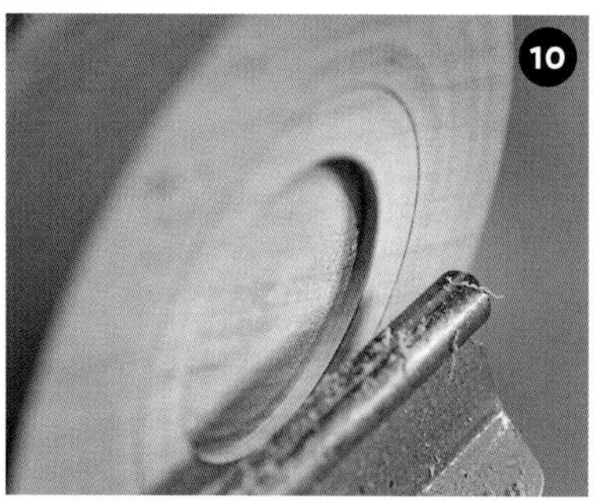

チャック固定用の穴の完成です。穴の底面、側面がきれいに整っていることが重要です

Check Point

穴が深くなってきたとき、刃物の溝が45度に傾いた状態で穴の側面に刃が触れるとキャッチを起こすことがあります。そのため、側面が近づいてきたら、ボウルガウジの溝を真横に向けるようにしましょう

1. 大まかな成形

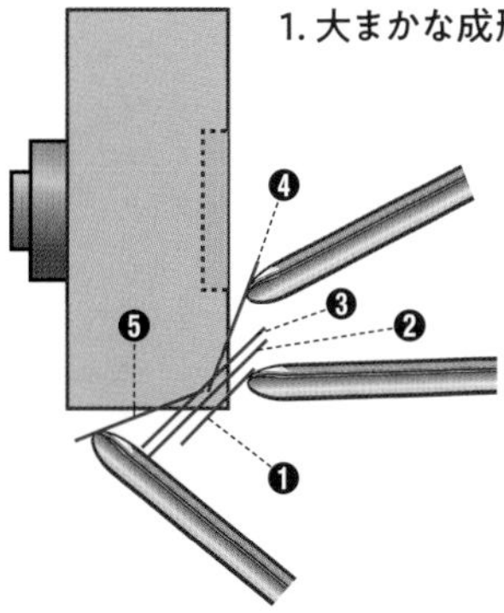

2. 仕上げ削り

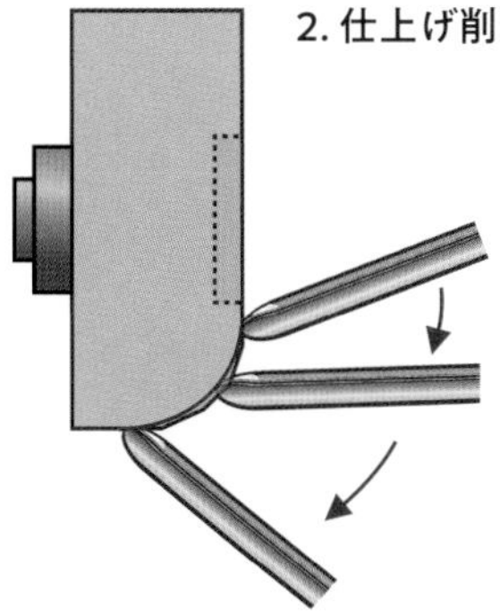

削った面が広がってきたら、刃物台の位置を材料の形状に沿うようにセットし直します。材料からの距離は5mm程度を保つと良いでしょう

刃物の動きはこれまでと同様に進行方向に真っすぐ動かしていきます。当然ながら、木は削りすぎた場合元に戻せませんので最終的な仕上がりイメージを意識して削りましょう

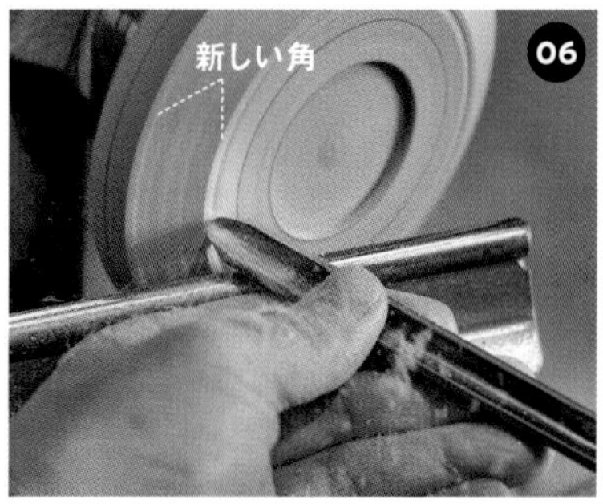

面が広がると写真のように新しい角ができます。今度はその角を削り落としていきます

まずは中心に近いほうの角から落としていきます

次に外側の角を落とします

Check Point

鎬を擦らせながら削るためには、削る位置によってハンドルの位置が変わります。中心に近い側を削るときは、ハンドルの位置は写真のように体から離れます

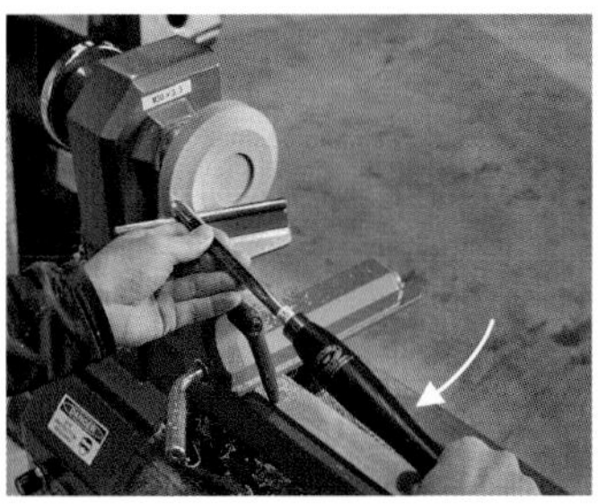

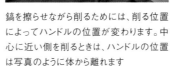

外周に近いところでは、ハンドルの位置は体に近づきます

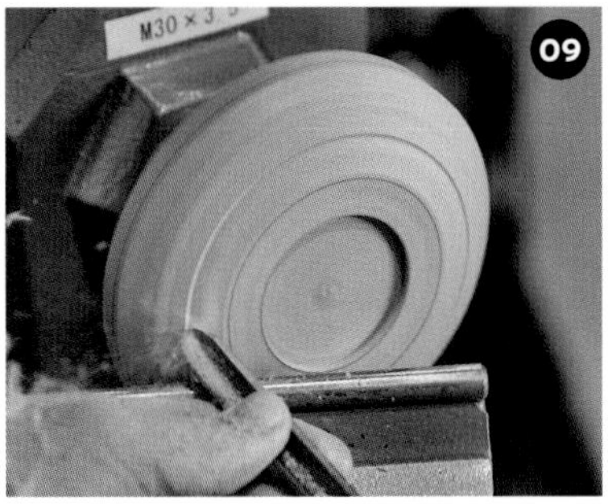

外形を削り出したらカーブを描くように削っていきます。カーブ面を削るときはハンドルを握る右手の動きを意識することが大切です。削り始めと削り終わりのハンドルの位置を確認しましょう(P64連続写真参考)。なお、仕上げ削りを行なう前に刃物を研ぐことを忘れずに

仕上げ削りを終えたらサンディングです。サンドペーパーは150番、220番の順番で使用します。底面とカーブ面の境の稜線が消えてしまわないように注意しましょう

これで外形の完成です

6 内側を削る

次に、お皿の内側を削ります。まずはチャックを使って固定し、表面の平面を出します。平面を削りながらお皿の高さを決めます。それから、内側を外形に沿うように削っていきます。

フェイスプレートを取り外し、旋盤にチャックをセットします。チャック用のつかみ穴に爪を入れ、チャックレンチで爪を押し広げて材料を固定します。このとき傾いてしまわないように材料の中心を押さえながら固定しましょう

手前から中心に向かって削っていきます。ボウルガウジの溝を進行方向に45度傾け、鎬が擦れる角度にハンドルを構えます

外形の端から2～3㎜の位置に刃物を構え、鎬を擦らせて削っていきます。外形の端から内形の削り始めの位置までが縁になります

仕上げ削りの刃物の動かし方

仕上げ削りは一気に削り上げていきます。心を落ち着かせて作業を進めていきましょう。ポイントは写真のように最初から最後まで鎬を擦らせながら削ることです。常に刃物の溝を進行方向に45度傾け、削り進めるにつれてハンドルの位置を体に近づけていきます。この動きの中で右手をねじる（刃物の溝が真上を向いてしまう）ような動きをしないようにしましょう。

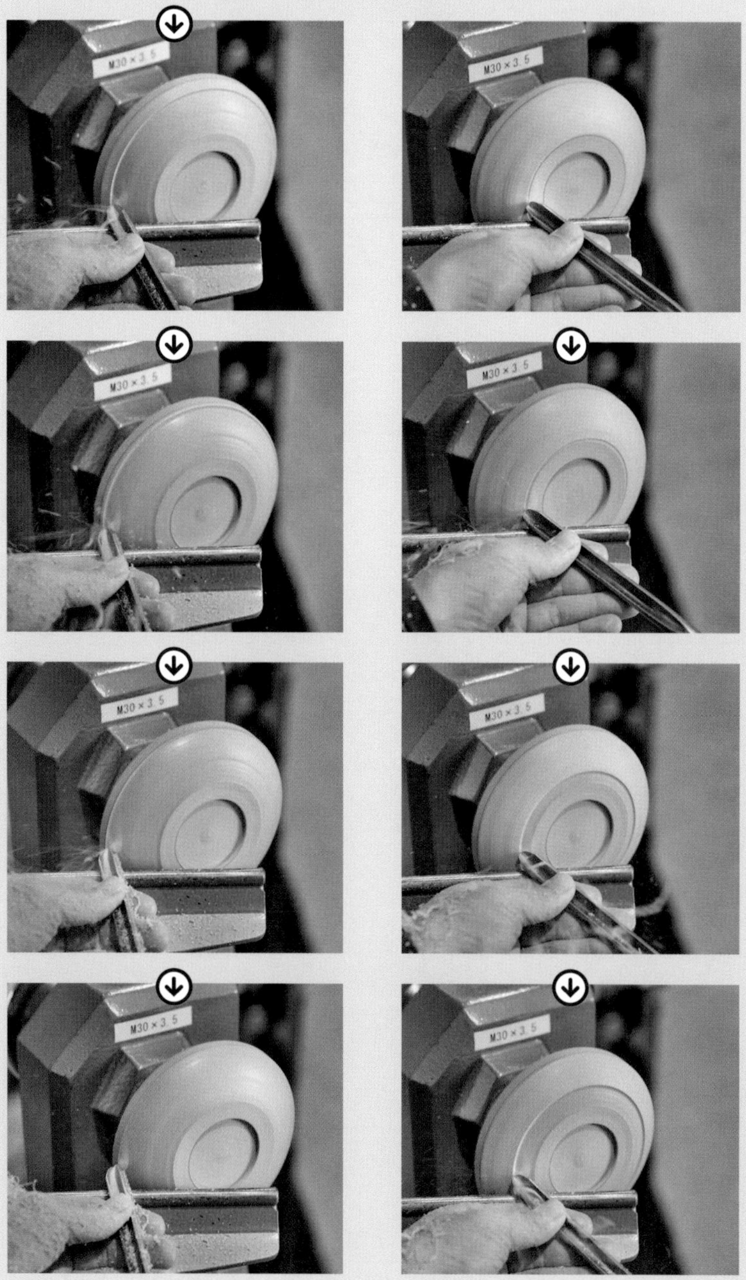

削り広げるときの刃物の動かし方

お皿の内側を彫り込んでいくときは切削量を一定に保ちながら写真のように中ほどから中心へ、端から中心へと刃物を動かしていきます。このように刃物を動かしていくと徐々に削り広がっていきます。

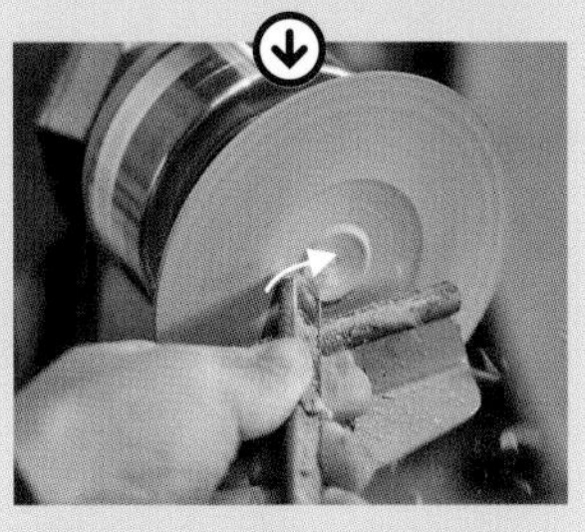

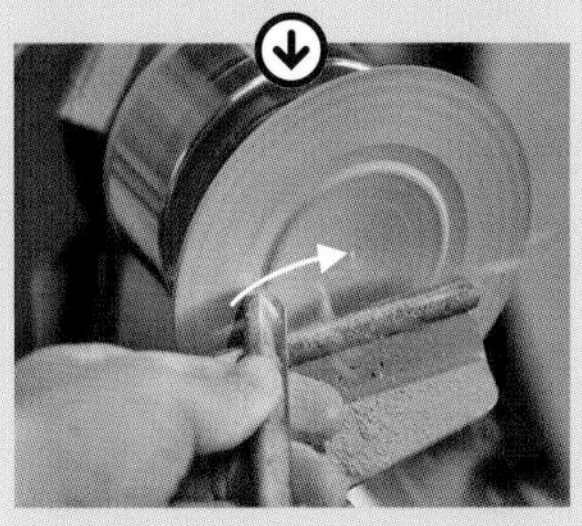

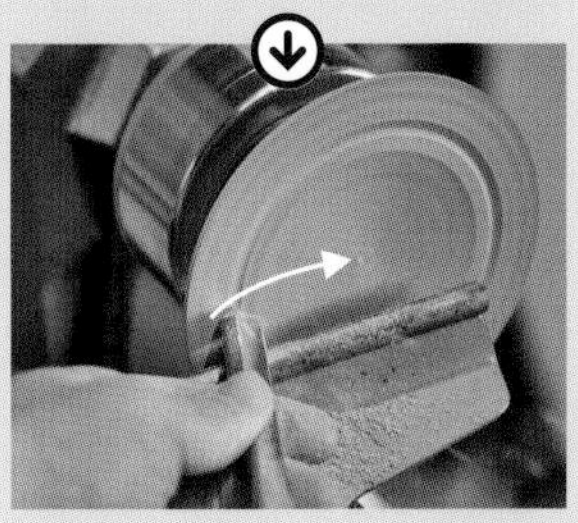

お皿の高さを決めたら、いよいよお皿の形状になるように内側を削ります。刃物は外側から中心に向けて動かしますが、最初は中心付近から削り始め、穴を外に広げるように削ります。刃物の動きは左の連続写真を参照してください

削り始めが縁の辺りになるときは、慎重に進めていきます。削り始めるときに、外側へはじかれるようなときは、刃物の溝を横に寝かして削り始めると良いでしょう

縁から中心に削り進めていくときも鎬を擦ることを常に意識しましょう。とくに内側底面を削るときは、刃物のハンドルの位置が体に近いところに来るはずです。大まかな形状ができてきたら、外形の形状に沿うように内側を削っていきます。木工旋盤の回転を止めて手で触って、厚みが極端に変わる箇所はないか確認すると良いでしょう

鎬は常に擦らせるように意識しますが、決して材料に押しつけるようなことはしないように注意してください

中心部分はより慎重に、ゆっくり削るように心掛けましょう

Check Point

縁に近い箇所に刃物をあてたとき振動が大きい場合は、左手で材料の裏を押さえると振動を抑制することができます

サンディングは外形のときと同じように、150番、220番と番手を上げながら磨いていきます

［エクササイズ2］

キッチンペーパーホルダー

木工旋盤の基本として、センターワークとフェイスワークそれぞれの加工方法を解説しました。ここではセンターワークとフェイスワークのトレーニングに最適なキッチンペーパーホルダーの作り方を紹介します。

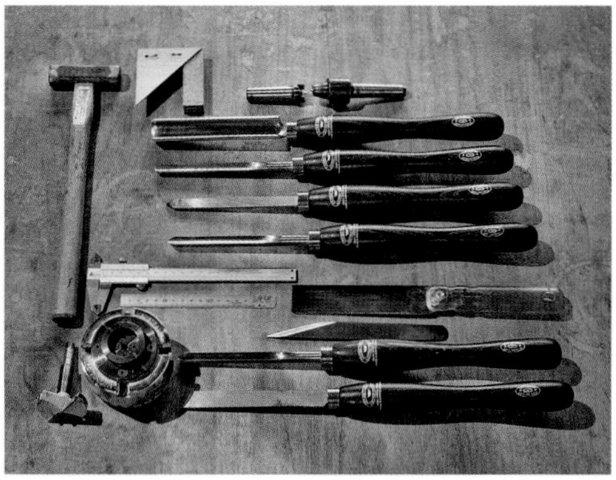

使用する刃物

ラフィングガウジ、スピンドルガウジ(60度、40度)、パーティングツール、、ボウルガウジ、スキューチゼル

使用する固定道具

ドライブセンター、回転センター、チャック(スタンダードジョー)

その他の道具

ボール盤、カナヅチ、ノコギリ、小刀、ノギス、定規、ジグ、フォスナービット

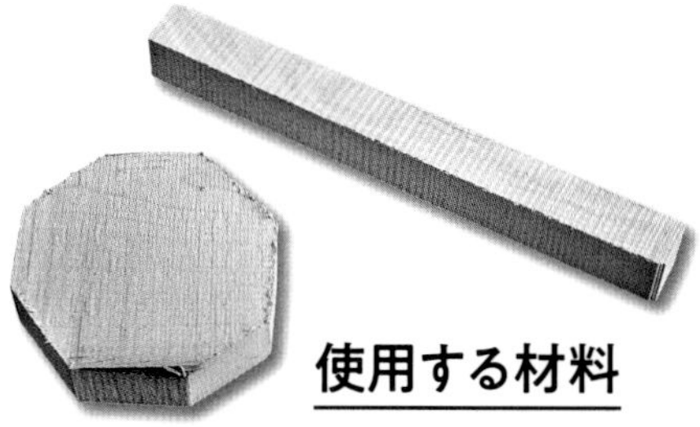

使用する材料

支柱に長さ330mmの25mm角材、ベースに厚さ30×直径120mmの板材を使用。樹種はどちらもブナ材

支柱を作る

ラフィングガウジ、パーティングツール、スピンドルガウジ60度を使って25mm径の支柱を作ります。

まずはホルダーの支柱の加工から行ないます。センター間で固定し、ラフィングガウジを使って丸棒に加工していきます

丸棒に加工できたらパーティングツールで直径25mmの溝を何箇所かに彫ります。彫った溝にノギスをあてて寸法を確認します

❷で彫った溝を目安に太さをそろえていきます。削る量が多いときはラフィングガウジを使いましょう

目安の太さに仕上がったらスピンドルガウジ60度で仕上げ削りをしていきます(そのままラフィングガウジを使用しても良いです)

進行方向に刃物の溝を45度傾けること、鎬を擦れる角度でハンドルを構えることを守りましょう

キッチンペーパーホルダー完成図

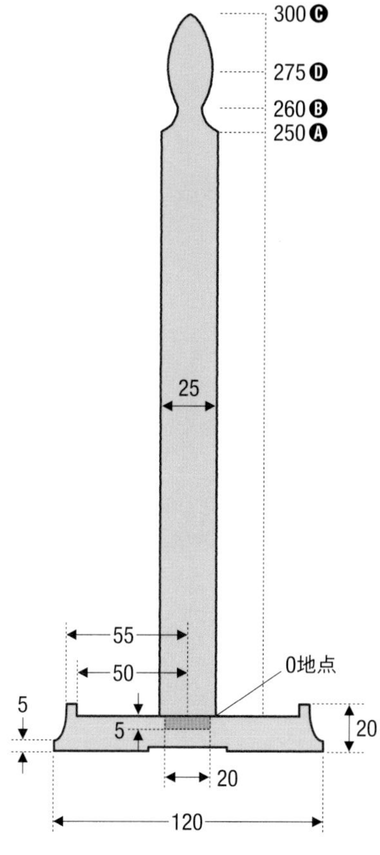

＊単位はmm

支柱にホゾを作る

パーティングツールを使って、ベースに差し込むホゾを作ります。

最初に墨線を引いたところ(0地点)にパーティングツールを使ってホゾを作ります

材の裏側から20㎜で固定したノギスをあてがいながらパーティングツールで削ります。ノギスが溝に入ったら削るのを止めます

ホゾの長さが5㎜になるように墨線の内側の太さをパーティングツールを使ってそろえます

支柱に墨線を引く

ホゾ、装飾(フィニアル形状)のための墨線を一度に引いてしまいます。墨線は材料を回転させながら引きます。

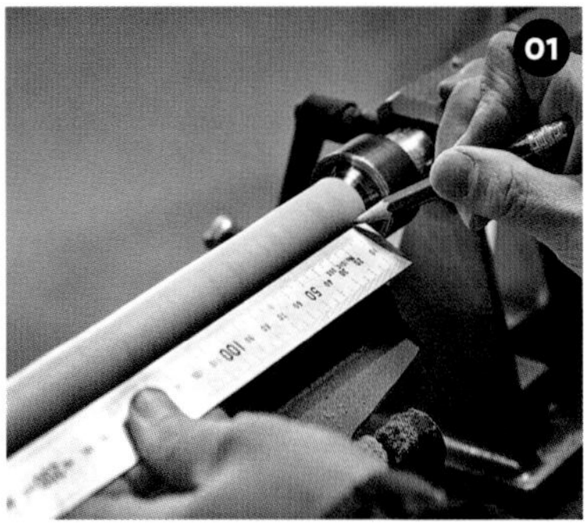

丸棒のベースに差し込む側に墨線を引きます。ホゾの長さを5㎜にするので、端に近いところで1本引き(ここを0地点とします)、そこからさらに端側へ5㎜の線を引きます

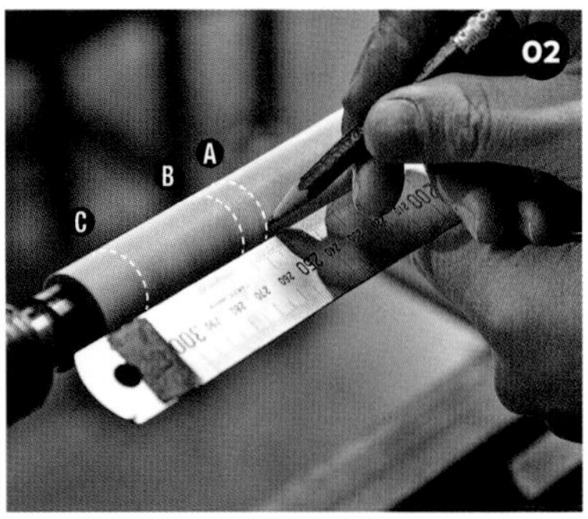

01で引いた墨線(0地点)を基点にⒶ250㎜、Ⓑ260㎜、Ⓒ300㎜のところに線を引きます

Check Point

細く長い棒を加工する際、中央付近で写真のように波を打った模様になってしまうことがあります。これは棒が振動でブレているためです。鎬を擦らせることは大事ですが、材料に刃物を押しつけてしまうとこのような振動を発生させてしまいます

どうしてもそのような振動が発生してしまう場合は、左手を使い、材料の後ろ側から支えて強制的に振動を押さえ込むと良いでしょう

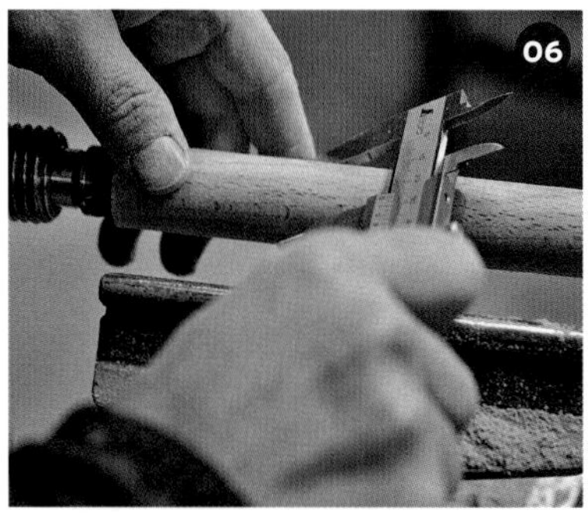

太さがそろっているか、ノギスで確認します

直径25㎜の丸棒ができました

フィニアル（先端の形状）を削り出す

丸みのある先端の形状をスピンドルガウジ40度で削り出します。

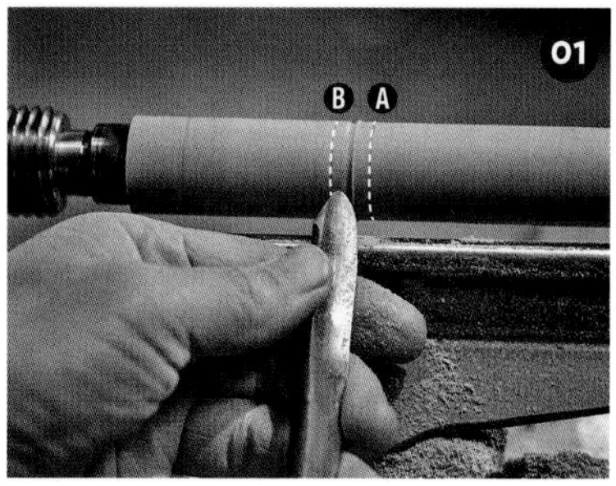

スピンドルガウジ40度を使い、Ⓐと Ⓑの墨線の間に溝を作ります

Check Point

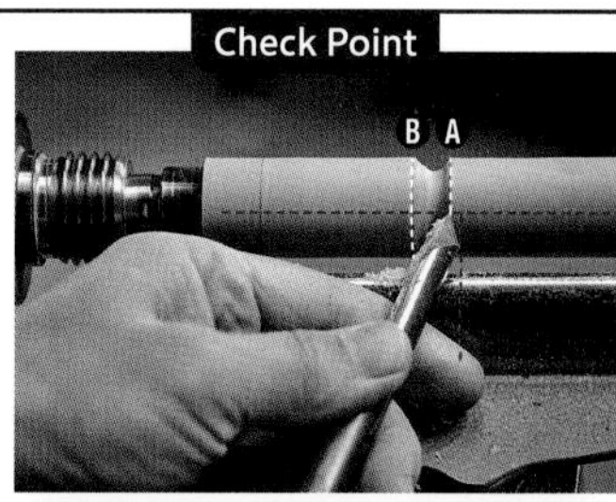

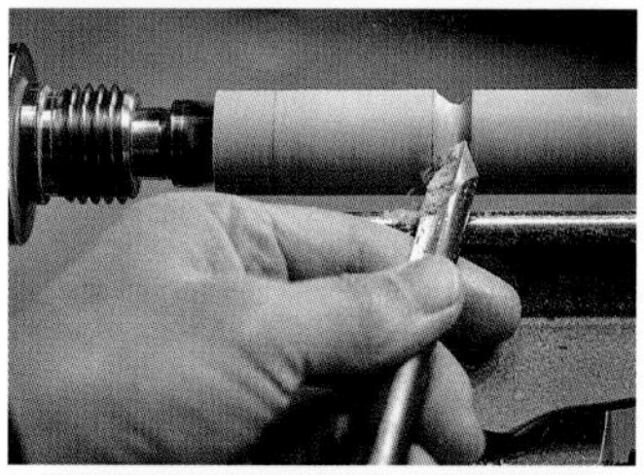

材への刃のあて方は写真のようにⒶ側は回転軸に対し、鎬が直角に近い角度で切り込みます

先端の形状（フィニアル）の削り出しを行ないます。ⒷとⒸの真ん中あたり（今回はⒷから15㎜の位置）に線Ⓓを引きます。この線Ⓓがいちばん太い箇所になります

先に彫った溝とつなげて弧を描くように削っていきます。鎬を擦らせることを忘れずに

先端側も削ります。左のCheck Pointのように刃物を動かして形状を作っていきましょう

フィニアル全体の形を整えていきます。最初に作った溝の形を整えながら流れるような曲線に仕上げていきます。先端も少しずつ細めながら形を調整します

Check Point

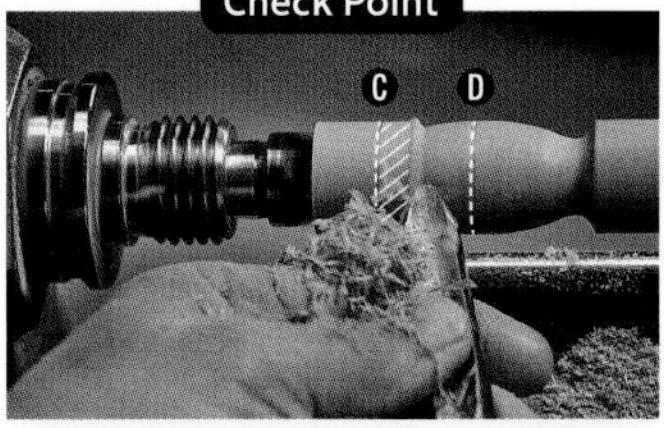

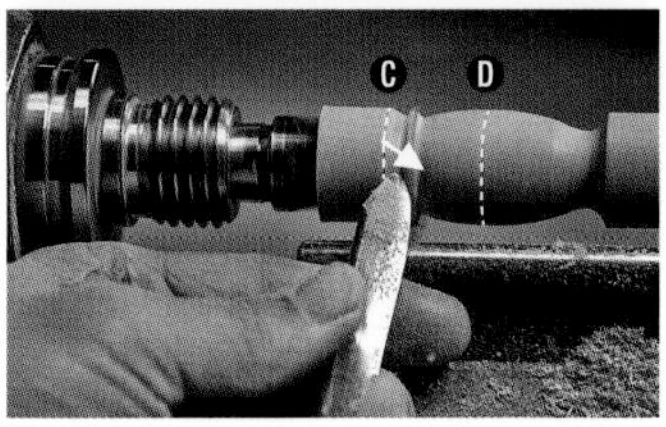

上段写真の斜線部のように切削量が多く削りにくくなった場合は、そのまま進めず、反対側から切り込みを入れておくと切削量が減り削りやすくなります。このときⒸの線を削らないように注意しましょう

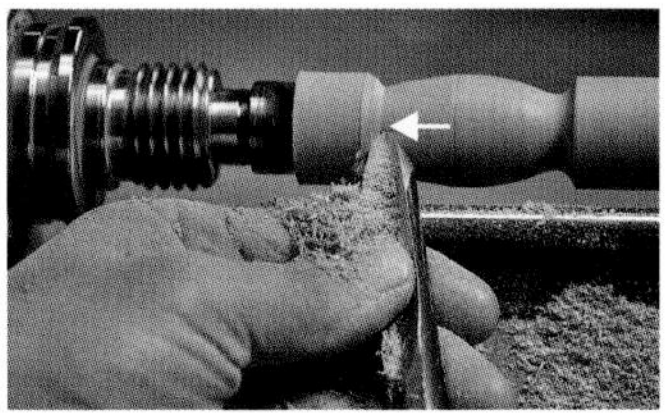

溝を彫ったら刃の位置をⒹ側に戻し、また先端に向かって削ります

支柱をサンディングする

削り出した支柱をサンディングペーパーで磨きます。

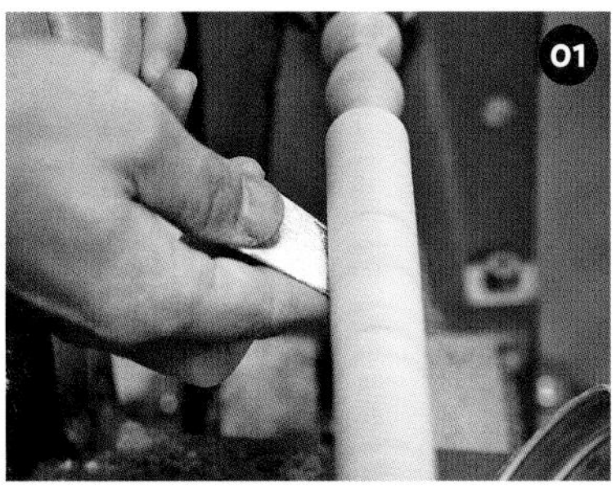

全体をサンドペーパーでサンディングしていきます。150番を使って全体を磨いたら、次に220番で磨きます

仕上げにフィニアルの先端をサンディングします

ベースを円盤状に削り、裏面を整える

ボウルガウジを使ってベースとなる材料を円盤状に削り、表面を削る際のチャックのつかみ穴を作ります。

ベースの材にチャックでつかむための穴をボール盤で彫ったら木工旋盤に固定し、外周を円盤状に整えていきます。刃物はボールガウジを使います

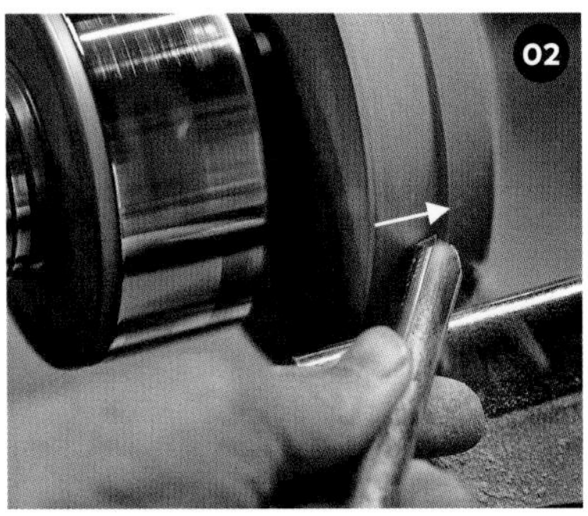

進行方向に刃物の溝を45度傾け、鎬を擦らせながら削りましょう

先端側を切り離すため、フィニアルの先端を細くしていきます。強引に切り離そうとすると繊維が割けて傷がついてしまうので、慎重に作業を進めていきましょう。また、サンディングした箇所に刃が触れないように注意するのもポイントです

切り離したとき落ちてしまわないように、左手を裏側へ回して支えながら切ります

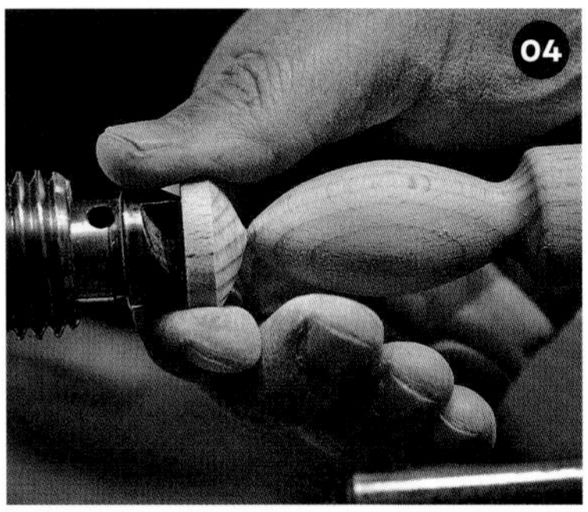

切り離せたことを確認したら取り外します

Check Point

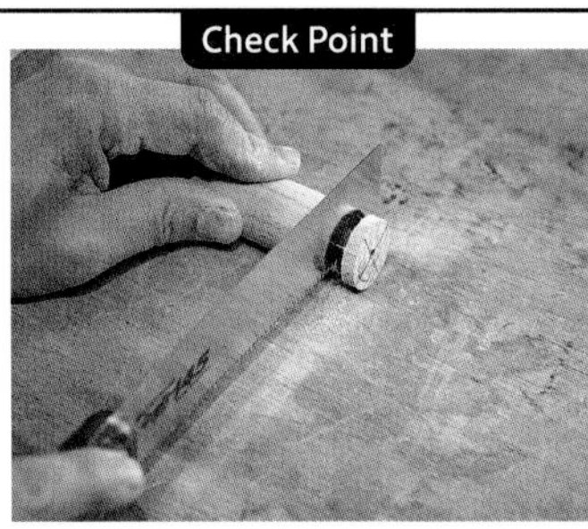

ホゾ側の不要部分はノコギリで切り落とします。フィニアル側も切り落とせない場合は、ノコギリで切り落とせばOK

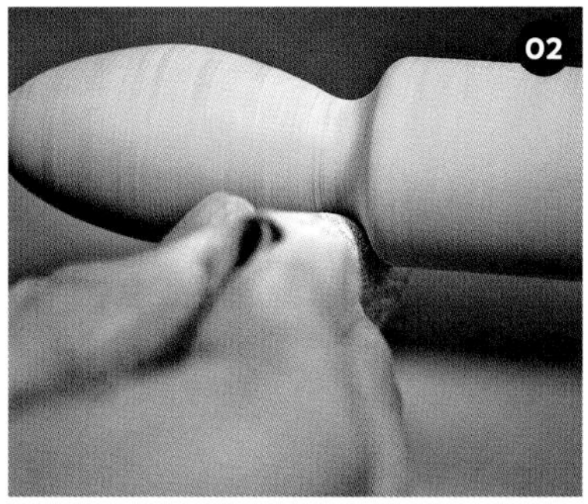

フィニアルの首の部分はサンドペーパーを丸めて、形状にフィットするようにあてましょう

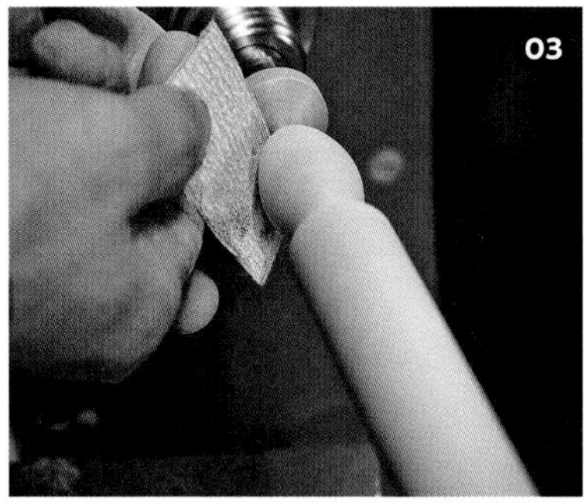

フィニアルも形状に合わせてサンドペーパーをあて磨き上げます

支柱を切り離す

スピンドルガウジ40度またはパーティングツールを使って旋盤に固定してある支柱を切り離します。

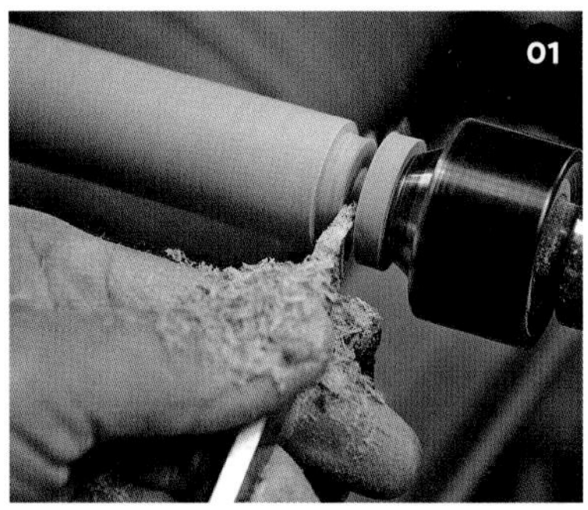

作ったホゾの外側を直径5mm程度までパーティングツールで削ります。ホゾ側で切り離してしまわないようにしましょう

ボウルガウジで、ベースの板厚が20㎜になるように削っていきます

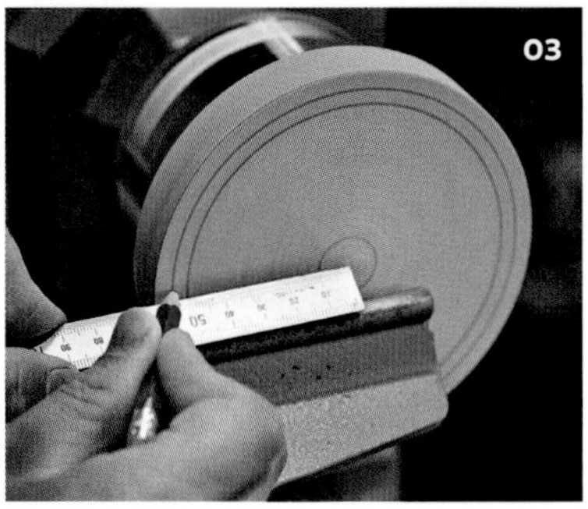

20㎜厚の板になったら中心に定規をあて半径50㎜と半径55㎜の墨線を引きます

ベースの側面にも墨線を引きます。位置は底側（左端）から5㎜

表面をボウルガウジで削ります。中央に近い箇所から中心に向かって削ります

定規をあてて平面が出ているか確認します。平面が出ていない場合は、再度削りましょう

サンディングします

ベースの表面を加工する

ボウルガウジを使い、キッチンペーパーが載る箇所を削り、さらに支柱を差し込むホゾ穴を作ります。

ベースの材を表裏逆にし、チャックで固定します。底側から20㎜の位置に線を引きます

ベースの材の外周を削ったら平面を削っていきます

平面ができたらチャックでつかむための穴を作ります。必要寸法になったらスキューチゼルを使って、穴の隅を整えます（詳細はP62参照）

半径60㎜で墨線を引きます

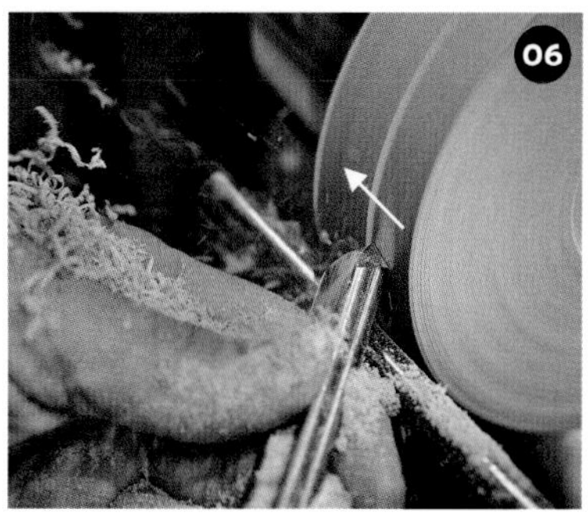

墨線まで外周を削ります

チャックのつかみ穴を削るときのように、中心から削ることもできます。フェイスワークで回転軸に対して直交する平面を削り出す場合は、両方向から削ることができます

ベースの縁の削り出しを行ないます。内側の墨線に近い箇所から削り始めていきます

Check Point

このとき、後方へ引っ張られるようなキャッチが発生しやすいので、刃物の溝を真横に向けて削り始めると良いです

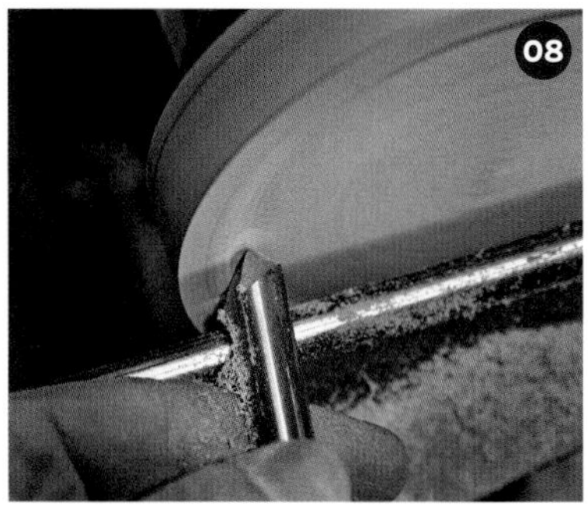

縁の内側のヘリはガウジの形状を上手に使い、写真のようにスクレーピングをするように削ります

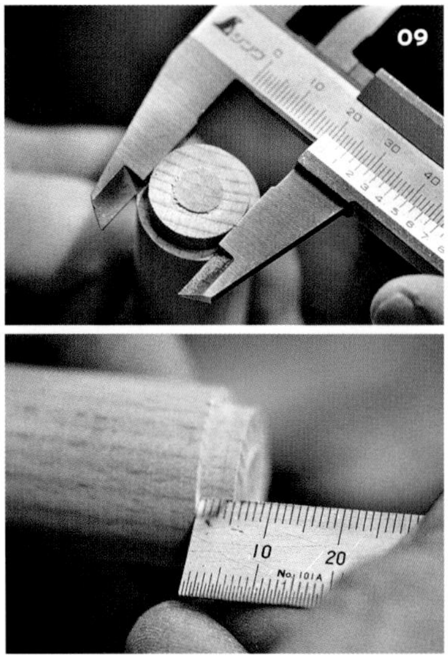

先に作った丸棒のホゾの太さと長さを確認します。太さは20㎜、長さは5㎜

定規をあて半径10㎜(直径20㎜)の墨線を引きます

ホゾ穴を作ります。チャックのつかみ穴を作るときの要領で、中心に刃を差し込み外側に広げます

穴が深くなったらスキューチゼルを使って側面を削り出します

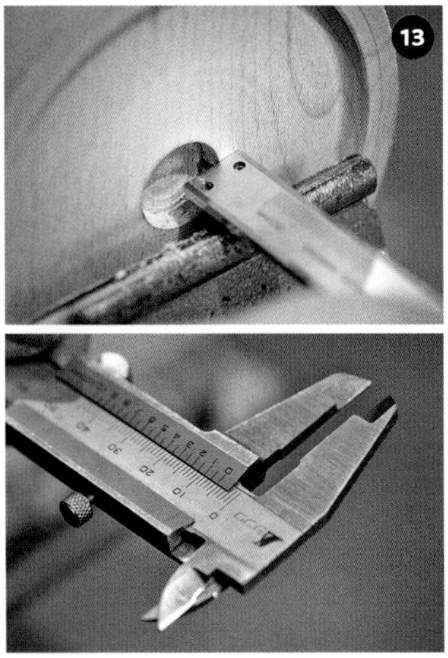

ノギスを使って、ホゾ穴の深さを確認し、5㎜よりわずかに深くなっていればホゾ穴のできあがりです

側面を仕上げていきます。使用する刃物はボウルガウジ

Check Point

ゆるやかなカーブを描いた形状に仕上げるため、切削距離は短いですが、刃物の柄の角度が大きく変わっていることに注目してください

塗装する

最後にオイルを全体に塗ります。使用するオイルはクルミオイルです。塗りムラができないように両手にウエスを持って塗りましょう。

全体にクルミオイルを塗り込んでいきます

フィニアルの首もしっかりオイルを塗り込みます

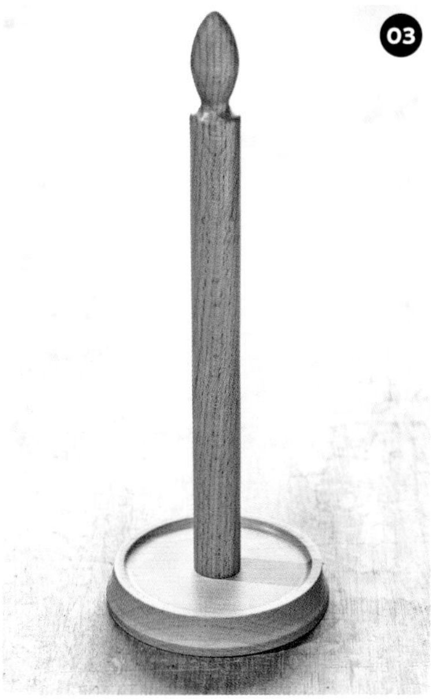

オイルが乾けば完成です

組み立てる

支柱とベースを、接着剤で組み立てます。

支柱とベースができたので、接着していきます

ベースのホゾ穴の側面と丸棒のホゾにたっぷりと木工用接着剤を塗ります

手で差し込んで、組み立てます

ベース表面をサンディングする

ベースの表面をサンドペーパーでサンディングします。

表面のサンディングでは縁の稜線を丸めてしまわないように注意しましょう

ベース底側の幅が狭い箇所は、せっかくの平面が丸まってしまう可能性があるので、サンドペーパーを丸めて局所的にあてていきます

Check Point

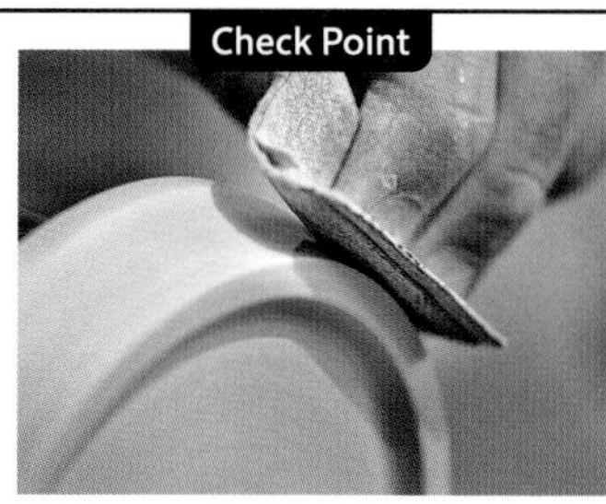

逆回転でのサンディングも行なうことで、よりきれいに磨くことができます

作品を美しく仕上げるために
サンディング

木工旋盤においてサンディングは欠かせない作業です。サンディングとは、やすりをかけて表面をなめらかにすることです。お皿などを削る際、表面をなめらかに仕上げられないときがあります。刃物で表面の凸凹を均せるようにすることが理想ですが、どうしても残ってしまうときはサンドペーパーでサンディングすることで取り除くことができます。

サンディングは150~300の番手の（表面の大きな凸凹を取り除く際は、80番や120番など粗めのもの）順番に使い、指の腹でしっかり材料にあてます。ただし、摩擦熱で材料に亀裂が入らないようにあてる位置や持つ位置を変えながらサンディングすることが大事です。より高い番手を順番に使っていくことで光沢ある作品に仕上げられます。

サンドペーパーの種類

サンドペーパーには、さまざまな種類があり、紙をベースにしたもの以外に、布、メッシュ、スポンジ、不織布などがあります。そして、粒度を表す番手も、粗い80番から1000番以上の細かいものまであります。通常は120、150、180、240、300番あたりを使うことが多いです。個人的な感覚ですが、スポンジや不織布タイプは240番や300番以上で使うとその効果を発揮してくれます。

紙・布

基材がしっかりしており、材料に押しあてる力加減でサンディング量を調整しやすい。メッシュタイプは、さらに目詰まりを起こしにくいという利点がある

スポンジ

曲面にフィットさせやすいため木工旋盤では扱いやすい。基材がスポンジであるためクッション性があり、凸凹を落とすことには向いていない。また力を入れすぎると熱で溶けてしまうこともある

不織布

スポンジ同様に曲面にフィットさせやすい。スポンジよりレスポンスが良く、さらに熱に強いという特徴もある。目詰まりも起きにくい

サンドペーパーのかけ方

サンドペーパーをあてるのは、手前側の下あたりにしましょう。回転が体から離れる方向に回っているため、突き指などのリスクも避けられます

筋や白っぽさが取れないときは、逆回転させてサンディングをすることで取れることがあります。この白っぽさの原因は逆目であることが多く、逆回転でサンディングすることで逆目を取り除くことができるからです。逆回転させるときは、サンドペーパーは材料の上部奥側にあてるようにしましょう

サンドペーパーは扱いやすいサイズに切って使います。しっかりと材料にあてられるようにするため、3つ折りにして使います。サンドペーパーを折らずに使うと熱が指にすぐ伝わってしまい、また、ふたつ折りではずるずるとサンドペーパーが動いてしまいます

パワーサンディング

サンドペーパーでサンディングすると、同心円の筋が無数についてしまいます。これを防ぐために、サンドペーパーを取りつけた電動ドリルで、回転させながらサンディングする方法もあります

塗装して長く使える道具へ

塗装の技術

塗装は木の食器を末長く愛用していくために必要な作業です。塗装することで水分などから受けるダメージを最小限に抑えられるようになります。食器に使用できる塗料には木の内部に染み込んで硬化して保護するもの、表面に塗膜を形成して保護するものなど、さまざまなタイプがあります。塗料を選ぶ際は食品衛生法に適合しているかどうかで判断するとよいでしょう。

1 塗料の種類

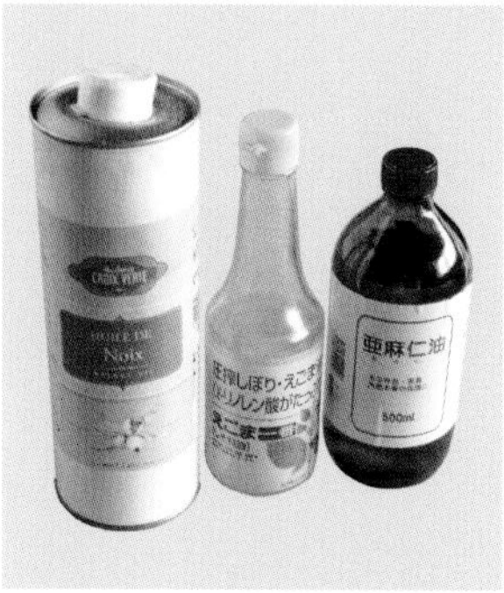

木の食器に使える食用油各種

植物性自然オイル

植物から採取した調理にも使えるオイルです。食用オイルはさまざまありますが食器に適しているのは乾性油と呼ばれる、空気中の酸素と反応して固まる油です。乾性油には、亜麻仁油(リンシードオイル)、エゴマ油、クルミ油があります。スーパーでも入手しやすいので、気軽に試すことができます。一方で代表的な食用油のサラダ油、オリーブ油などは固まらない油で不乾性油と呼ばれています。こちらは水で洗い流されやすいので塗料には適しません。

植物性自然オイルは安心して利用できる反面、乾燥までに長い日数を要します。亜麻仁油は比較的早く固まりますが、オイルによっては3週間かかるものもあります。また、使用するにつれて油分が失われるため、定期的なメンテナンスが必要となります。

ターナー色彩のESHAクラフトオイル

木工用自然塗料

植物性自然オイルをベースに木工用に開発された塗料です。食品衛生試験に適合したものもあります。代表的なものにターナー色彩のエシャやドイツのオスモカラーなどがあります。これらの塗料は植物性自然オイルの最大の欠点である乾燥時間を大幅に短縮できるように作られており、おおむね12時間で表面が乾き、1週間ほどで内部まで完全に乾きます。植物性自然オイルと同様に、使用するにつれて油分が失われるため、定期的なメンテナンスが必要です。

写真は木固めエースの産業用タイプのプレポリマーNo.2000

ウレタン系樹脂塗料

市販されている多くの木製食器はウレタン系樹脂の塗料で塗装されています。ウレタン系樹脂の塗料は木部の保護性能が高く、定期的なメンテナンスがいりません。一方で自然系塗料とは対極の化学系塗料になります。塗装する際はシンナーを混ぜて使うため、敬遠されることもあります。なお、木製食器用に開発された安全性が高いウレタン系樹脂塗料として「木固めエース」があり、シリーズに目止め剤やコーティング剤（エステロンカスタム）があります。

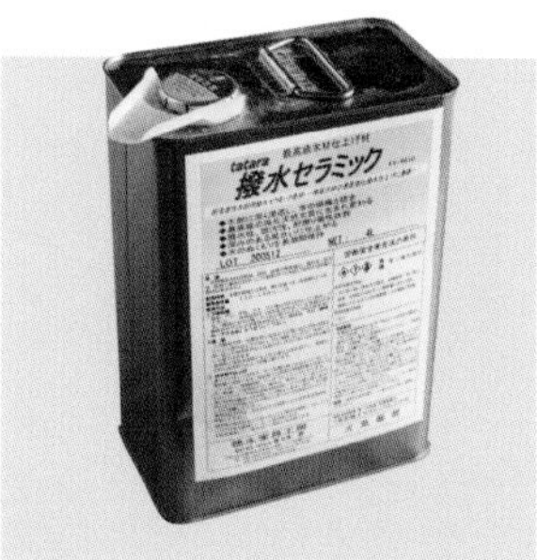

写真は、高い評価を得ている撥水セラミックです

ガラス塗料

ガラス塗料は、二酸化ケイ素（シリカ）が主原料の塗料で、溶剤としてアルコールを使用します。シリカは自然界にも多く存在し、ガラスの主原料になる素材です。そのため、一般的にガラス塗料と呼ばれています。製品によってはウレタンと同程度の防汚性、耐水性があります。1液性で硬化が早く施工性も良いのですが、ほかの塗料に比べて高価な点がデメリットです。

2 塗装に使う道具

塗装で主に使用するのはハケ、塗料カップ、塗料を拭き取る布切れ（ウエス）、手を保護するゴム手袋、塗装した材料を載せる桟木です。臭いが気になる場合もあるので、マスクも用意しましょう。配合が必要な塗料を使用する際はスケールも必要になります。なお、使用する道具は塗料によって異なります。

3 各種塗料の塗り方

エゴマ油、ウレタン樹脂系塗料（木固めエース）、ガラス塗料（撥水セラミック）の塗り方を紹介します。塗装するのはヤマザクラで作った小皿です。仕上がりの違いもほんの少しわかるのではないかと思います。

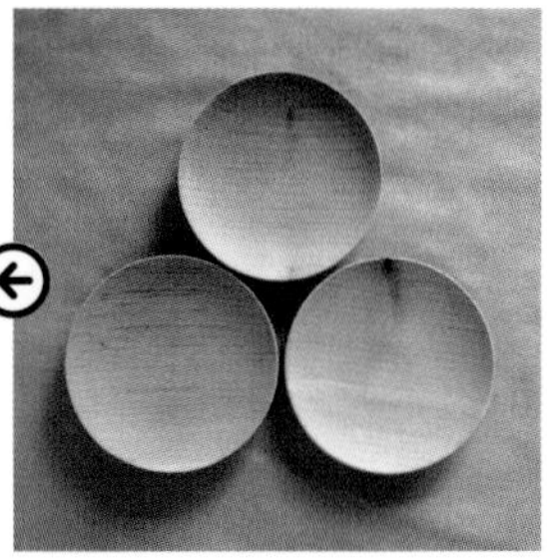

塗装前の小皿

塗装後の小皿。上から時計回りでエゴマ油、ウレタン樹脂系塗料、ガラス塗料

エゴマ油

準備するもの…エゴマ油、ウエス、ゴム手袋

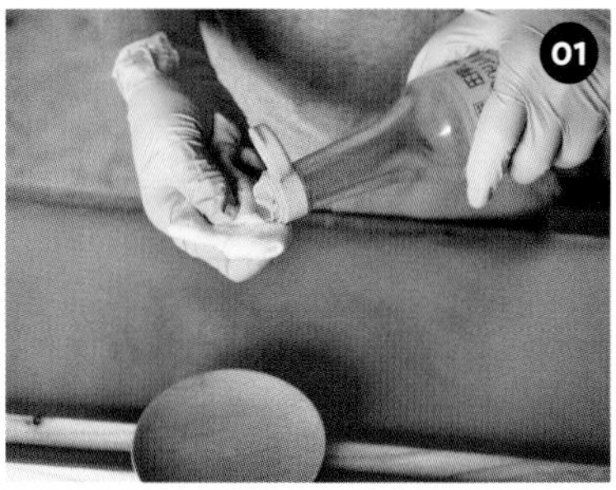

ウエスにえごま油を染み込ませます

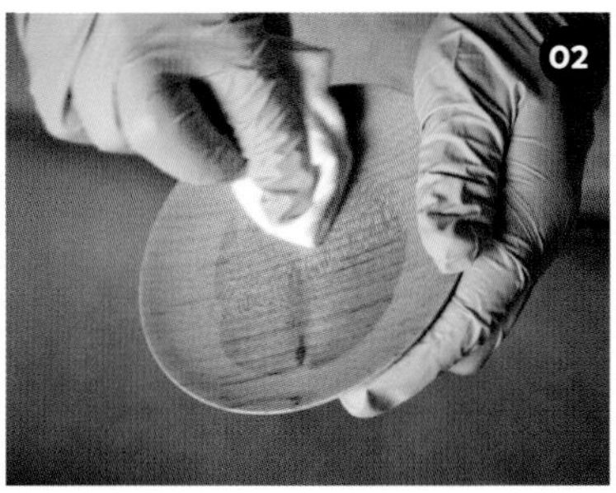

油が染み込んだウエスで小皿を拭き塗りします。木の内部にしっかり浸透させるため、たっぷり塗り込みます

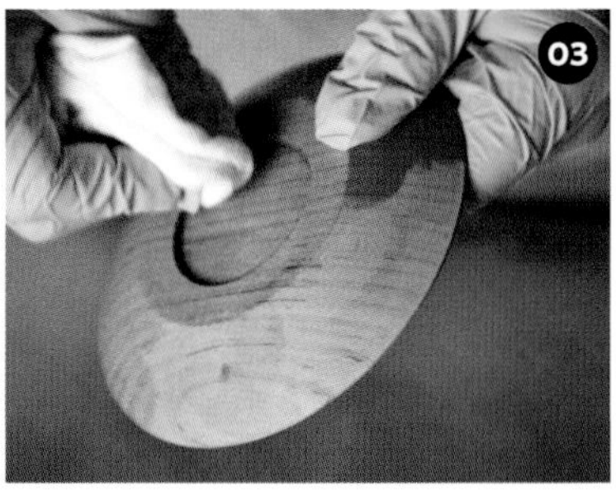

底面も同様にウエスで油を塗り込んでいきます

5〜10分ほどおいてから、表面に残った油分をウエスで拭き取ります。余分な油分を拭き取るときは塗りムラができないように両手にウエスを持って拭くようにしましょう

ガラス塗料

準備するもの…撥水セラミック、ハケ、塗料カップ、ゴム手袋

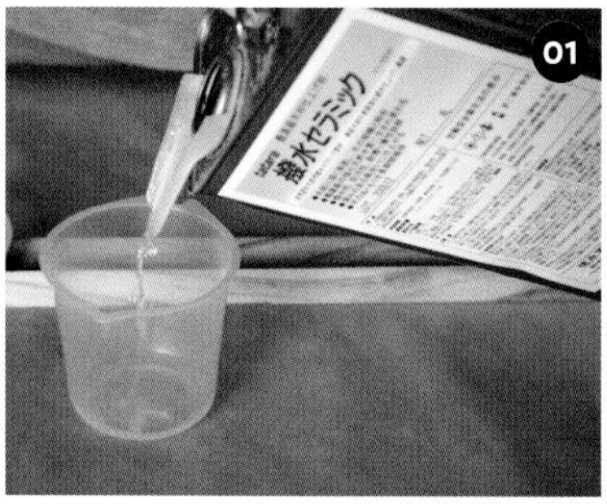

塗料をカップに適量入れます。スケールで量る必要はありませんが、必要量以上は出さないようにしましょう

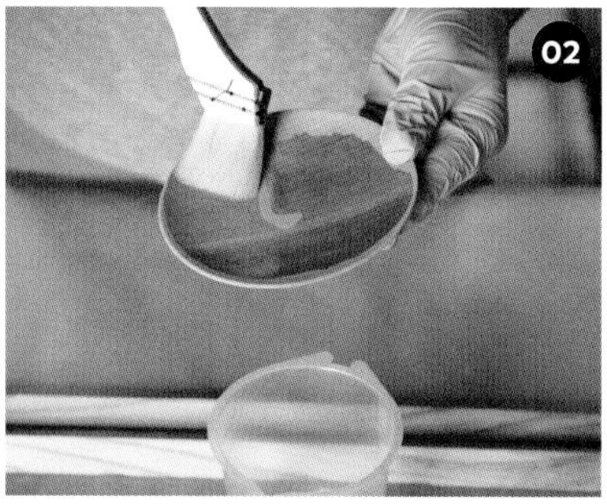

ハケに塗料をたっぷりと含ませて塗っていきます。ウレタン系樹脂塗料と同様、木部にしっかりと染み込ませるように塗ります。底面も同様に塗料がしっかり木部に染み込むように塗ります

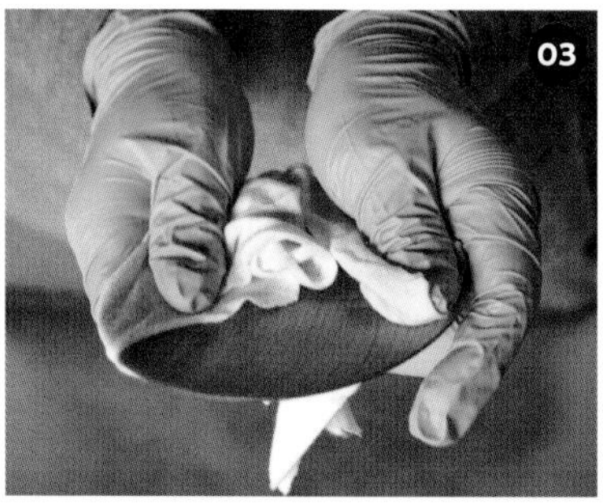

表面に残った塗料をウエスで拭き取ります。30分ほど置いてから、同様の手順で2～3度塗ります

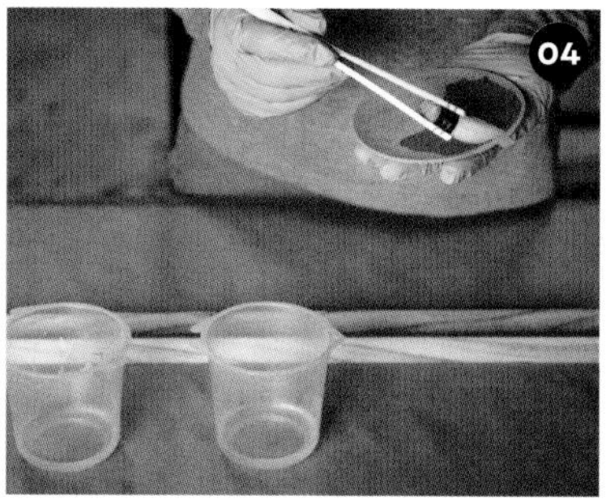

ハケにたっぷりと塗料を含ませて、木部にしっかり塗り込んでいきます。木口付近は塗料の吸い込みが多いので、染み込んでいく分だけ塗っていくようにしましょう

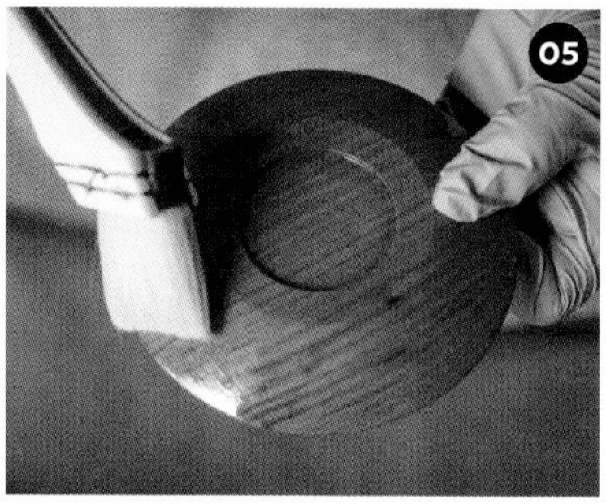

底面も同様に塗ります

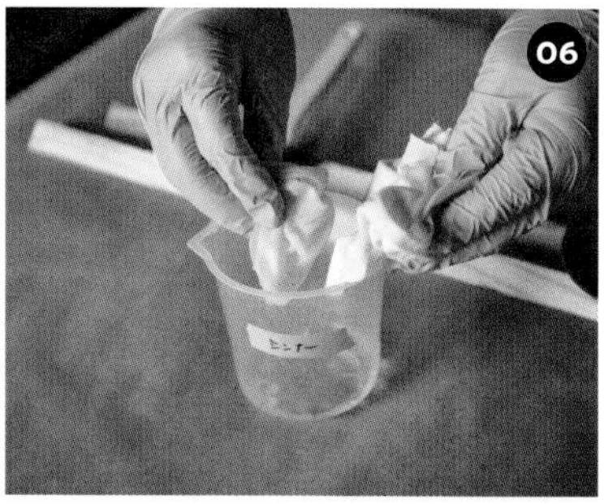

塗り終わったら、シンナーだけを染み込ませたウエスを両手に1枚ずつ持ち、塗装を終えた小皿の表面に残った塗料を拭き取っていきます

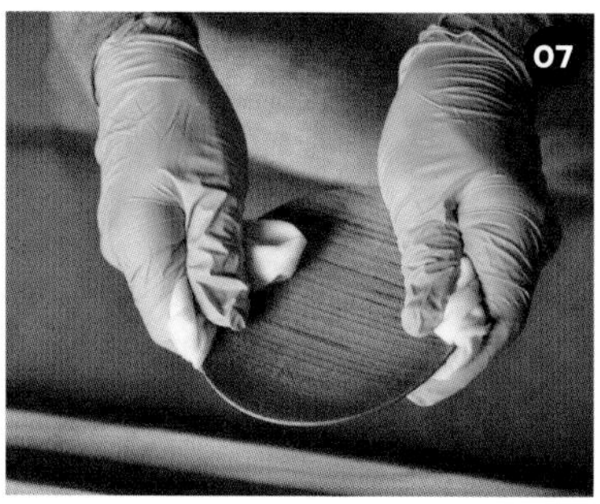

拭き取っているうちにウエスがベタついてきたら、改めてウエスにシンナーをたっぷりと含ませて拭き取っていきましょう。30分ほどたったら、同様の手順で2～3度塗装します。繰り返すたびに塗料の吸い込み量は減っていきます

ウレタン系樹脂塗料

準備するもの…木固めエース(*ここではプレポリマーNo.2000使用)、専用シンナー、ハケ、塗料カップ、ゴム手袋、スケール

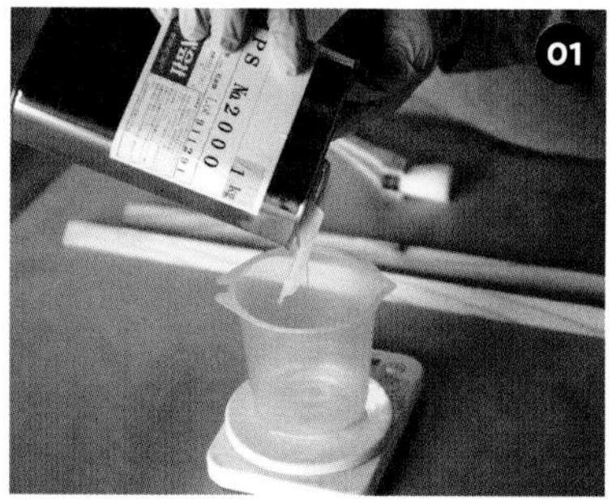

スケールに塗料カップを置き、分量を量りながら主剤を塗料カップに入れます

専用シンナーを塗料カップに入れます。入れる分量の目安は主剤が2～3倍に薄まるくらい

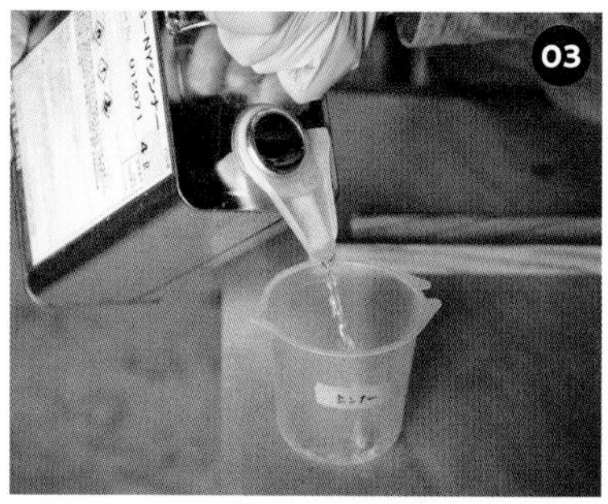

シンナーだけを入れた塗料カップも準備し、塗料の塗り残しの拭き取りなどに使います(❻、❼、参照)

目止め処理

コップや汁椀など、水ものを入れるための食器は、木材にある導管などを通って液漏れしてしまうことがあります。そのためぜひやっておきたいのが目止め処理です。日常的に水ものを入れる食器は導管を埋める「目止め」をすれば、確実に液漏れを防ぐことができます。なお、目止め処理は下地処理や1回目の塗装のタイミングで行ないます。処理完了後は仕上げ塗りを忘れずに行ないましょう。

ここではウレタン系樹脂塗料のプレポリマーシリーズの目止め剤の使い方を紹介します。目止め処理をするときはウレタン系樹脂塗料の塗装と併せて行ないます

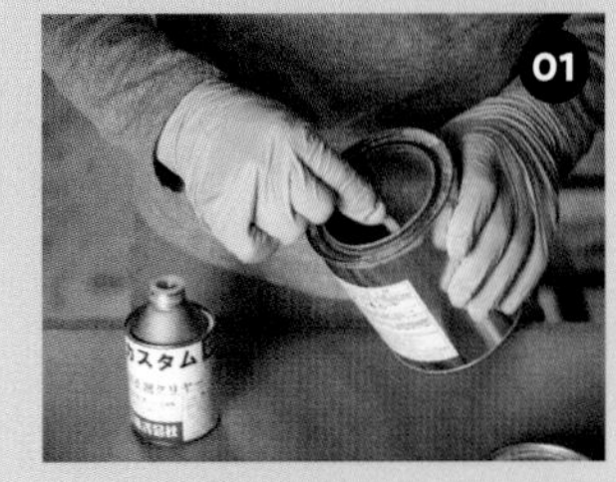

目止め剤の粒子が底に沈殿しているのでしっかりとかく拌します

目止め処理剤は目止め剤と硬化促進剤を混ぜ合わせます。まず、スケールにカップを載せ、計量しながら目止め剤を入れます

硬化促進剤を入れます。分量は目止め剤4に対して、硬化促進剤1です

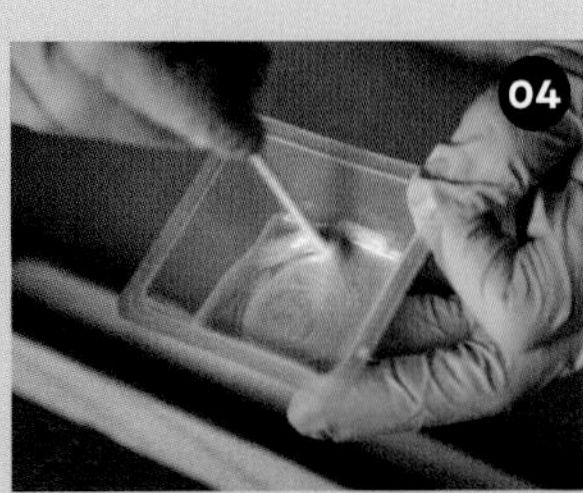

目止め剤と硬化促進剤をしっかりと混ぜ合わせます

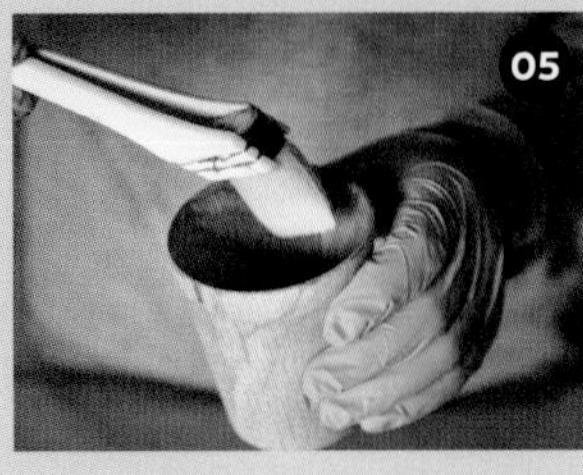

塗装するのはミズナラで作ったコップです。まずウレタン系樹脂塗料を塗ります。コップ全体を塗装したら表面に残った余分な塗料を、シンナーを染み込ませたウエスで拭き取ります。塗り方の詳細は右ページ（P78）の手順参照

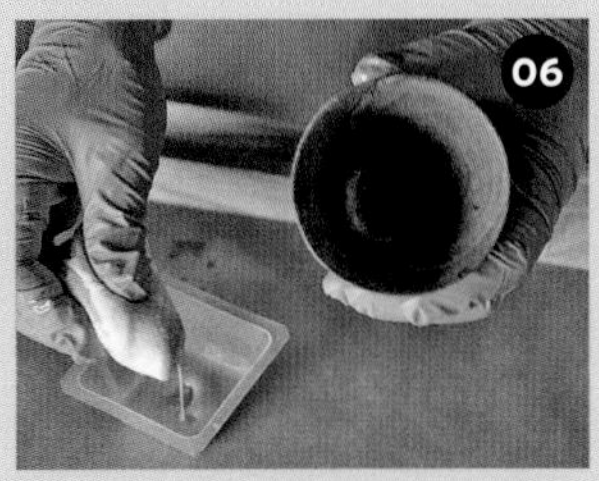

ウレタン系樹脂塗料の塗装作業を終えたら、塗料が乾き始める前に目止め剤を塗っていきます。小さく折りたたんだウエスに目止め剤をつけます

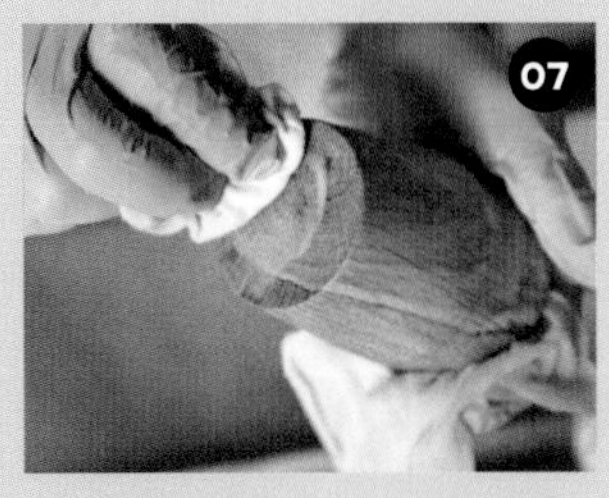

まず底側から塗っていきます。導管を埋めるように目止め剤を木部に塗り込んでいきます。ウエスにたっぷりと目止め剤をとり、すり込むように塗り広げていきましょう

側面も同様に導管を埋めるように塗っていきます。木目を見ながら、しっかりと目止め剤をすり込みます

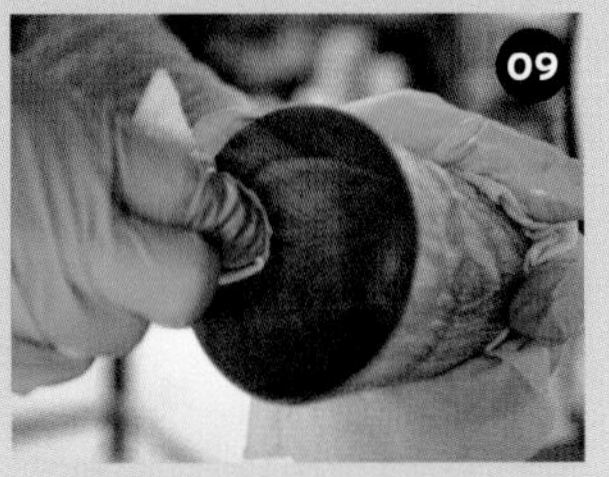

内側はとくに入念に目止め剤を塗り込んでいきます

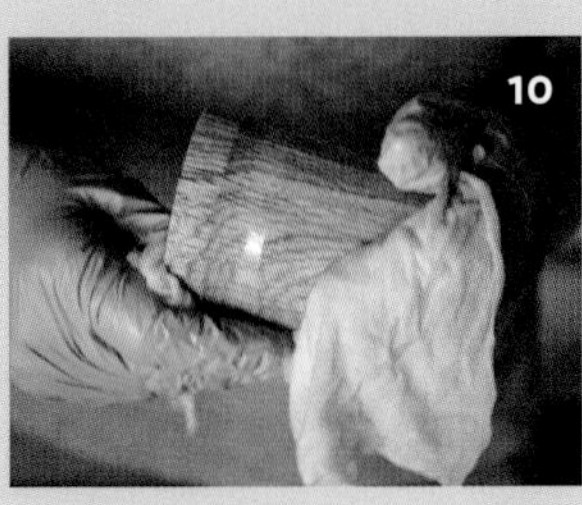

目止め剤を全体に塗ったらシンナーを染み込ませたウエスで余分な目止め剤を拭き取ります。ウエスがベタつく場合はシンナーをたっぷり染み込ませて拭き取ります。拭き取ったら5時間以上乾燥させます

乾燥したら400番のサンドペーパーで塗装による毛羽立ちや塗装ムラを取ります。その後、仕上げ塗りとしてウレタン系樹脂塗料（木固めエースなど）を再度塗り重ねるか、コーティング剤（エステロンカスタム）で仕上げましょう

[器と道具の作例1]

お椀

お椀は日本の食卓にはなくてはならない器です。
熱いものを入れても持ちやすいように
高台(こうだい)がついているのが特徴的です。
ここでは布袋型と呼ばれる形のお椀作りを紹介します。

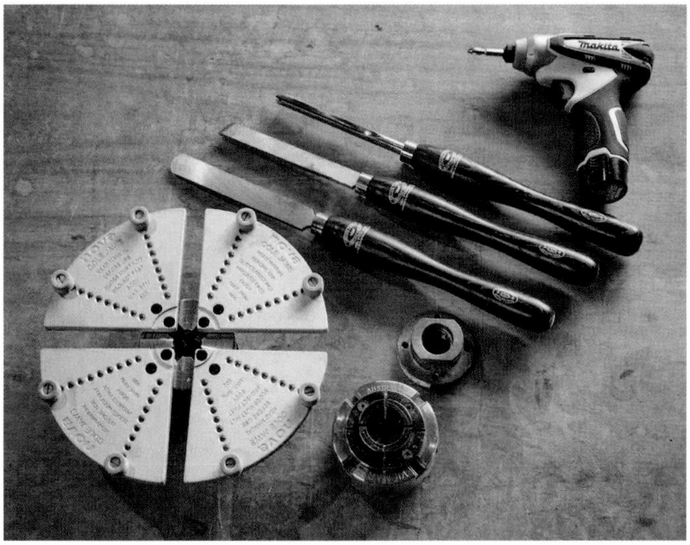

使用する刃物

ボウルガウジ、スキューチゼル、ラウンドノーズスクレーパー

使用する固定道具

フェイスプレート、チャック(スタンダードジョー、コールジョー)

その他の道具

インパクトドライバー、ノギス、定規

使用する材料

材料は、直径125㎜、厚み75㎜程度の木材を用意します。使用樹種はプラタナス

お椀の断面図

*単位は㎜

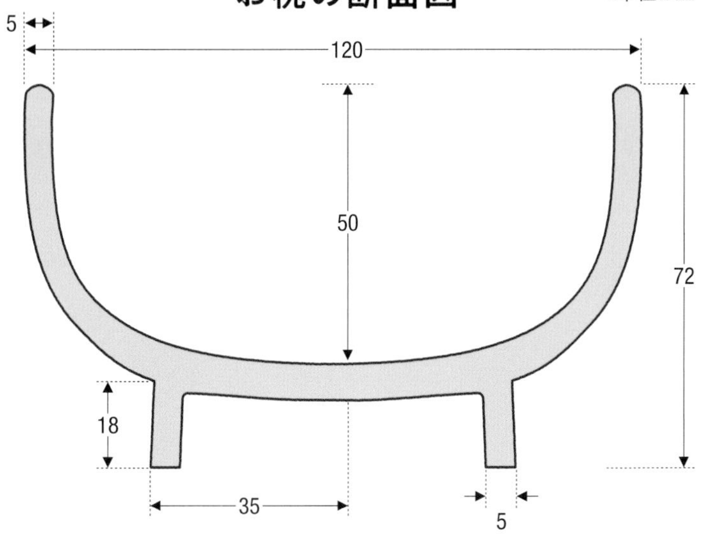

高台を作る

お椀作りは、ボウルガウジを使い、チャックのつかみ穴を兼ねた高台作りから始まります。刃物を動かす向きに注意しましょう。

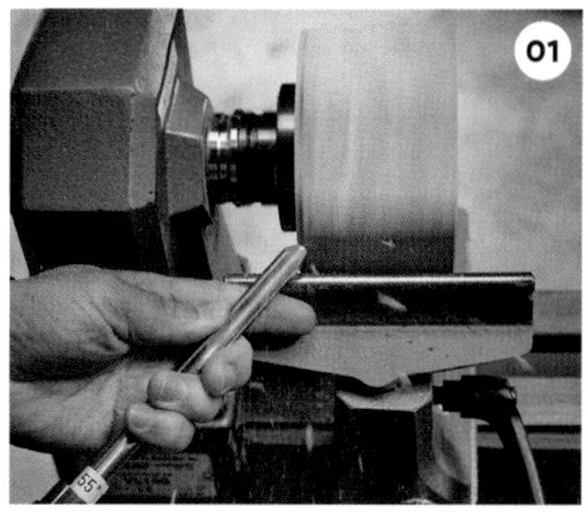

材料にフェイスプレートをつけ、木工旋盤に固定したら外周を削っていきます。使用する刃物はボウルガウジです

回転軸と平行になるよう鎬の向きを合わせ、真っすぐ削ります

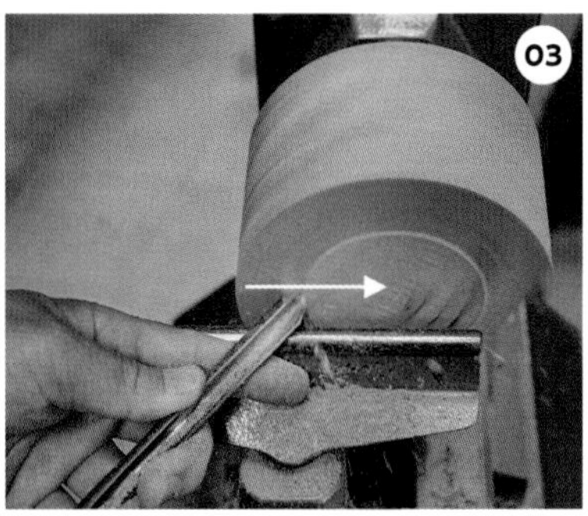

平面を削ります

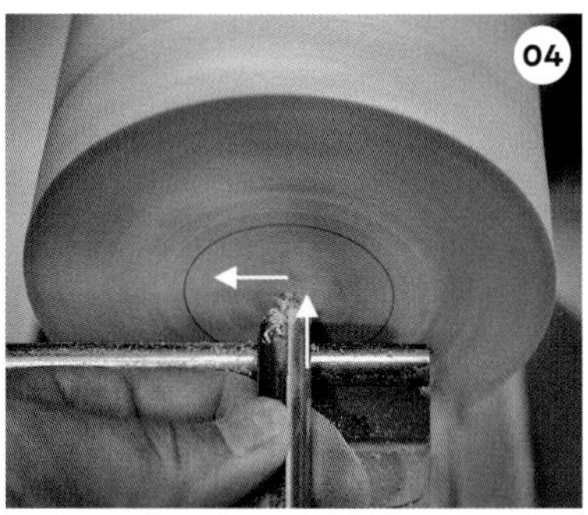

チャックでつかむための穴の墨線を直径50㎜(半径25㎜)で引き、穴を彫っていきます

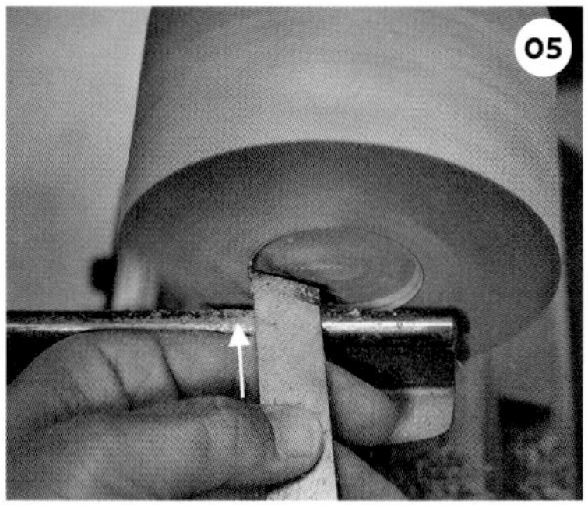

穴の深さが4～5mmほどになったらスキューチゼルで穴の側面、平面を整えます

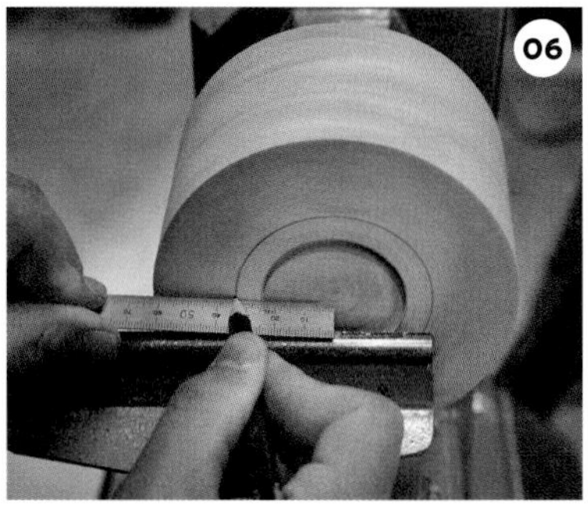

直径70mm（半径35mm）で墨線を引きます

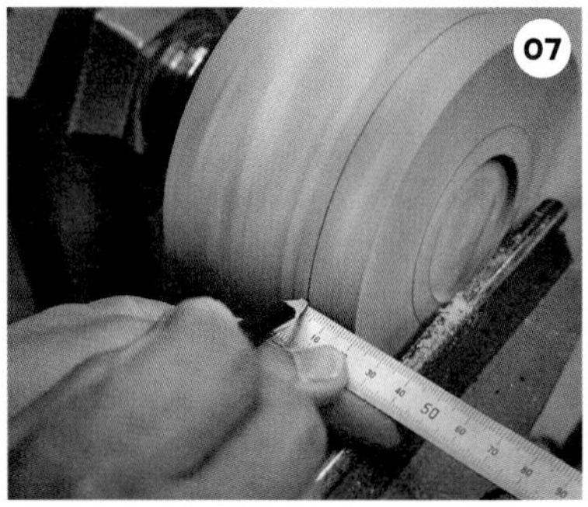

外周にも墨線を引きます。右端（底側）から18mmの位置としました。これが高台の高さになります

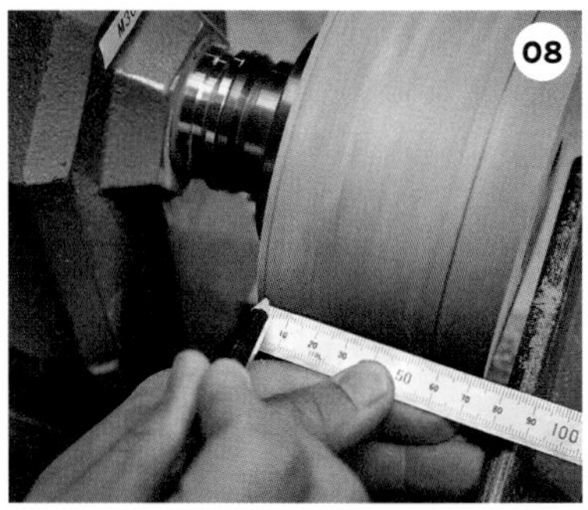

さらに右端（底側）から72mmのところにも墨線を引きます。ここがお椀の高さになります

手順06と手順07で引いた墨線をつなぐように削ります。まずは真っすぐ直線で削りましょう

墨線の際まで近づいてきたら切り込み角度を少し変え、食い込むように削り、底から側面へ出すように刃物を動かしていきます

写真の刃物の角度に注目してください。このように刃を外へ向けているとき、ハンドルを持つ右手は体から離れた位置にあるはずです

さらに削って高台を作っていきます。側面から中心に向かって（回転軸に対し直交する方向へ）真っすぐ削ります

高台ができてきたら底側から回転軸と平行になるように削ります

キャッチを起こさないように、角にあたる直前で刃物の溝の向きを真横に寝かせるようにしましょう

高台の外周ができました。内側はチャックでつかむための厚さを残しています

外形を削る

ボウルガウジを使って、引き切りを取り入れながら外形を作っていきましょう。

お椀の形状を削り出します。まずは角を落とします

最初は曲面ではなく、直線の重なりでおおまかに形状を作り出していきます

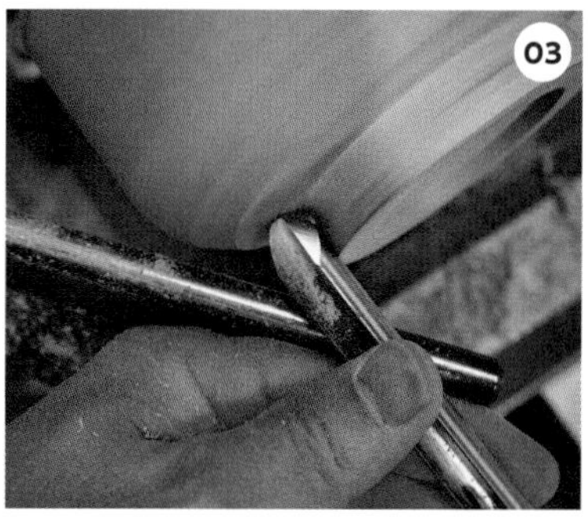

高台の近くは鎬を擦らして削ることができないので引き切り（プルカット）という手法で削っていきます

引き切りでは刃物のハンドルを下へおろします

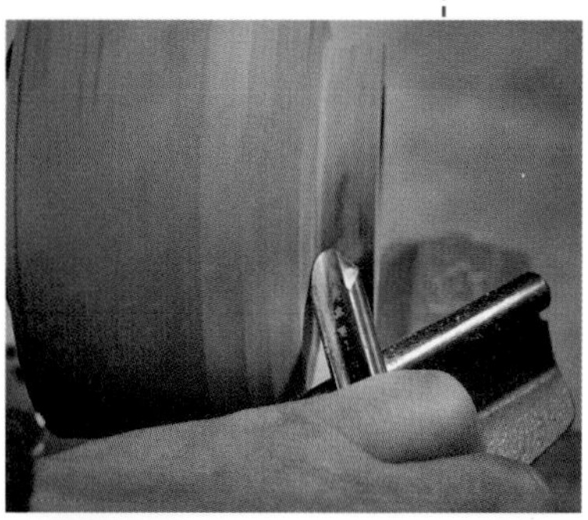

刃物の溝は切削面に対して45度になるようにします

引き切りのNG例

写真のように刃物の柄を持つ右手が上がった状態だと、キャッチのリスクが高まります

刃先のすぐ下の鎬を切削面に滑らせ、引きながら削り進めます。刃物を繊細にコントロールすることはできませんが、引き切りはボウル形状の外形削りに有効なテクニックです

お椀の曲面部が仕上がったら刃物の溝を進行方向に45度に傾けて鎬を擦らせて削っていきます

表面がわずかに凸凹していたらスクレーピングが有効です。刃物の溝を真横に寝かせ、下側の刃で表面をなでるように動かして整えます

内形を削る

外形に引き続きボウルガウジを使ってお椀の内側を削ります。縁・側面を仕上げながら深彫りしていきます。

材料からフェイスプレートをはずし、チャックで木工旋盤に固定します。はじめに削るのは平面です。一度に全体を削って平らに仕上げましょう

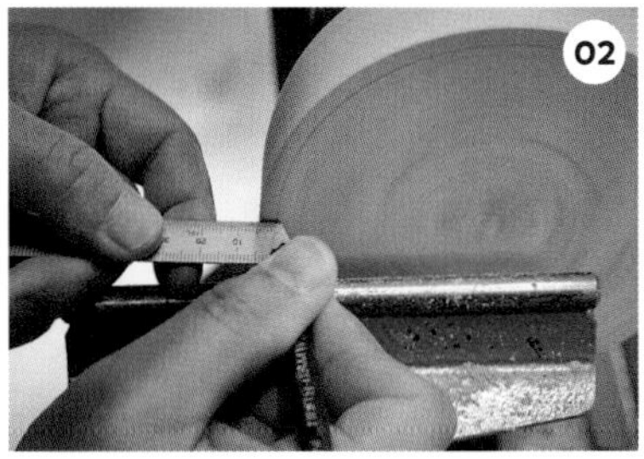

材料の端から5㎜のところに墨線を引きます

中心に近いところから内側を彫り始めます

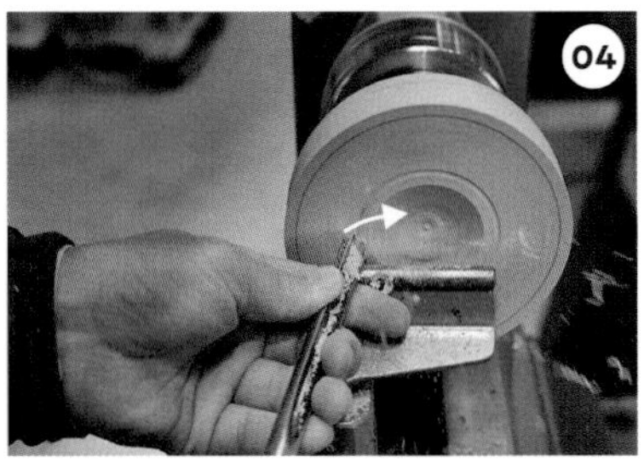

徐々に円を広げるように削ります

一度に中心まで削らず、波紋のように残していきます。深く彫ろうとせず、先に縁に近い部分をきれいに削ります

材料の厚みがあるうちに縁を成形したほうが安定して削ることができます。縁を削り始めるときは、外形に沿うように削るため、鎬の向きがほぼ回転軸と平行になります

縁が削れたら、再び彫り進めます

お椀の内側が深くなると、刃物台と刃先が離れるので、より安定させるために刃物台を内側に入れて固定します

側面から底面へ移る大きくカーブする箇所では、右手を体側に動かし可能な限り鎬が擦れるようにしましょう

左手の持ち方を途中で変えることもあります

とくに底面を削るときは刃物を左手で上から押さえたほうが、刃物台が邪魔にならずに削り進めることができます

高台の内側を削ります。コールジョーはメーカー推奨の回転数以上で回すと危険なので、回転数を上げすぎないようにしましょう。チャックのつかみ穴を器らしくするため、曲線的に削っていきます

削り終えたら高台もサンディングします

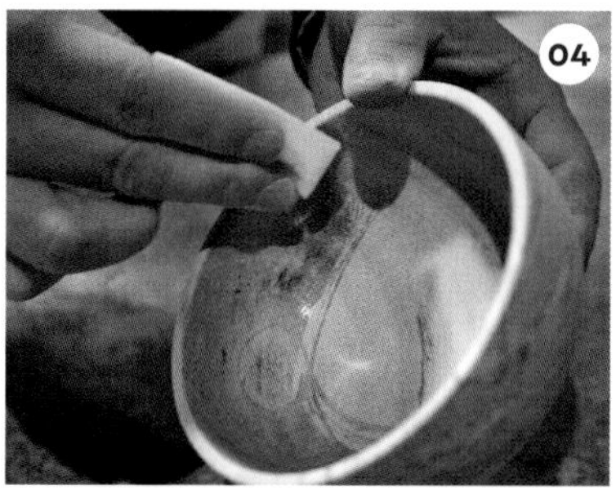

最後はクルミ油を塗って完成です

スクレーパーの刃を握り、中心から縁まで削り進めます。スクレーパーは縁から中心へ向かって削ることもできます

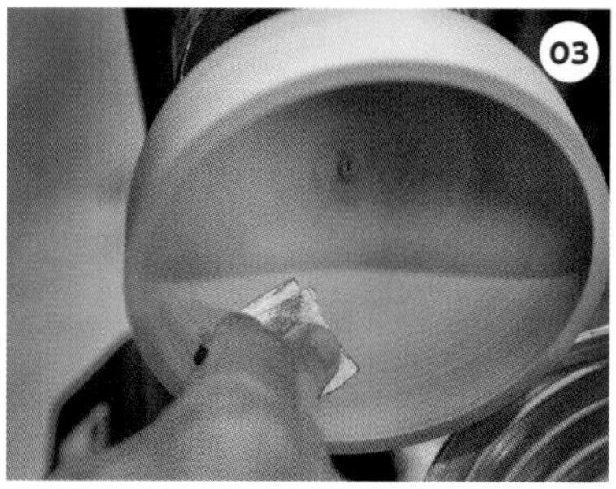

サンディングをして仕上げます

高台の内側を仕上げる

コールジョーで固定し、チャックのつかみ穴だった高台の内側を削ります。

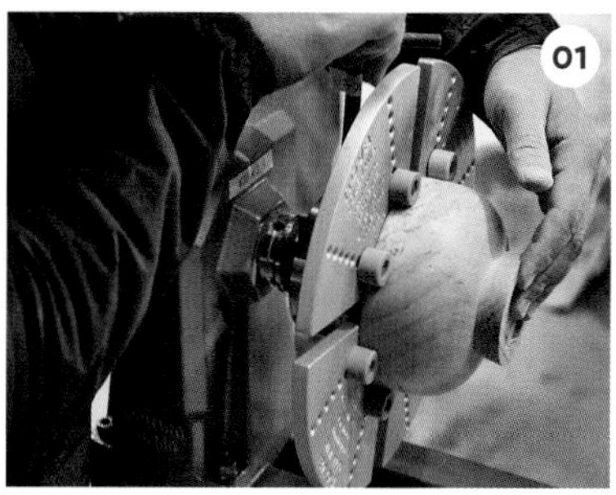

コールジョーでお椀を木工旋盤に固定します。コールジョーは固定力が弱いので、写真のように手で押さえて浮きがないか確認し、しっかり締めましょう

常に鎬を擦らせながら彫り込んでいきます

仕上げ

ボウルガウジで凸凹なく削ることができなければスクレーパーで表面の凸凹を取り除き、きれいにすることもできます。

スクレーパーは水平に構えたときに上刃が材料の中心に来るように刃物台をセットします

[器と道具の作例❷]

パン皿

パン皿は浅くて平たい形状をしています。
表面のゆるやかなカーブを削るときは
材料を振動させないように刃物をあてましょう。

使用するバイト

ボウルガウジ、スキューチゼル、ラウンドノーズスクレーパー

使用する固定道具

チャック（スタンダードジョー、コールジョー）

その他の道具

ボール盤、ノギス、定規、ジグ、フォスナービット

使用する材料

材料は、直径235㎜、厚み25㎜程度の板を用意します。使用樹種はミズナラ

パン皿の断面図

＊単位は㎜

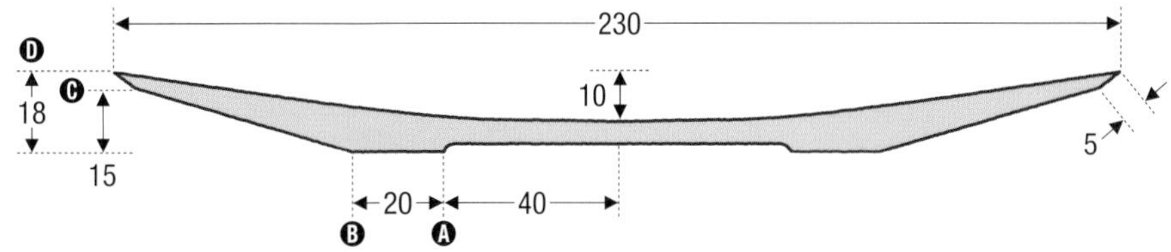

材料を準備する

チャックで旋盤に固定し、外周、底面を削ります。

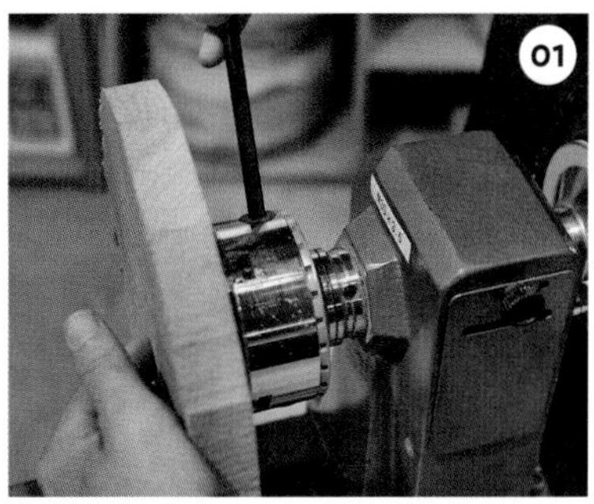

材料にチャックでつかむための穴をボール盤で彫り、チャックを介して木工旋盤に固定します。彫った穴は深さ5㎜、直径55㎜です。直径は所有するチャックに合わせます

まずは回転軸に対して平行になるように外周を削ります。使用する刃物はボウルガウジです

刃物台を回転軸に対して垂直になるようにセットして、平らに削ります。この面がお皿の底面になります

外形を成形する

チャックのつかみ代を削り出してから、外形の形状を削ります。

まずチャックのつかみ代を削ります。側面は右端から5㎜の位置に墨線を引き、底面（平面）は中心から25㎜の位置に墨線を引きます

内形を成形する

表面はゆるやかなカーブです。材料自体も薄くなり、振動が発生しやすいので、刃物の力加減と動かすスピードをコントロールします。

チャックを介して材料を木工旋盤に固定したら、まずはⒹの墨線まで平らに削っていきます。使用する刃物はボウルガウジです

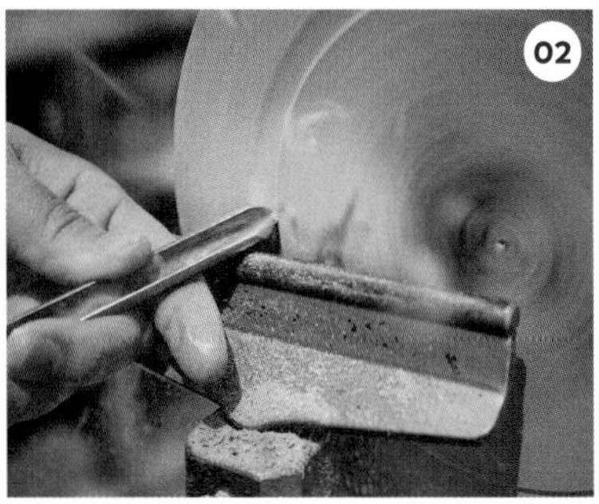

全体的に平らに削れたら、お皿の中心部の深さが10㎜になるように削っていきます。ゆるやかな弧を描くように仕上げましょう

中心に刃がきたときに、刃先の高さが中心に自然と合わなければ、刃物台の高さを見直しましょう

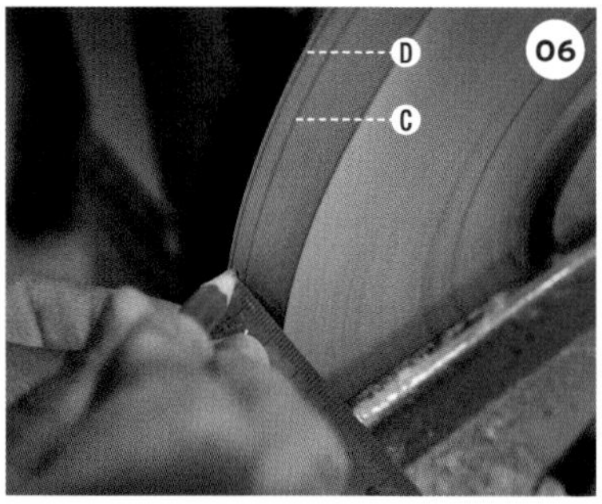

側面には右端からⒸ15㎜とⒹ18㎜の位置に墨線を引きます。この墨線が皿の仕上がり高さになります

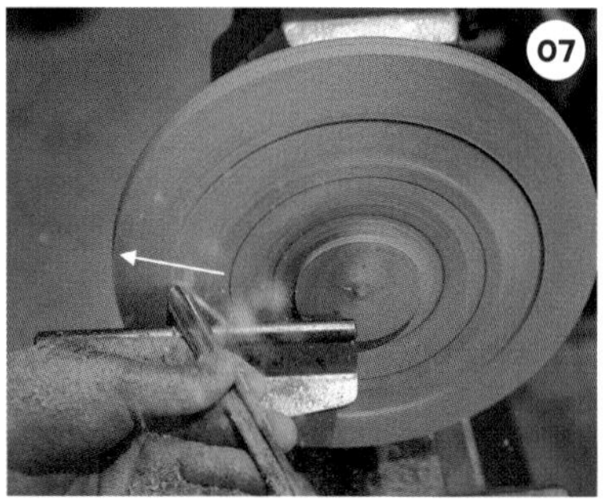

側面の角を削り落とします。フェイスワークなので刃物は中心から外に向かって動かします。鎬を軽く擦る程度の力加減で、少しずつ削っていきます

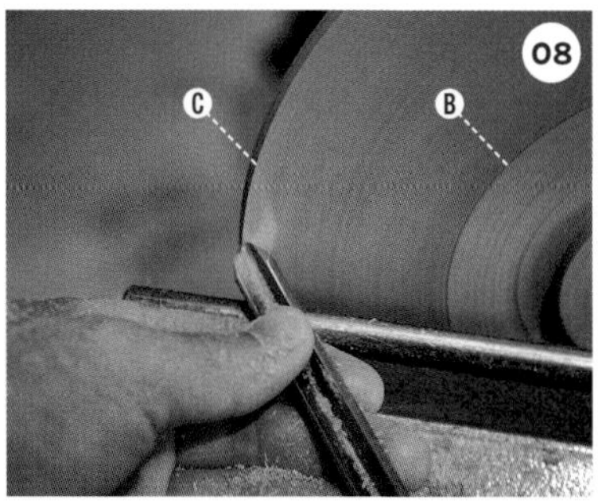

底面に引いた60㎜の墨線Ⓑと、側面に引いた13㎜の墨線Ⓒが直線でつながるように削ります

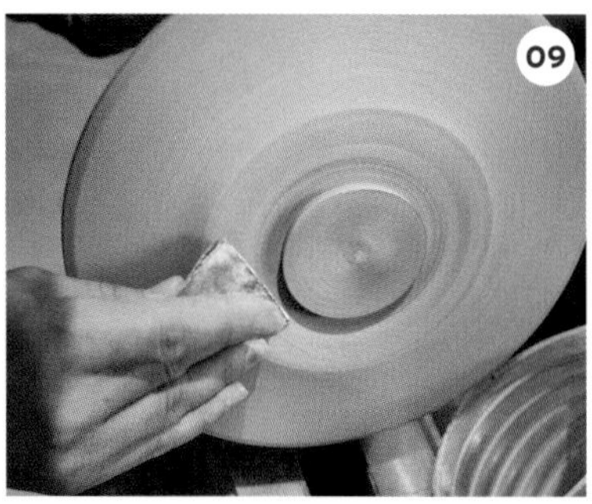

底面が成形できたらサンディングします。接地面と傾斜部の稜線を崩さないようにサンディングしましょう

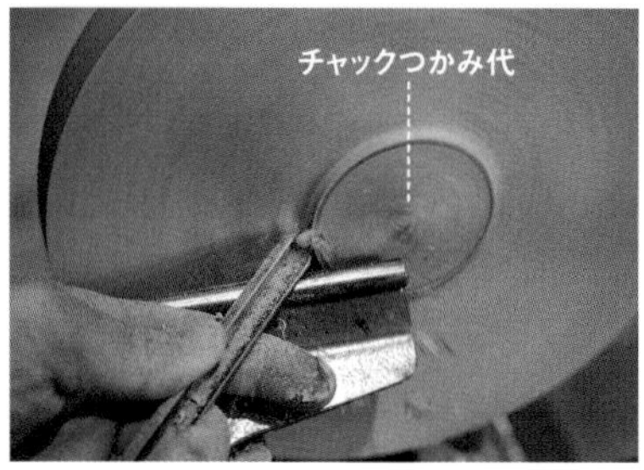

つかみ代の高さが5㎜になるまで削ります

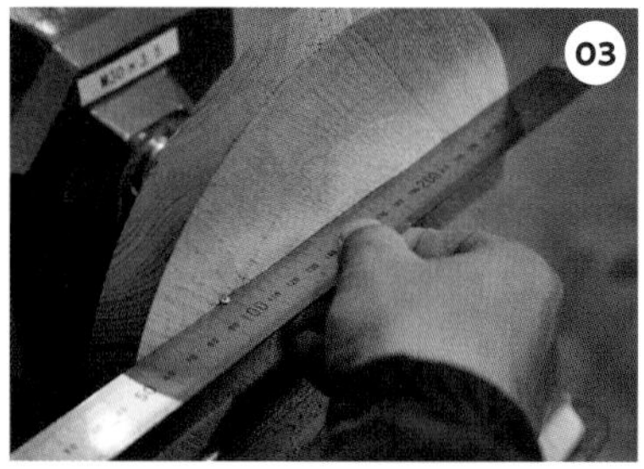

つかみ代が削れたらつかみ代の真上に定規をあてて平滑になっているか確認します

スキューチゼルでつかみ代を仕上げます。チャックの爪の形状に沿う角度にするため、斜めに切り込みます

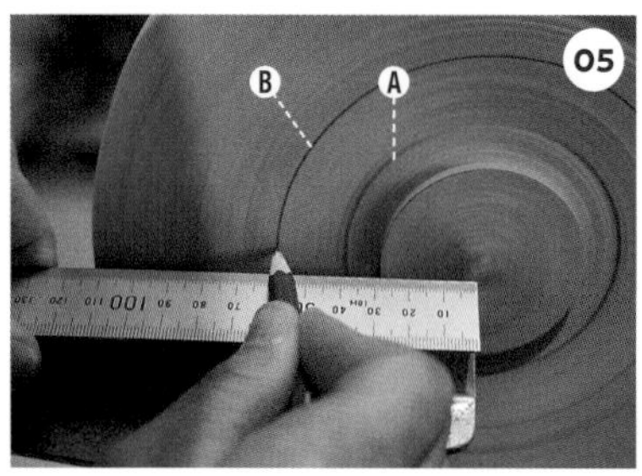

パン皿の接地面を墨つけします。墨線は中心からⒶ40㎜とⒷ60㎜のところに引きます

薄い材を削るときのNG例

お皿など薄いものを削るとき、刃物を押しつけすぎると材料が揺れてしまい、写真のようなうねりが出てしまいます。このようになってしまうと、いくら鎬を擦らせて削っても、このうねりに刃がはじかれてしまいます。うねりを解消する場合、うねりがない（鎬が安定して擦れる）ところから削り直していきます。新しい切削面から鎬を擦らせていくことで、うねり部分が削れてきれいな面に仕上げられます。

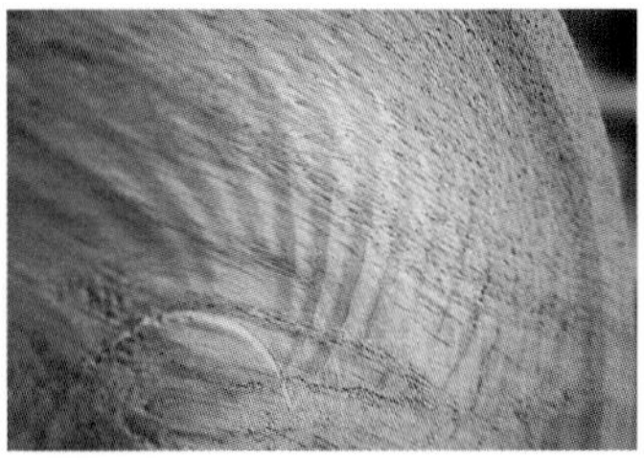

平皿のような板厚の薄いものを削るときは、振動を発生させないように左手の指で材料の裏を押さえながら削っていきます。押さえるときは摩擦熱で指が火傷しないように力を加減しましょう

仕上げ削りはスクレーパーで行ないます。刃物台の高さはスクレーパーを水平に置いたとき、上刃が材料の中心にくるようにセットします。刃物台と材料の間は5～10㎜ほどあけます

真ん中からお皿の縁側に向かって刃物を動かします。刃物は材料に強く押しあてず、表面をなでるように。振動が発生しやすい位置にきたら、裏側を左手で押さえます

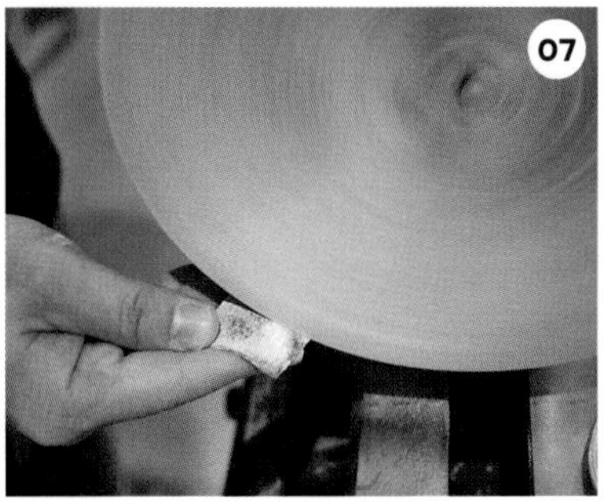

表面全体をサンディングして、縁もサンディングします

つかみ代を削り、塗装する

コールジョーで固定し、つかみ代を削り取ります。

旋盤にコールジョーを取りつけ、お皿を固定します。お皿を押さえているゴム爪に浮きがないか確認しましょう

コールジョーは保持力が弱いため、回転数を上げることができません。切削量も多くできないので慎重に削っていきます。写真のコールジョーはnova社製のもの。最大600回転（rpm）です

つかみ代を削り取ったら、中心から40㎜のラインの内側をへこませるように削ります。このあとサンディングしたら木工旋盤での作業は完了です

クルミ油を塗って仕上げます

［器と道具の作例❸］

取っ手つきボウル

正円ではなく取っ手つきの異形の器を作ります。
材料を偏心回転させて中心から少しずれた位置を削っていきます。
仕上げにはバンドソーや手工具を利用します。

取っ手つきボウルの断面図

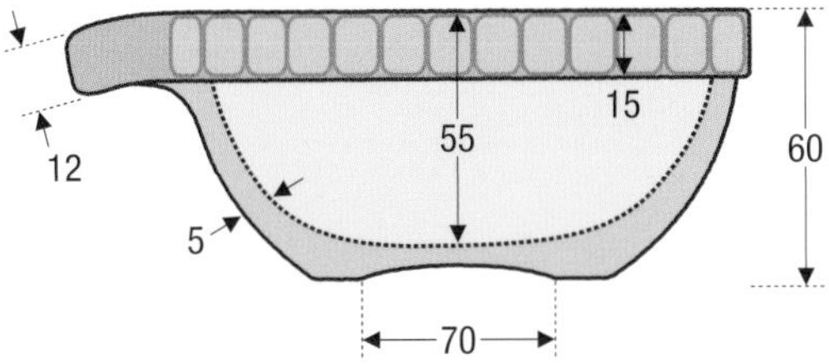

取っ手つきボウルの上面図

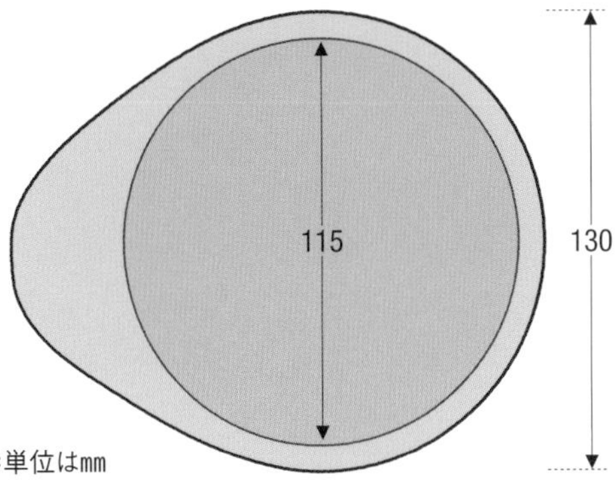

＊単位はmm

使用するバイト

ボウルガウジ、スキューチゼル

使用する固定道具

チャック（スタンダードジョー、コールジョー）

その他の道具

バンドソー、ベルトサンダー、ボール盤、彫刻刀（丸ノミ18mm）、小刀

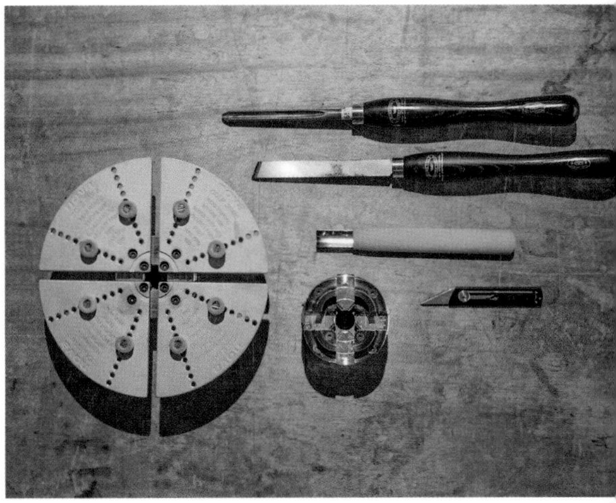

使用する材料

材料は、直径155mm、厚み70mmのものを用意します。使用樹種はケヤキ

材料を準備し、外形を削る

取っ手つきボウルは実際のボウルのサイズよりひと回り大きな材料を偏心させて削るので、慎重に作業しましょう。

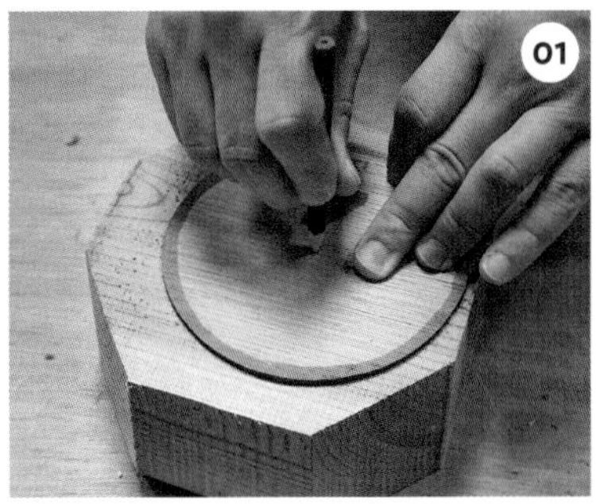

01 テンプレートを使って材料にチャック固定位置の印をつけます。材料の中心から位置をずらし、引いた円のセンターがわかるように印をつけます

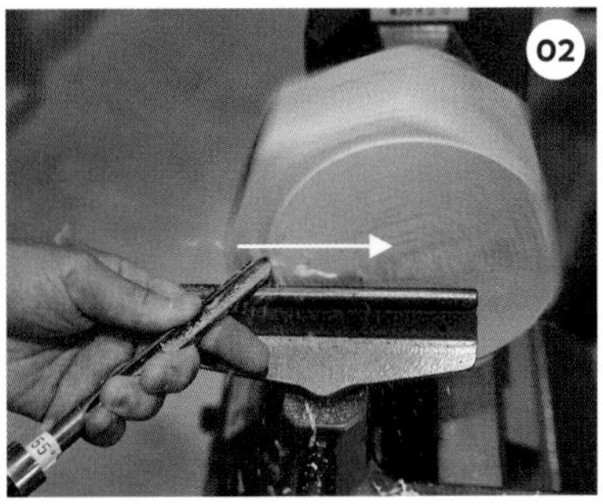

02 ボール盤でチャックのつかみ穴を彫ったらチャックを介して材料を木工旋盤に固定します。まずはボウルの底側を平面に削ります。偏心で回っているので材料は確実に固定しましょう。また、回転数は500回転ぐらいから始めます。使用する刃物はボウルガウジです

03 中心から25mm（直径50mm）の墨線を引いて、チャックのつかみ代を作ります

04 つかみ代の高さが出てきたら、墨線に近いところを削るときは刃物の溝を真横に寝かせて削ります。最後はスキューチゼルでチャックの形状に合わせてつかみ代の側面に角度をつけて削ります

05 つかみ代ができたら中心から35mm（直径70mm）の墨線を引きます

内側を彫り、取っ手を削る

ボウルの内側はお椀を削るときの要領で削ります。取っ手部分は偏心しているので慎重に削ります。

材料を上下逆に固定し、完成図を参考に半径57.5㎜で墨線を引き、その線に従ってボウルの内部を削っていきます。使用する刃物はボウルガウジです

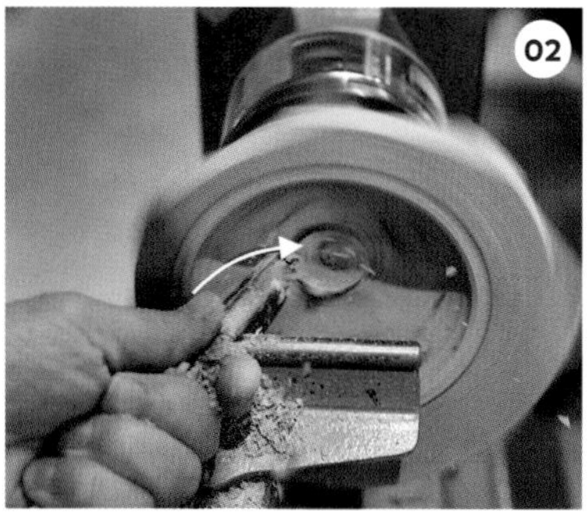

鎬を擦らせながら削っていきます

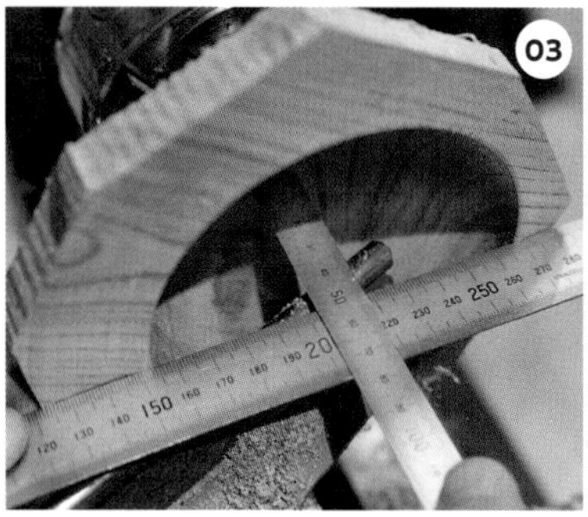

ボウル内部の深さが55㎜になっているか定規をあてて確認します

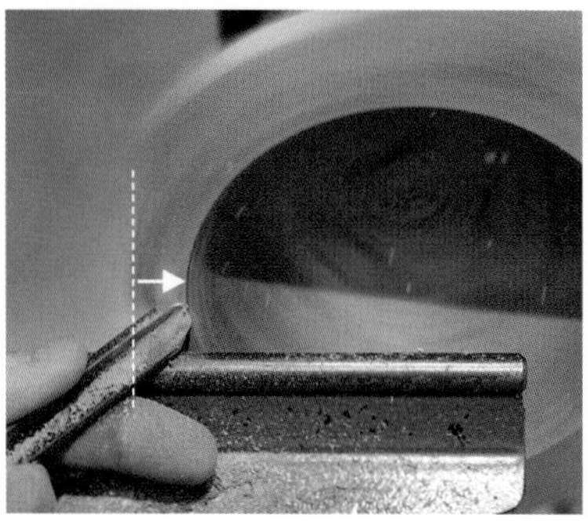

取っ手は少し中央部分で盛り上がる形状にします。中央部分を境に外側、内側と2方向に削り分けます。形が整ったらサンディングします

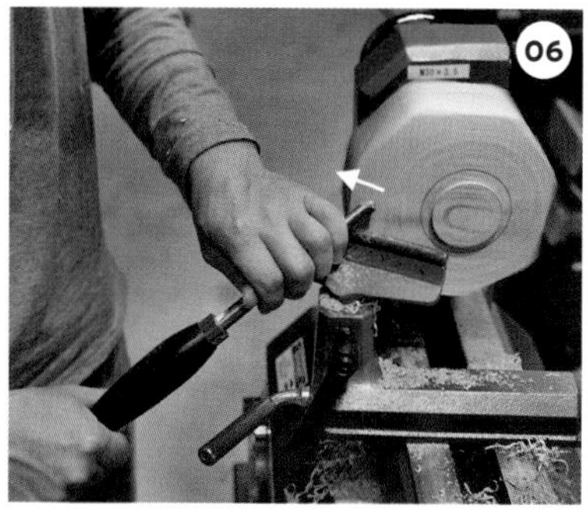

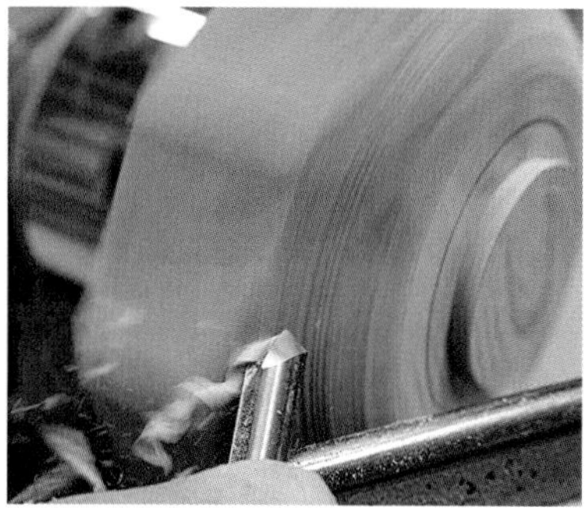

外形は引き切り(プルカット)という手法で削っていきます。引き切りでは右手を下に構え、刃先が材料に対して45度であたるようにします(詳細はP83参照)

引き切りで形状を削り出していくと、ボウル部分の偏心が徐々になくなっていきます。偏心しなくなったらこれまでと同じ方法(押し切り)で削っていきます

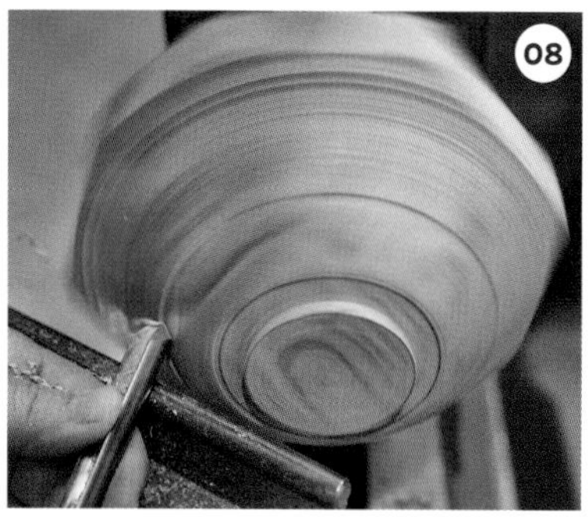

ボウル部分の仕上げ削りを行ないます。削り始める前に一度刃物を研いでおきましょう。ボウルは外寸が130㎜になるように削っていきます

取っ手の厚みを整えます。より安全に削れるスクレーピングで削っていきます。偏心で回転しており、部分的に刃があたらない箇所があります。刃物や手指が巻き込まれないように注意しましょう

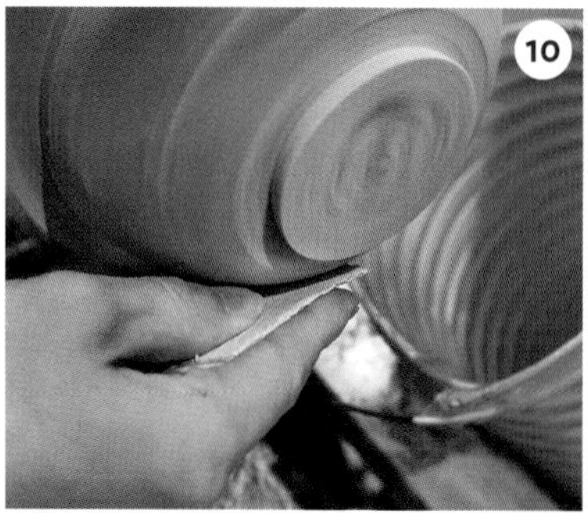

ボウル部分のみ回転させてサンディングします

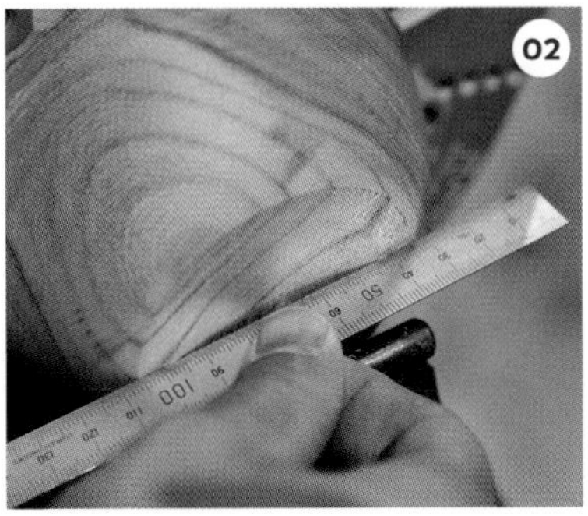

中央のくぼみがきれいにできているか定規をあてて確認し、サンディングします

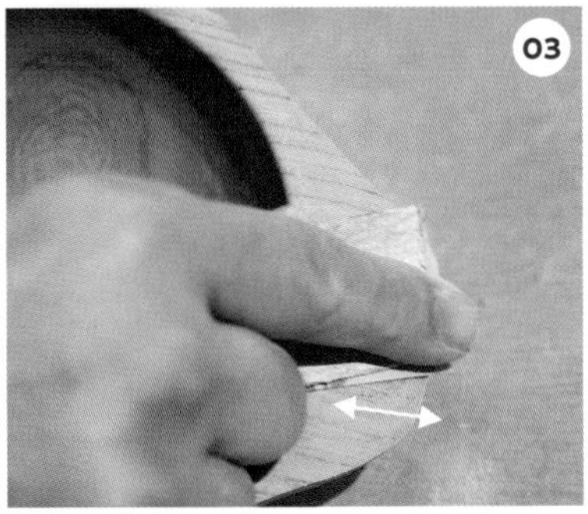

木工旋盤からボウルをはずし、取っ手にサンドペーパーをあてて手磨きします。木目に沿ってサンドペーパーをあてましょう

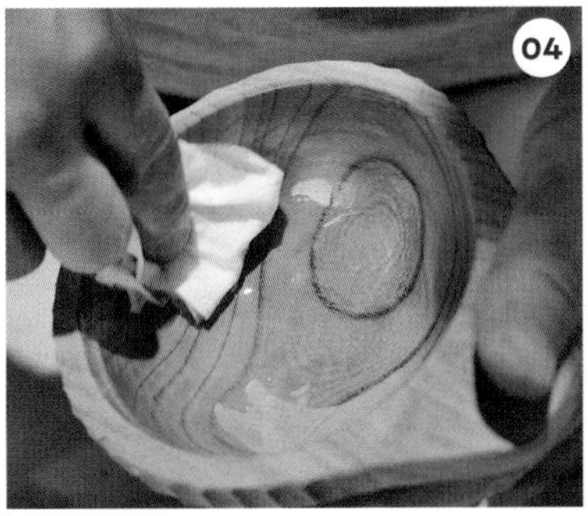

クルミ油をボウル内部に垂らし、すり込むように塗っていきます

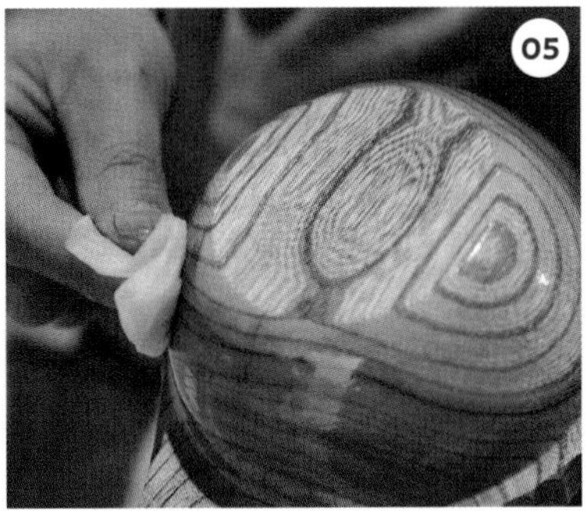

全体にたっぷりとクルミ油を塗ったら表面の余分なオイルを拭き取って完成です

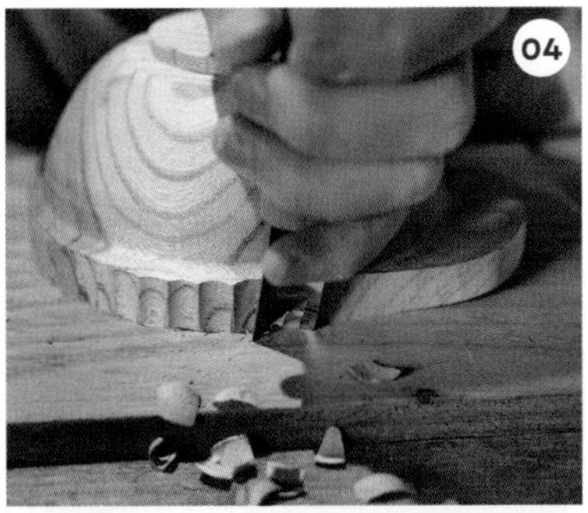

彫刻刀（丸ノミ18㎜）で縁を刻んでいきます。上から下まで一度に削り、等間隔になるように削っていきましょう

つかみ代を削り、塗装する

再び木工旋盤に固定してつかみ代を削ります。塗装はクルミ油をたっぷり塗り込みましょう。

コールジョーで取っ手つきボウルを木工旋盤に固定し、つかみ代を削ります。固定するとき、取っ手にあたるゴム爪をはずしましょう。平面になったら中央部が内側にカーブするように削ります

取っ手と縁を成形する

旋盤から取り外し、縁の成形を進めます。丸ノミでの刻みなど、特徴的なデザインの加工を行ないます。

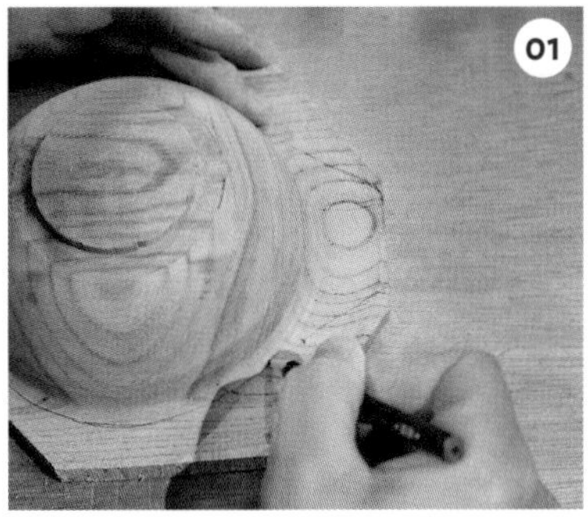

ボウルを裏返し、墨線を引きます

バンドソーで墨線に沿って切ります

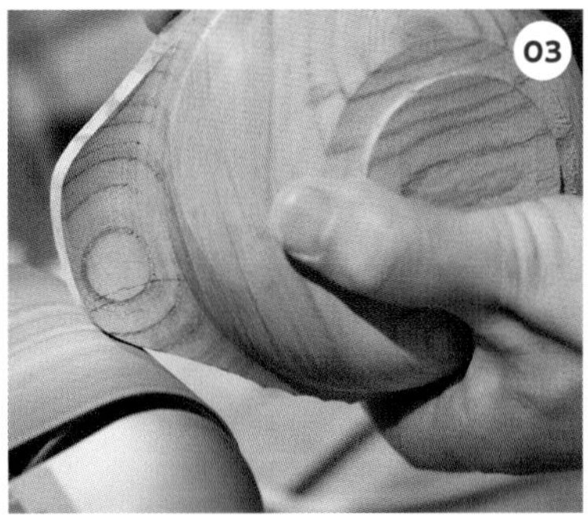

バンドソーでの切断ができたらベルトサンダーで取っ手の先端の形状を整えます

[器と道具の作例4]

コップ

内側が深くて狭いコップはチャレンジしてほしい作例のひとつです。
使用する材料は直径120㎜ほどの丸太です。
製材から乾燥の仕方まで紹介しているので
小さな丸太を活用して製作してみましょう。

コップの断面図 ＊単位はmm

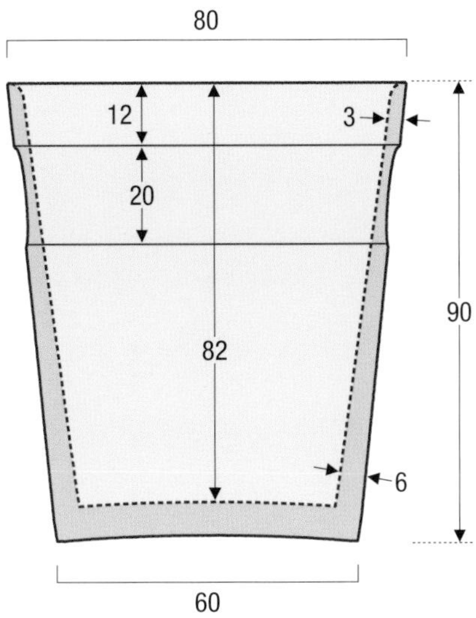

使用するバイト

ラフィングガウジ、スピンドルガウジ（60度）、パーティングツール、スキューチゼル、ラウンドノーズスクレーパー、サイドカットスクレーパー

使用する固定道具

チャック（スタンダードジョー、コールジョー）、クラウンドライブセンター、回転センター

その他の道具

ボックスツールレスト、ノギス、ゲージ、ノコギリ、チェンソー、キーレスドリルチャック、ドリル（12mm径）

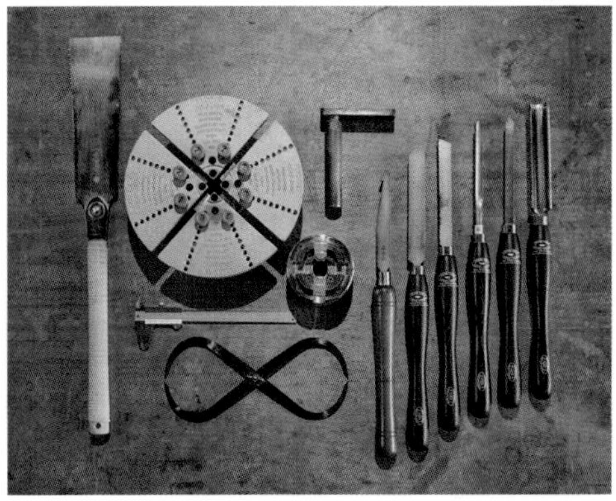

使用する材料

材料は120mm径、長さ110mm程度の丸太材を用意します。使用樹種はホオノキ
＊乾燥済みの材料の場合は90mm径×長さ100mmを使用します

材料を荒削りし、乾燥させる

この作例では生木から加工します。そのため、まずは乾燥しやすい形状まで荒削りをします。

01
直径120mmほどの丸太を長さ110mm程度にチェンソーで切ったら、テンプレートを使って墨線を引きます。今回の材料は楕円で節もあるため、真ん中から少しずらした位置に線を引きました

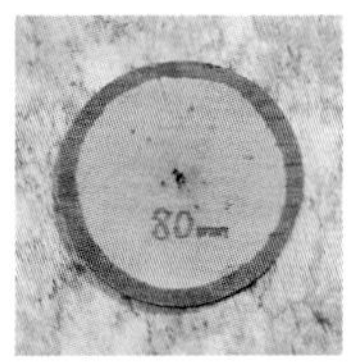

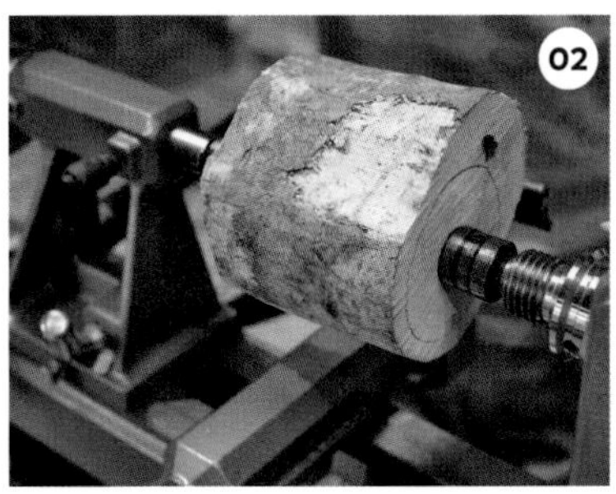

02
木工旋盤に材料を固定します。両端の断面が平行になっていない場合、ドライブセンターの爪が効かず、固定力が弱まります。しっかりドライブセンターの爪が食い込んでいるか確認しましょう

03
ラフィングガウジを使って荒削りをします。材料は偏心しているので、刃物台の位置、刃のあて具合を確認してから削りましょう

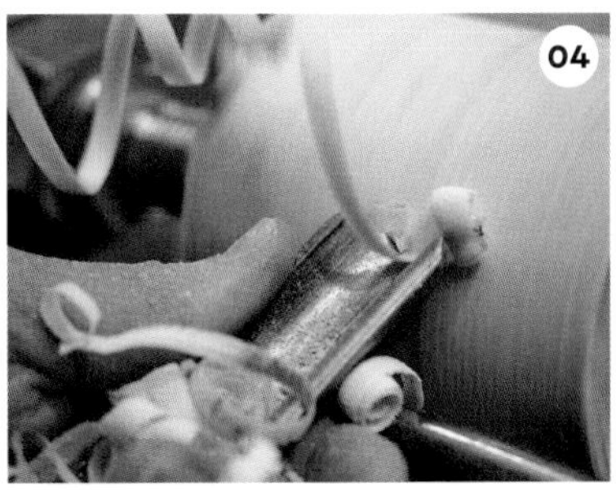

04
荒削りが進むと刃物台と材料の位置が離れていくので、位置を調整しながら削っていきます。太さが均等になっていくと、ひも状の削りくずになっていきます。太さがそろうまで削り続けます

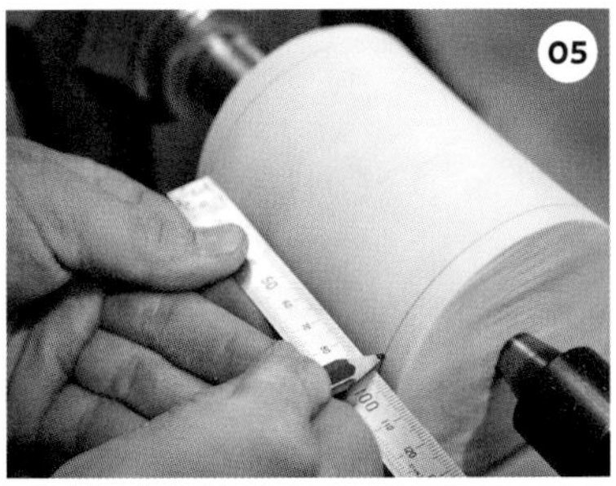

05
材料の太さがそろったら墨線を引きます。材料の端から10mmほどのところを0mmとして線を引き、そこから90mmの位置にも線を引きます。0mm側が飲み口、90mm側が底面になります

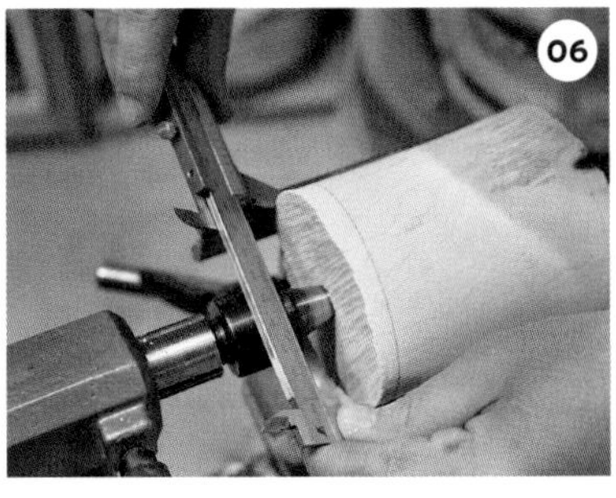

06
この時点では材料のサイズを直径90～95mm程度にしておきます

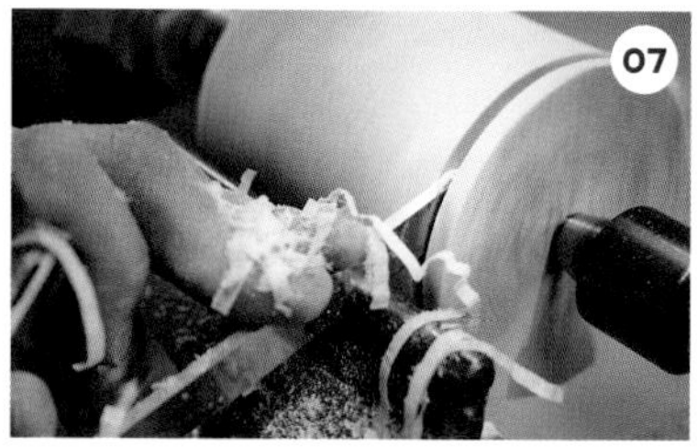

チャックのつかみ代を削ります。墨線の外側にパーティングツールで直径65㎜程度の溝を作ります

次に、墨線の内側で数ミリ離れた位置にもパーティングツールで溝を作ります。この溝はコップ下側の外形サイズに近い直径70㎜程度にします

それぞれの目安溝に合わせてラフィングガウジで削ります

段差があるところでは、写真のようにラフィングガウジの溝を横に寝かせると狙った箇所を削りやすくなります

飲み口から底側に向かってだんだん細くなるように削っていきます。コップの底側は直径70㎜に合わせます

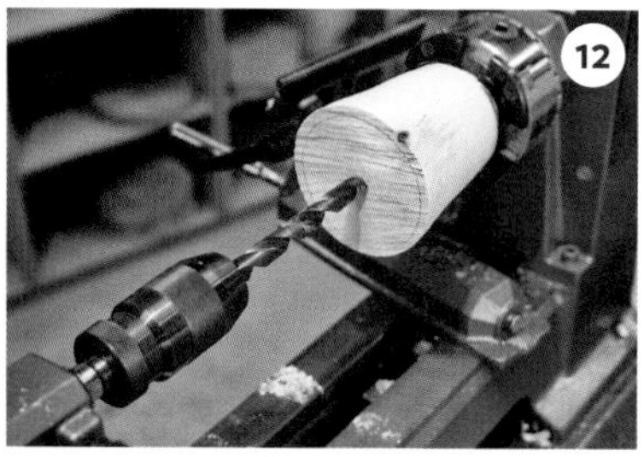

チャックのつかみ代を作った材料を逆向きにして木工旋盤に固定し、内側を荒削りしていきます。ドリルチャックを使って穴を彫る方法を紹介します。テールストック側にキーレスドリルチャックを取りつけ、12㎜径のドリル刃をセットします。ドリルチャックがない場合は⑮の方法で削ります

クイルを押し出して、回転している材料にドリル刃を入れていきます。このとき振動が起こりやすいので、ドリルチャック全体を手で握っておくとよいでしょう

ドリル刃を入れる深さは70㎜程度です。20～30㎜進んだら、戻して木くずを排出します。木くずが詰まった状態にしておくと、ドリル刃の切れ味が鈍ってしまいます

中心に穴があいたら、スピンドルガウジ60度で穴を広げるように削ります。センターワークのため、刃物は中心から外側へ向かって動かします。スクレーピングに近いあて方になりますが、刃のすぐ下の鎬を擦るように心掛けましょう

深くなると中が暗くなるので、ライトで照らします。ドリル刃であけた穴の先端あたりまで削ります

荒削りが終わりました。内側の径は50～55㎜にします。乾燥前の材料はなるべく厚みを均等にしておくことが重要です

急激に乾燥を進めると表面に割れが発生しやすくなるので、ゆっくり乾燥させるためにビニール袋に入れておきます

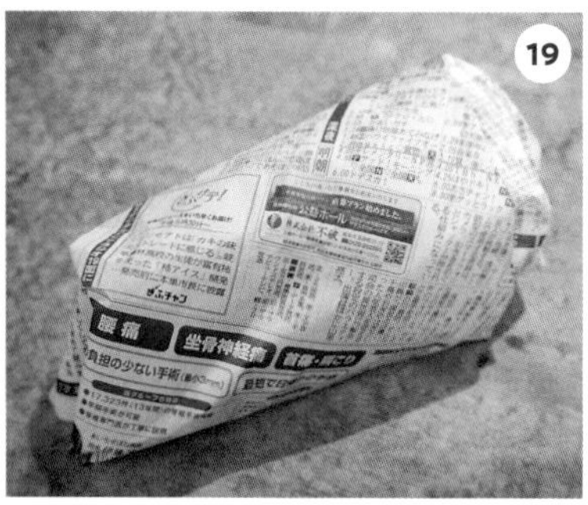

新聞紙にくるんでおくのもひとつの方法です。新聞紙が徐々に水分を吸ってくれます。どちらもこの状態で2～3カ月ほど置いておきます

外形を削る

乾燥が進んだ材料をスピンドルガウジ60度を使って、本削りしていきます。

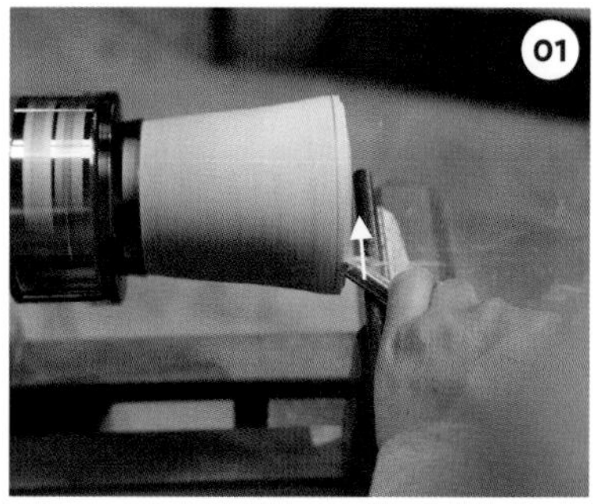

しっかり乾燥させた材料を木工旋盤に固定したら、コップの仕上がり高さを墨つけし、それを目安に削っていきます。進行方向に45度、鎬を擦らせて削ります

中心から半径35㎜の位置にチャックのつかみ代を墨つけし、墨線に向かって削っていきます。削り深さは5㎜程度です。スキューチゼルで穴の側面を仕上げます

つかみ代ができたら上下逆に固定しなおし、外形を削っていきます。まずは、飲み口側の直径を決めるため、80.5㎜にセットしたノギスをあてながらパーティングツールで目安の溝を彫り、ノギスが溝にはまるまで削っていきます

削り残しを削ります

コップの底側にも太さの目安となる溝を彫ります。61㎜にセットしたノギスをあてながら削っていきます

コップの外形を削っていきます。使用する刃物はスピンドルガウジ60度です。飲み口から底側へ向かって削ります

少しずつ削りながら形を整えていき、両サイドに残ったパーティングツールの溝が消えるまで削ります

チャックのつかみ代を改めて作り、スキューチゼルでチャックの爪に合うように傾斜をつけます。つかみ代は径50〜55㎜、長さ8〜10㎜にします

左端(飲み口側)に定規をあて12㎜、32㎜のところに墨線を引きます。墨線の間にラウンドスクレーパーをあてくぼみを作ります

コップの外形を真っすぐに整えるため、サンドペーパーを巻きつけた合板をあててサンディングします

深いものを削るときは、刃物台から刃先が遠くなってしまうのでボックスツールレストという道具を刃物台として使用します

スクレーパーを使って削ります。ボックスツールレストは極力材料に近いところにセットし、高さはスクレーパーを置いたとき、上刃が材料の中心と同じ高さになるところにしましょう。コップの深さが82㎜になるまで削っていきます

底面、側面を削ります。側面は奥から手前に引きながら削ります。スクレーパーがあたっている部分の裏に左手の指をあてると力加減が把握しやすくなります

側面の厚さは6㎜で仕上げます。6㎜幅に固定したゲージで厚さを確認します。飲み口付近は3㎜です。しっかり削れていたらサンディングします

コップの内側を削るときも刃物の溝の角度は進行方向に45度をキープし、奥から手前へ動かしていきます

中央に刃先をあてて、そのまま左方向へ動かして底面を削ります

手順10で削ったくぼみはサンドペーパーを丸めて持ちサンディングします。稜線を崩さないように注意しましょう

内側を削る

スピンドルガウジ60度で内側を彫り進め、最後はスクレーパーで形状を整えます。

内側を削れるように固定しなおしたら、外へかき出すようにスピンドルガウジ60度を動かして削ります。刃物の溝の向きは45度で鎬を擦らせましょう

正面から見ると、鎬が擦れているのがわかります

つかみ代を削り、塗装します

つかみ代はある程度ノコギリで切り落とし、旋盤で仕上げ削りをします。

木工旋盤からコップを取り外し、動かないように自作ジグの上に載せて、不要なつかみ代を切れる分だけノコギリで切り落とします

コップをコールジョーに固定します。固定側と削る面が離れており、削っている途中でコールジョーからはずれる可能性があるため、ゴム爪をネジ締めせず、固定力が少しでも高くなるようにほんの少し浮かせて取りつけます

刃物台は切削箇所に近いところにセットします。コップがはずれやすい場合は、一時的にテールストック側から回転センターで支えてもよいです

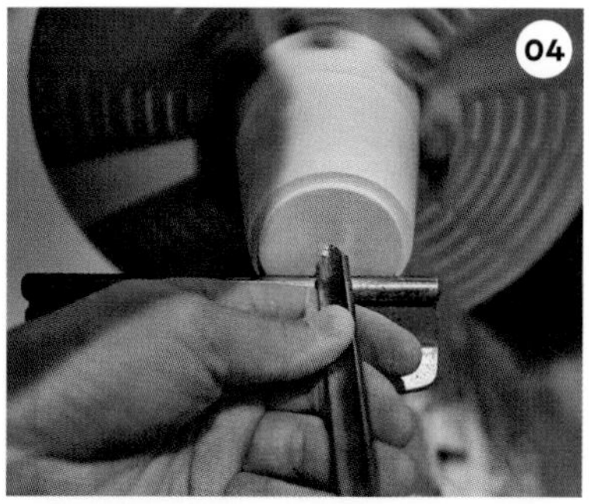

外側から刃物をあてると材料がはずれやすくなるので中心から削っていきます

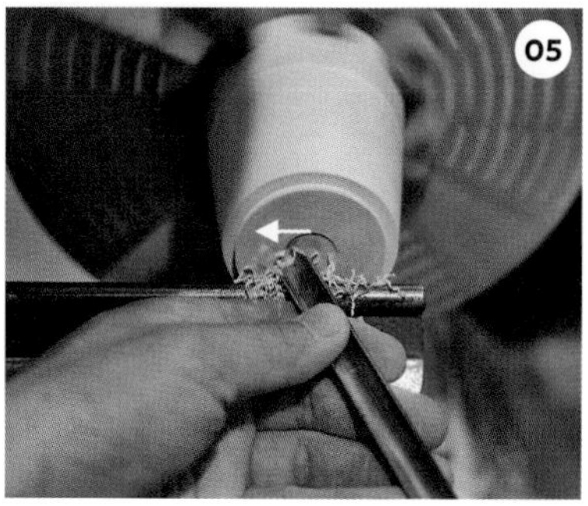

一度に多く削ろうとせず、少しずつ削っていきます。つかみ代がなくなるまでこの作業を繰り返します

つかみ代がなくなったら、弧を描くように底面を削ってわずかにくぼみを作ります。刃物は外側から中心に向かって動かします

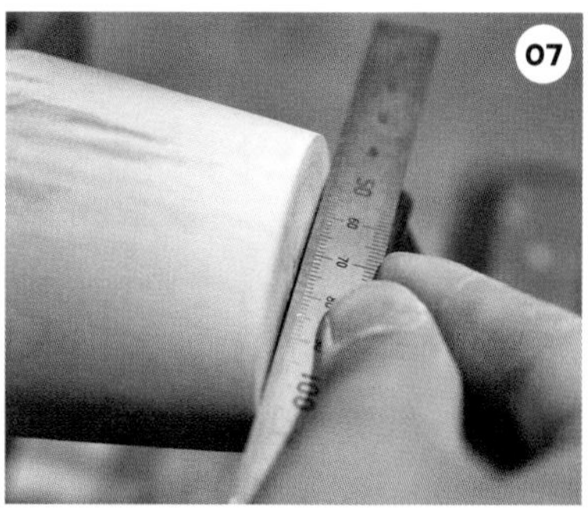

定規をあてて中心付近ですき間ができていることを確かめます。くぼみができていたらサンディングします

クルミ油を内側に垂らします。コップの底面にはたっぷりとオイルを染み込ませます

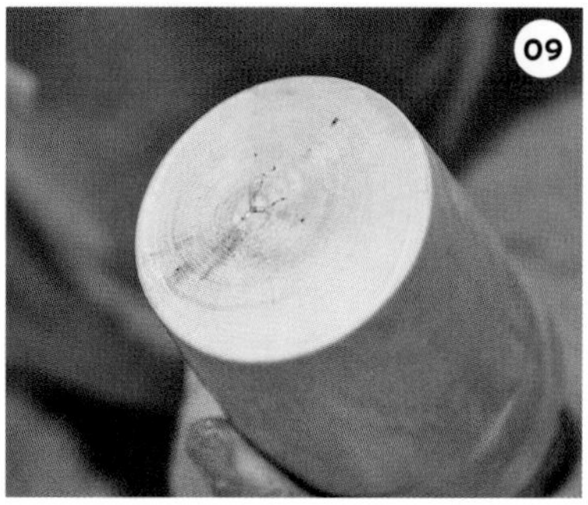

たっぷりと染み込ませたクルミ油が裏側へ染み出てきています。たっぷりとオイルを染み込ませることで、オイルが内部で硬化して、漏れを防いでくれます

内側全体にオイルを塗り込みます

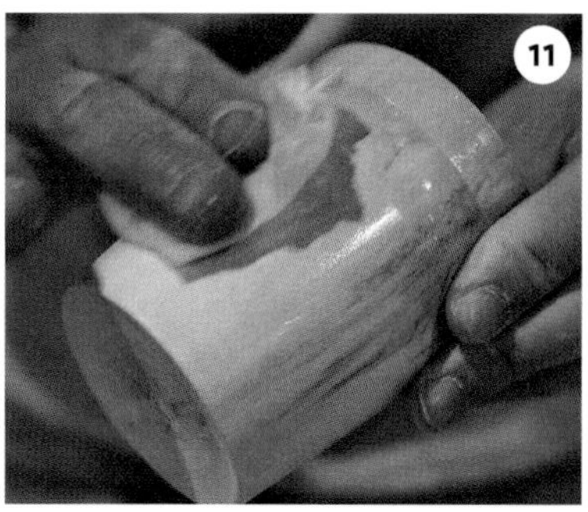

外側もオイルを塗り込みます。最後に余分なクルミ油を拭き取ります

［器と道具の作例 5］

ケーキスタンド

ケーキスタンドは土台とお皿をフェイスワーク、
それらをつなぐ軸をセンターワークで作ります。
木工旋盤のトレーニングに最適な作例のひとつです。

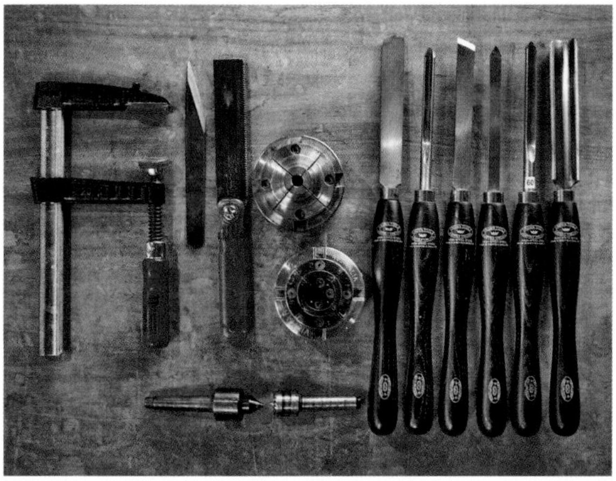

使用するバイト

ラフィングガウジ、スピンドルガウジ（60度）、パーティングツール、スキューチゼル、ボウルガウジ、ラウンドノーズスクレーパー

使用する固定道具

チャック（スタンダードジョー、ステップジョー）、クラウンドライブセンター、固定センター

その他の道具

ボール盤、ノコギリ、小刀、クランプ

使用する材料

材料はケーキ皿が直径185×45㎜、土台が直径125×30㎜、軸が40㎜角×長さ100㎜。使用樹種はクルミ

ケーキスタンドの断面図

＊単位は㎜

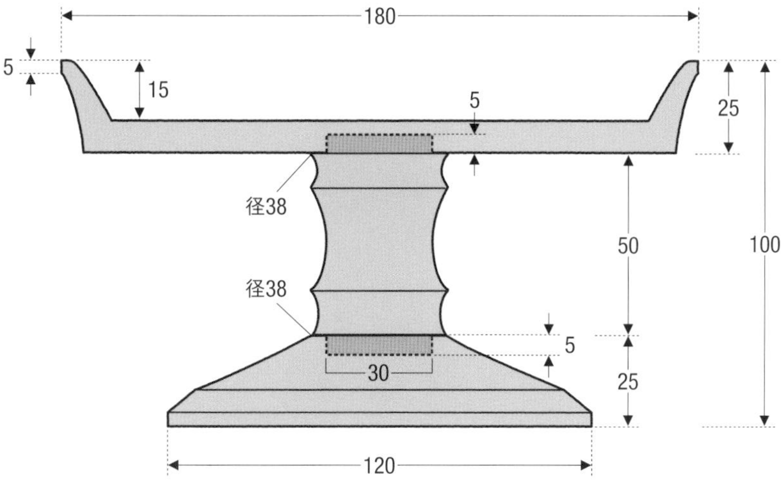

軸を作る

まずは軸から作ります。両端のホゾは、高さ5㎜直径30㎜になるようにします。軸の形状は自由に削ってみましょう。

材料に対角線の墨線を引き、木工旋盤に固定したら、ラフィングガウジで丸棒になるまで削ります

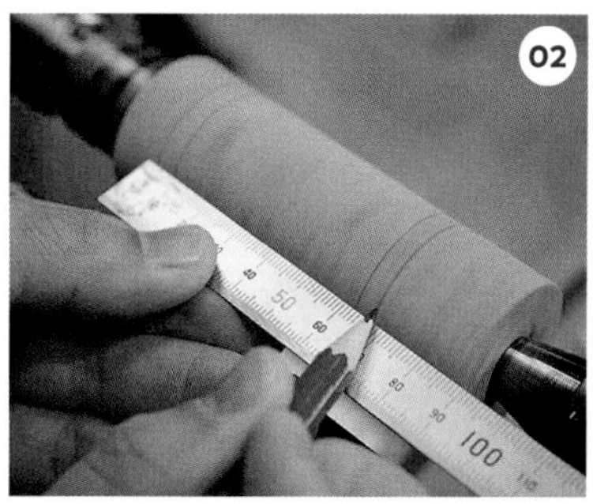

軸のホゾになる箇所に定規をあてて墨線を引きます。ホゾの高さは5㎜、軸の長さは50㎜にします

ホゾの切削作業にはパーティングツールを使用します。ホゾの直径が30㎜になるようノギスをあてながら削っていきましょう

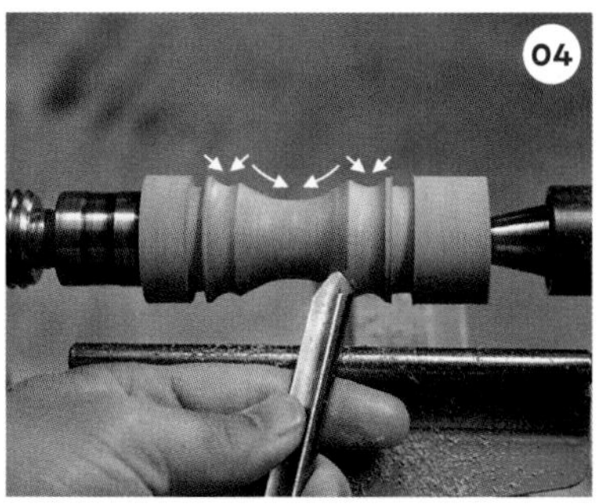

軸に装飾を施します。大小さまざまなU字形の溝は墨線を引かず、自分のセンスで仕上げていきましょう。思うように仕上がったらサンディングをします。使用する刃物はスピンドルガウジ60度です

軸を差し込んだら、土台に軸の外周を墨つけします

右端(上面)から20㎜程度のところに墨線を引きます

刃物台を写真のように斜めにセットし、上面と側面に引いた線をつなぐように削ります

鎬を擦りながら削っていくと円錐状になってきます。端のほうでは角度を変えて削ります

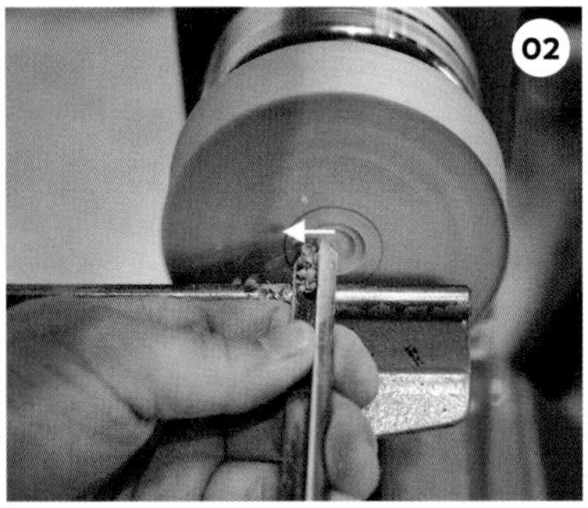

この面が土台の上面部になります。まず、ホゾ穴の墨つけをします。ホゾのサイズに合わせて直径30㎜とします。穴が広がるように中心から外側に向かって刃物を動かして削ります

ホゾ穴は小さいので鎬を擦らせて削らなくてOKです。墨線手前まで削ったら刃物の溝を真横に寝かせて削りましょう

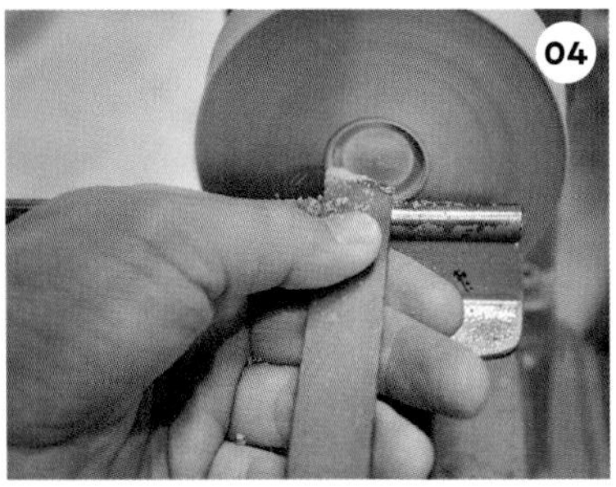

スキューチゼルでホゾ穴の側面をきれいにしていきます

彫ったホゾ穴に軸棒を差し込んでみましょう。軸のホゾが入らないときは、ホゾ穴をさらにスキューチゼルで削って調節します。ホゾ穴にホゾがフィットする感覚は、差し込んだときにキュッと多少の抵抗がありながらもしっかり差し込める感じです

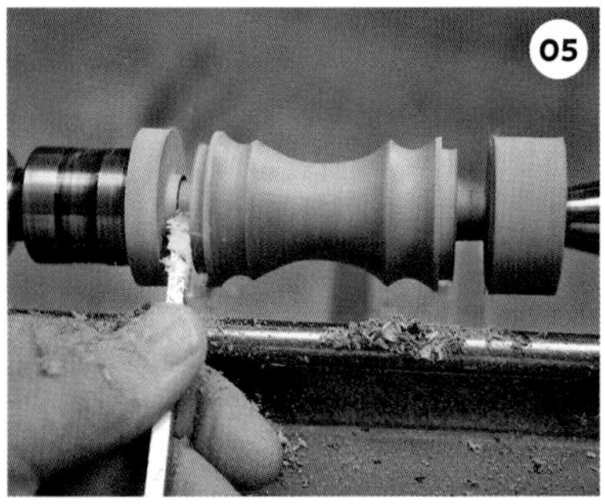

すべての工程を終えたらパーティングツールを使って材料を切り取ります。木工旋盤に固定したまま材料を切り離すときは左手で材料を持つようにしましょう。途中で回転を止めてノコギリで切ってもよいです

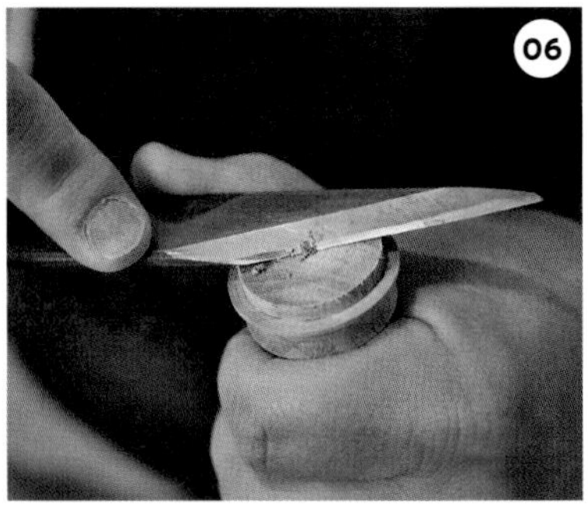

木工旋盤で切り離した箇所に写真のような出っ張りが残ります。こういう箇所は小刀などで削り取りましょう

土台を作る

ボウルガウジを使い、土台を削ります。ホゾ穴はチャックのつかみ穴を兼ねたものになります。

ボール盤でチャック穴を彫ったらチャックを介して木工旋盤に固定し、まず外周と表面を削ります。使用する刃物はボウルガウジです

ケーキ皿を作る

次に皿を作ります。表裏ともきれいに平面を出すことと、縁の形状にこだわって削ってみましょう。

外周を削ります。刃物はボウルガウジです

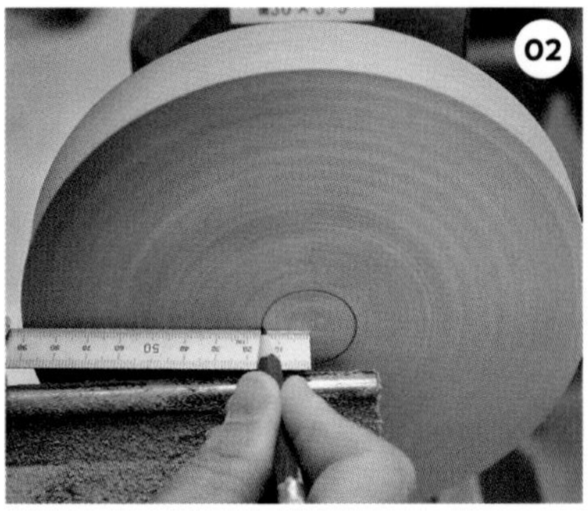

まず底面の平面を出していきます。平面に削れたら直径30㎜のホゾ穴の墨つけをします

土台と同様の手順でホゾ穴を削っていきます

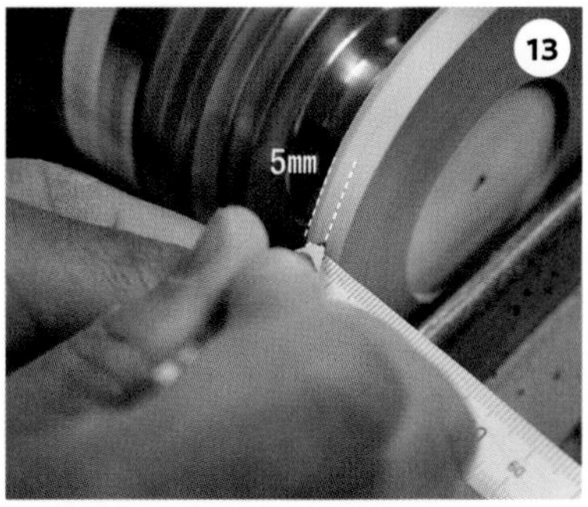

側面に墨線を引きます。上面の縁から5㎜の位置とします

鎬を擦りながら底面を平滑に削ります

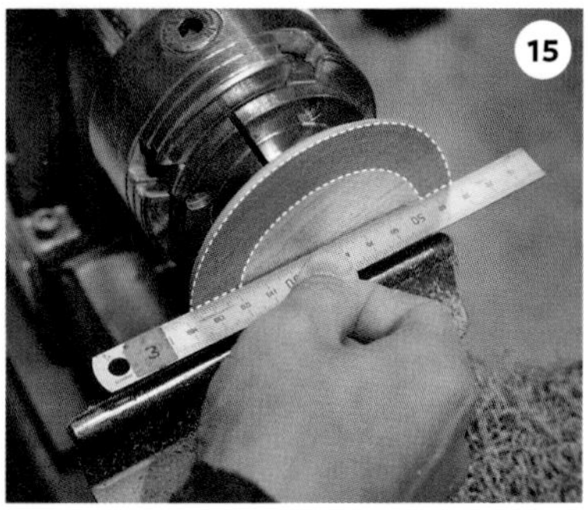

接地面は外側の20㎜幅ほどで、中心部に向かってわずかにくぼむように削ります

サンディングをして仕上げます

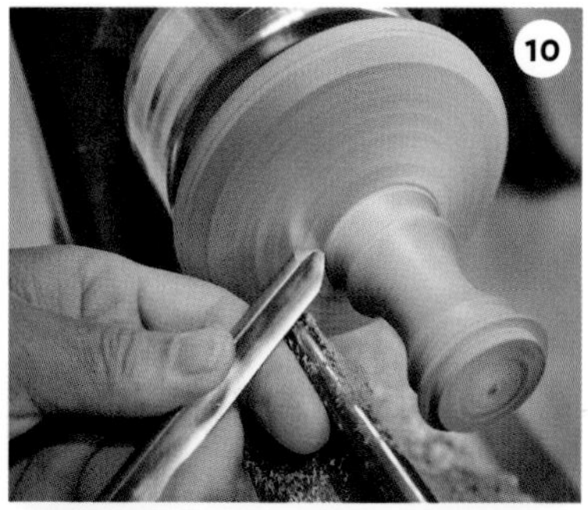

軸を差し込んで土台と軸の曲線がつながるようにスピンドルガウジ60度で削っていきます

サンディングして土台の表面を仕上げます

土台の材料を上下逆にして、穴の直径が小さい材料でも保持できるステップジョーで固定します

ホゾ穴の微調整はスキューチゼルで行ないます。ゆるくなりすぎないように注意しましょう

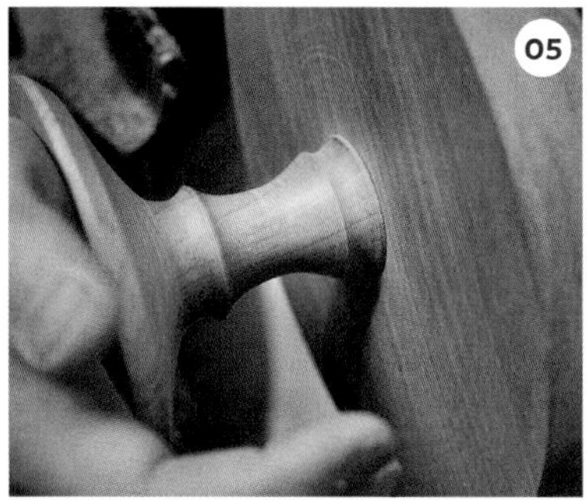

ケーキ皿に軸を仮組みします。しっかり奥まで差し込めるように穴の深さを調整しましょう

お皿の外周を削っていきます。弓形カーブになるように仕上げます。その後、サンディングをしてお皿の外側を仕上げます

皿の底面、外周の加工ができたら内側を仕上げていきます。ステップジョーで材料を固定し、平面を出すように削ります。この面が皿の上面になります。高さが25㎜になるまで削ります

皿の内側を削っていきます。使用する刃物はボウルガウジです

矢印の方向に刃を動かして徐々に大きな円にしていくように削ります。削り始めの位置は内側から外側へ移動していくイメージを持ちましょう

縁は振動が起こりやすいので左手で底面（裏側）を押さえながら削っていきましょう

そのまま内側の隅まで削ります

お皿の縁が削れたら、平らな面を削っていきます。刃物を中心部から外側に動かして削っていきましょう。平面と縁を交互に削り、形を整えます

お皿の縁を削るときは振動が発生しやすいので、左手で裏面を支えながら削ります

皿の縁と平面部の際を削るときは刃物の溝を進行方向に真横に向けます。真横に向けたときの刃の形状を使って隅を作っていきます

300㎜、150㎜の直定規を使ってお皿の深さを確認します。写真のように定規をあてて深さを確認してみましょう。深さは15㎜にします

想定した深さに彫れていたらサンディングをして仕上げます

パーツを組み立て、塗装する

すべてのパーツができたら、組み立てます。接着剤を塗り、組み合わせ、クランプで固定します。最後はオイルを塗って完成。

パーツを並べて組み立てる順番を確認します。軸の向きを間違えないように注意しましょう

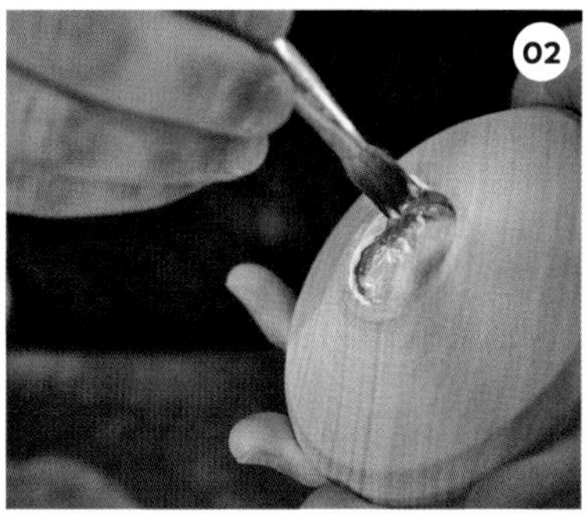

軸のホゾ部分と、皿、土台のホゾ穴に木工用接着剤を塗ります

ホゾ穴、ホゾ両方に接着剤を塗ります。少なすぎてもいけませんが、塗りすぎてはみ出ないように加減しましょう

まずは土台のホゾ穴に軸を差し込みます

続いてお皿のホゾ穴に軸を差し込みます

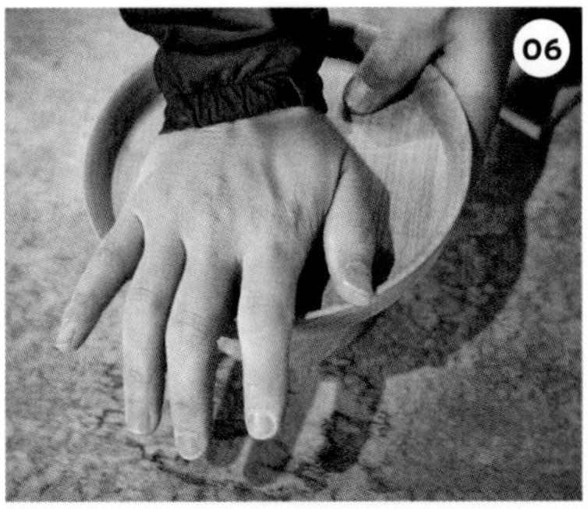

手のひらでしっかりと押さえます

お皿の内側に当て木をして、クランプをかけて固定します。この状態で接着剤が固まるまで待つとしっかりと接合します

接着剤が乾いたら塗装します。全体にクルミ油を塗っていきます

縁もしっかりとオイルを塗り、余分なオイルはウエスやキッチンペーパーなどで拭き取ります

［器と道具の作例6］

丸い重箱

重箱は料理を詰める蓋つきの容器で、
二重、三重と積み重ねて使用します。
そのため、同じものを正確に作る技術が必要になります。

使用するバイト

ボウルガウジ、スキューチゼル

使用する固定道具

チャック（スタンダードジョー、コールジョー）

その他の道具

ボール盤、ノギス

使用する材料

材料は容器が径155㎜、厚み55㎜を3つ。蓋は直径155㎜、厚み20㎜をひとつ用意します。使用樹種はヒノキ

丸い重箱の断面図

＊単位は㎜

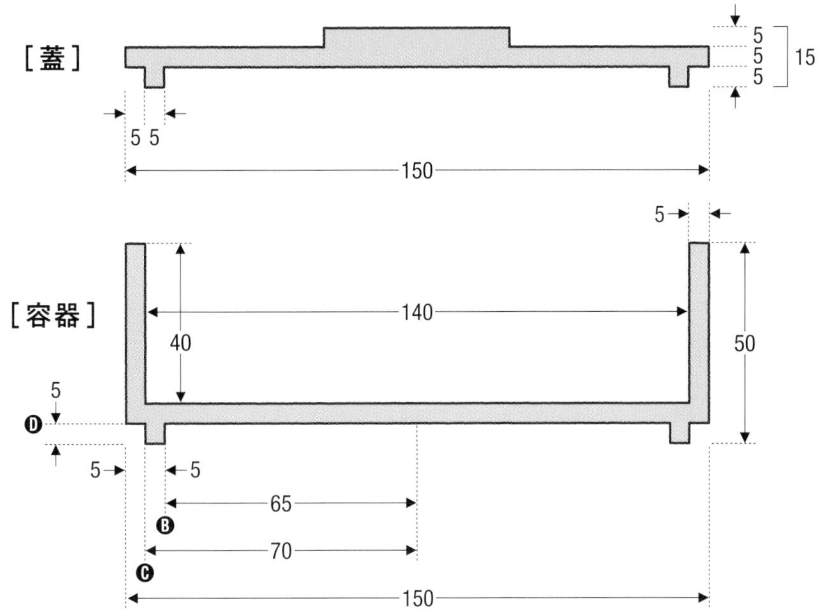

ひとつ目の容器の外形を削る

重ねて使う容器は寸法を合わせることが重要です。各部を慎重に削っていきましょう。

チャックでつかむための穴をボール盤で彫り、チャックを介して材料を木工旋盤に固定したら側面を削っていきます。この段階では削りすぎないように気をつけてください。使用する刃物はボウルガウジです

側面を削ったら平面を削ります。この面が容器の底面になります。半径75㎜（直径150㎜）の墨線を引きます

側面を削って直径150㎜にします。直径のばらつきが少しでもあると重ねたときにズレが生じるため、刃物を回転軸と平行に動かして削っていきましょう

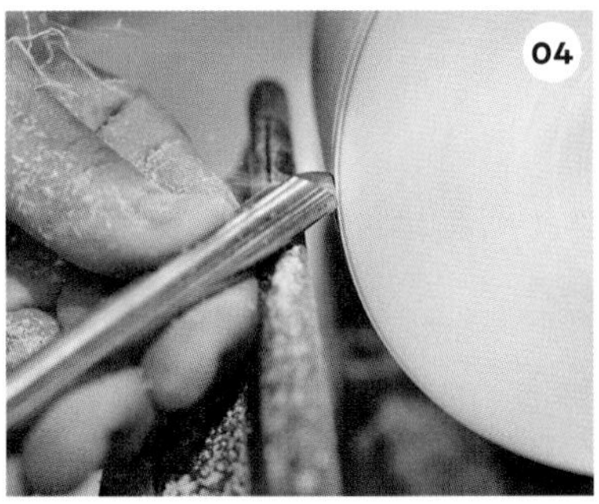

ひとつ目の容器がふたつ目、3つ目の容器の基準になります。慎重に削って仕上げていきましょう

ひとつ目の容器の内形を削る

内側の形状はシンプルですが、側面を真っすぐ立ち上げる、底を平面に削るなど難易度は高めです。気を抜かずに削っていきましょう。

材料を上下逆に木工旋盤に固定し、側面に容器の高さの墨線を引きます。底側(左端)から45㎜の位置です。ボウルガウジを使って高さをそろえます

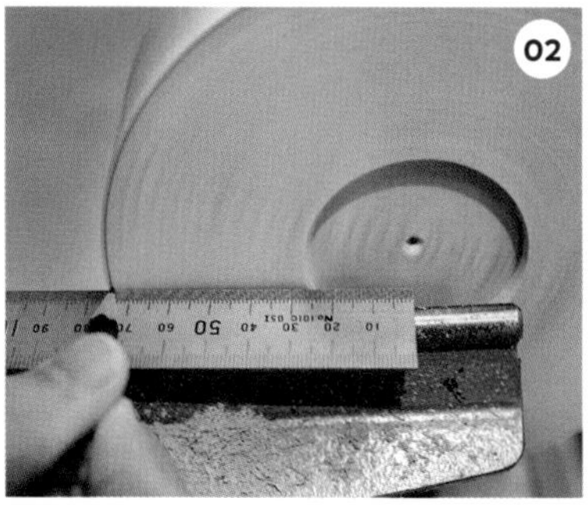

表面を削り平滑にしたら中心から半径75㎜(直径150㎜)の位置に墨線を引きます。ボウルガウジを使って改めて直径をそろえます

端から5㎜の位置に墨線を引き、内側を彫っていきます。中心に近いところから削り始めます

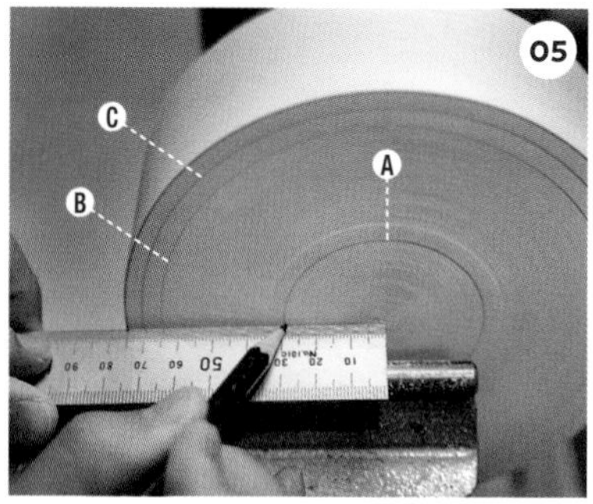

底面に墨線を引きます。引く位置は中心からⒶ30㎜、Ⓑ65㎜、Ⓒ70㎜のところ。ⒷとⒸの間が高台になり、Ⓐの箇所はチャックのつかみ代になります

側面の右端(底面側)から5㎜の位置に墨線Ⓓを引き、高台の高さが5㎜になるように削っていきます

写真のように2方向から鎬面を材料にあて、高台が直角に真っすぐ立ち上がるようにします

チャックのつかみ代を削り出していきます。最初は外側から墨線Ⓐに向かって削っていきます

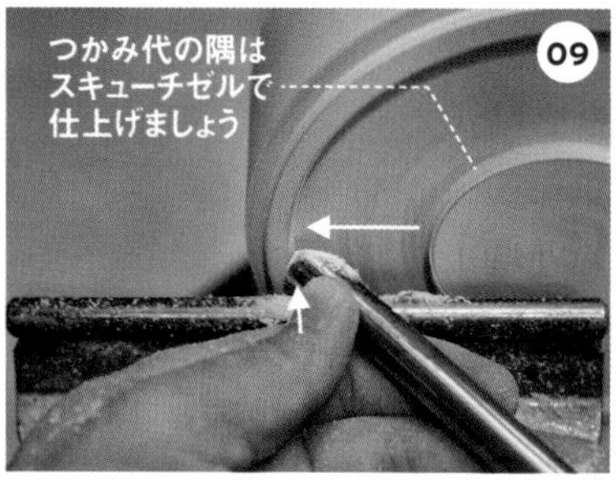

つかみ代の高さが出たら次に刃物を外へ向けて少しずつ削りながら、平面を出します。高台の内側も真っすぐ立ち上がるように削ります。2方向から削り形を整えます

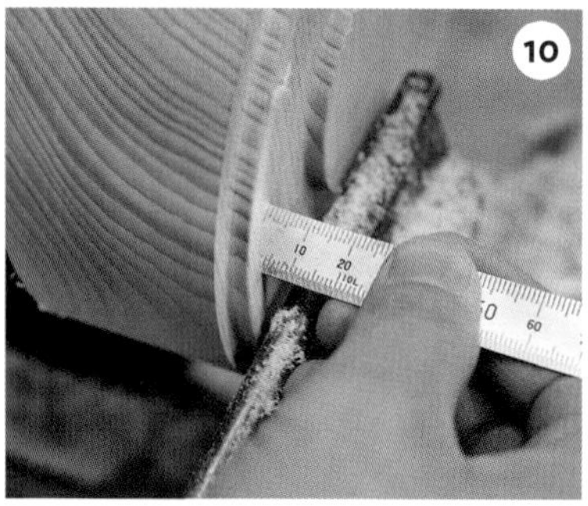

定規をあてて高台の高さが5㎜になっていることを確認したら全体をサンディングします

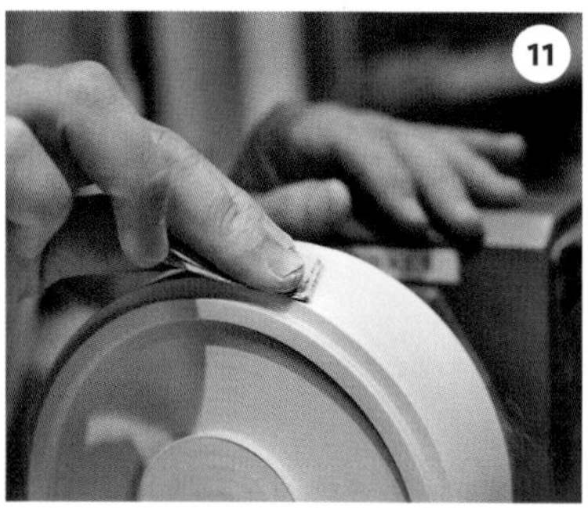

逆回転でサンディングすると逆目もきれいに仕上げることができます。逆回転のときは、上部奥側にサンドペーパーをあてましょう

波紋をいくつも重ねるように削り、深さを合わせておきます

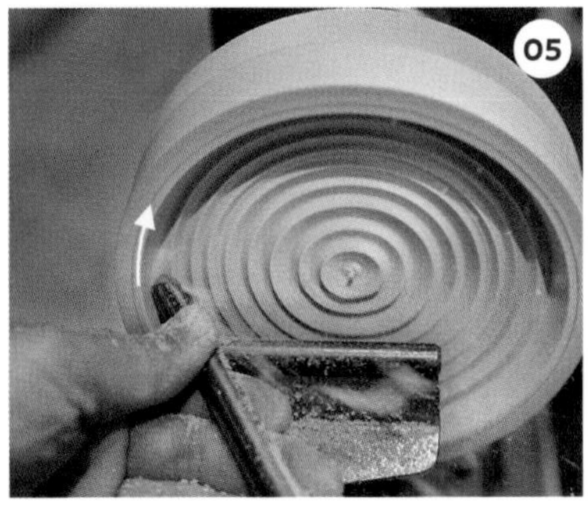

側面に近いところでは鎬の向きを回転軸に平行に近い向きにして削ります

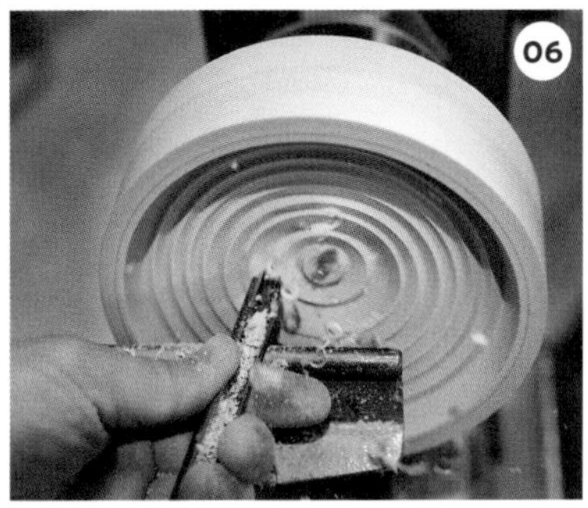

再び中心部から削ります

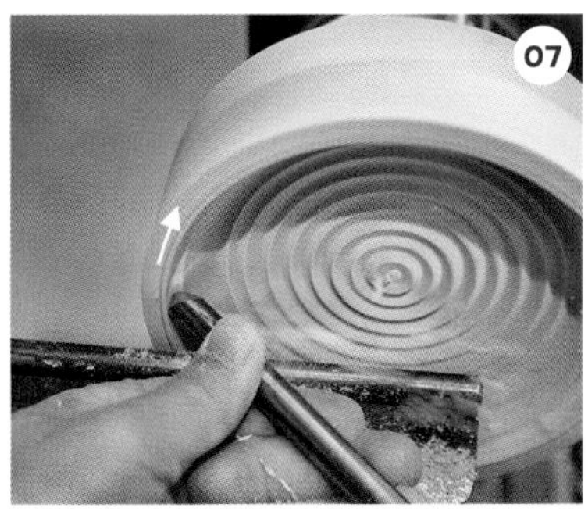

ある程度深さが出てきたら、縁の形を整えていきます。外側は真っすぐ立ち上げているため、内側も真っすぐ立ち上がるようにします

縁から刃物を入れるときは、刃物の溝の向きを真横に寝かせた状態で削り始めることでキャッチを防げます。容器の縁は高台とはめ合わせる重要な箇所です。慎重に削りましょう

容器の中心部の深さが40㎜になるところまで削りましょう

中心部の深さが決まったら、外側へ向かって削り広げていきます

同時に縁も削ります。厚みが均一（5㎜）になるようにしましょう。縁と底を交互に削りながら厚みをそろえます

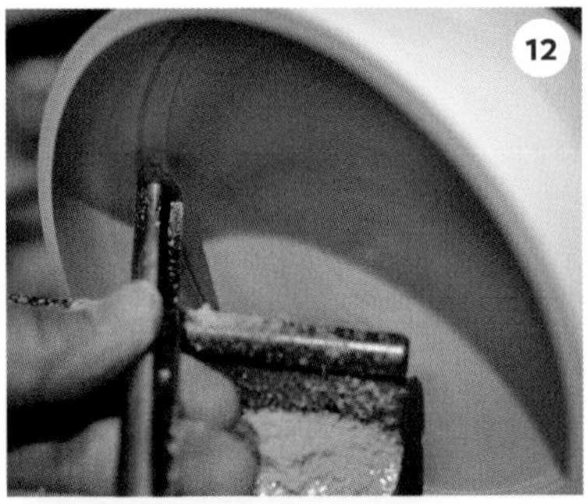

縁の立ち上がり部分はボウルガウジの刃先の形状を隅に合わせることで、きれいに形作っていくことができます。削り終えたらサンディングします

コールジョーを使って削り終えた材料（容器）を表裏逆に固定し、底面のつかみ代を削り取ります。コールジョーは固定力が弱いので、切削量を多く削ることができません

平面を出していきます。つかみ代を削り落としたらサンディングします。同様の手順でふたつ目、3つ目を作っていきます

蓋を作り、塗装する

最後に蓋を作ります。蓋も容器にきれいに収まるように寸法を合わせて削ります。

蓋の材料を木工旋盤に固定し、容器作りと同様にまず側面を削ります。使用する刃物はボウルガウジです。半径75㎜(直径150㎜)の墨線を引きます。この面が蓋の上面部になります

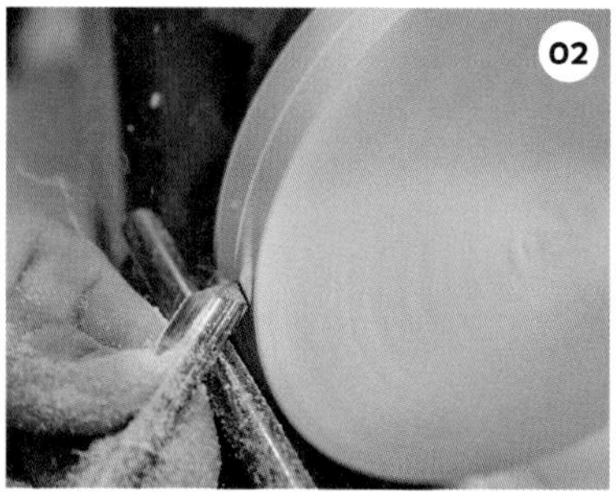

墨線を目安に側面を削ります

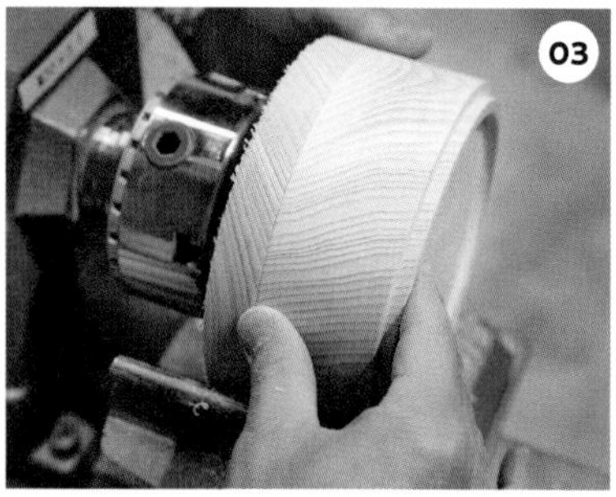

先に作った容器を合わせて、蓋の仕上がり寸法が合っているか確認します

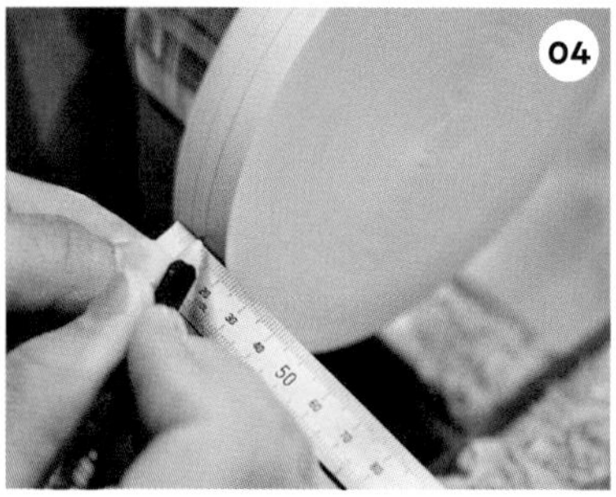

側面に定規をあて墨線を引きます。右端(蓋の表面)を基準に10㎜、15㎜、20㎜の3本です

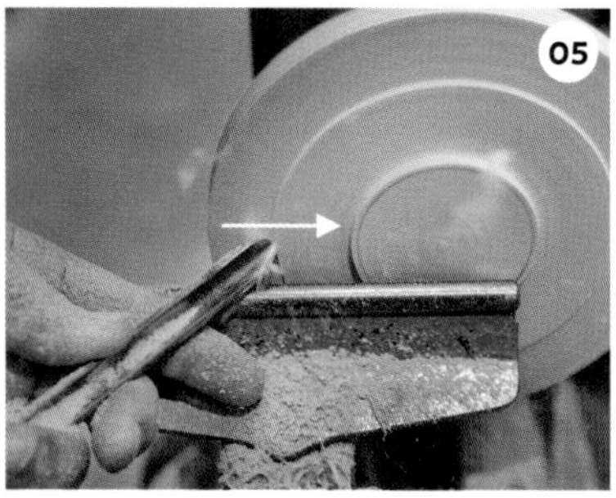

表面にチャックのつかみ代を墨つけします。引いた位置は中心から半径27.5㎜(直径55㎜)です。側面から表面に引いた墨線まで真っすぐ削ります。平滑になるよう鎬を擦らせて削り、チャックのつかみ代を作りましょう。なお、チャックのつかみ代が蓋の持ち手になります

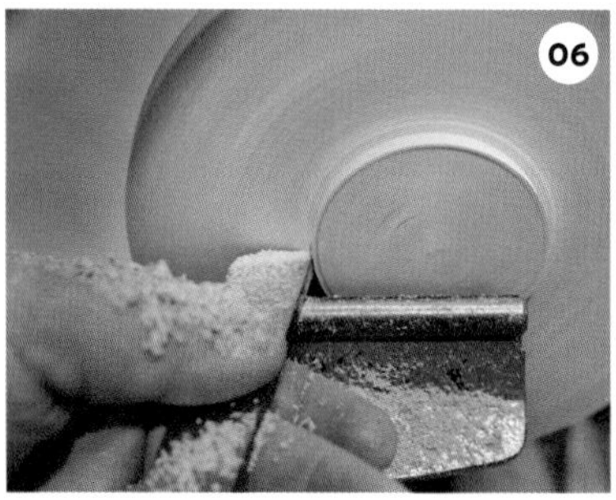

つかみ代の側面をチャックの形状に合わせてスキューチゼルで整えたらサンディングします

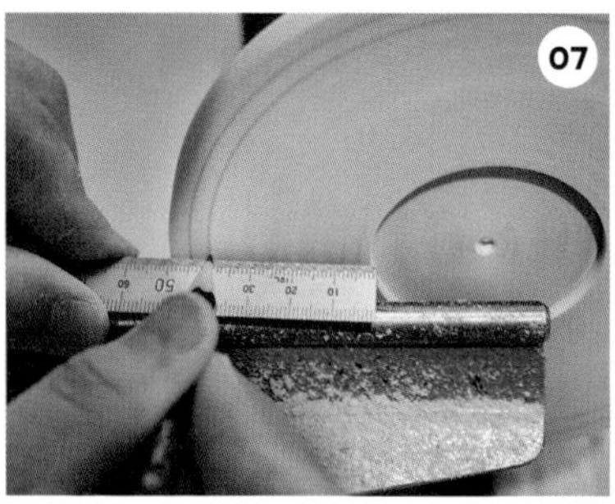

蓋を裏返してチャックでつかみ、蓋の裏面を削って平滑にしたら縁の墨線を引きます。位置は材料の端を基準に5㎜、10㎜の位置(写真では定規の50㎜を端に合わせています)

ふたつ目、3つ目の容器を作るときのポイント

容器がひとつ完成したらそれを基準にふたつ目、3つ目を削ることができます。成形する途中で完成した容器をあてながら仕上がりサイズや重なり具合を確認していきましょう。

1 容器の直径を合わせる

外側を削り終えたら仕上がりサイズが合っているか容器をあてて確認します

2 高台の重なり具合を確認する

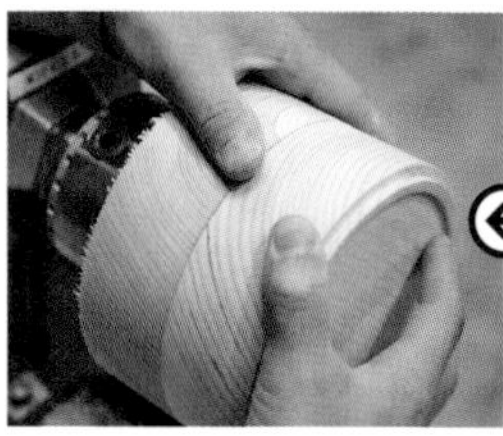

高台を削り終えたら完成した容器をはめて重なり具合を確認します

3 縁の重なり具合を確認する

容器の縁ができあがってきたら完成済みの容器をはめて、重なり具合を確認します

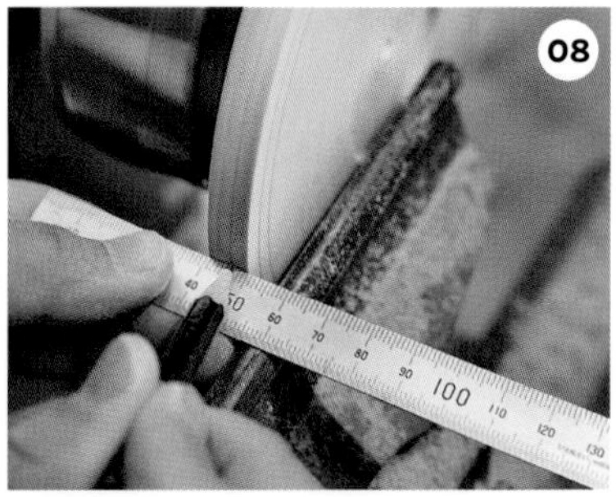

側面にも蓋の裏面から5㎜のところに線を引きます

墨線を目安に蓋の高台部分を削り出していきます。蓋は薄いため、左手で裏側を支えて振動が発生しないように削っていきましょう

蓋の高台も真っすぐ立ち上がるように削りましょう

高台の外側ができたら容器をはめてみます。きつすぎず、はめても落ちてこない程度にします。ちょうどいい重なり具合になったのを確認したら高台の内側を削ります

中心部に向かって、深さを出していきます。仕上がり深さは5㎜です

中心部で深さが5㎜になったら、今度はその深さで統一するため、外側へ向かって削ります。高台の内側まで削っていきます

深さがおおむねそろったら、平面になるように慎重に削りましょう。刃物を外側へ向かって動かすときは振動が発生しやすくなるので左手で裏側を支えながら削りましょう

高台の内側の立ち上がり部分は、刃物の溝の向きを真横に寝かせて削ります。削り終えたらサンディングします

コールジョーで蓋をつかみ、再び表面の持ち手を削ります。高さは5㎜にします

持ち手が垂直に立ち上がるようボウルガウジで形を整えます。溝を真横に寝かせて削りましょう。溝の角度を斜め45度にしたまま蓋の表面にあたるとキャッチが起こりやすくなります。削り終えたらサンディングします

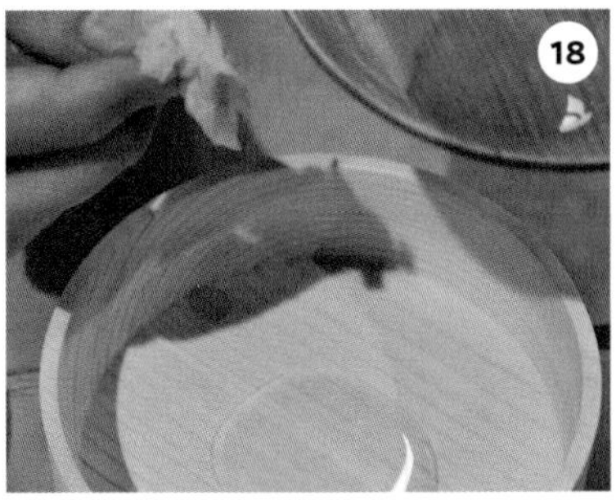

蓋や容器にたっぷりとクルミ油を入れてウエスで塗り込んでいきます

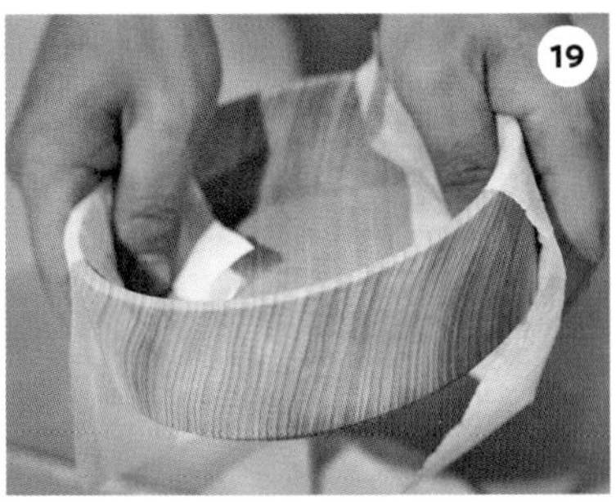

両手にウエスを持ち、余分なオイルを拭き取ります

[器と道具の作例7]

お盆

お盆は安定して食器や食事を運べるように
縁を高く立ち上げて握りやすくしています。
平たい面を削っていくときは
材料を振動させないようにしましょう。

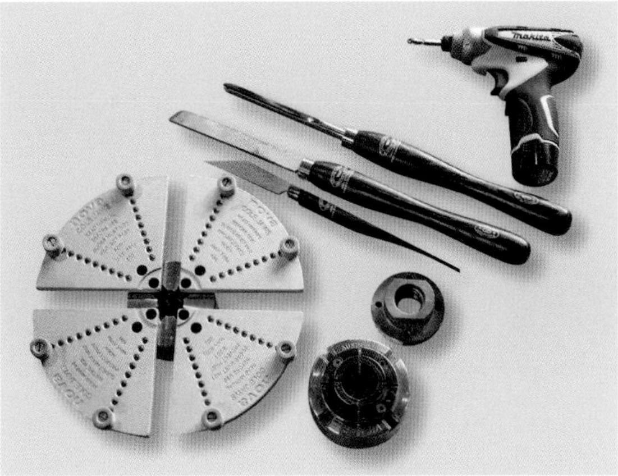

使用するバイト

ボウルガウジ、スキューチゼル

使用する固定道具

フェイスプレート、チャック（スタンダードジョー、コールジョー）

その他の道具

インパクトドライバー、カナヅチ、ノコギリ、小刀、ノギス、定規、ジグ

使用する材料

材料は、直径300㎜、厚み40㎜程度の木材を用意します。使用樹種はセン

お盆の断面図

＊単位は㎜

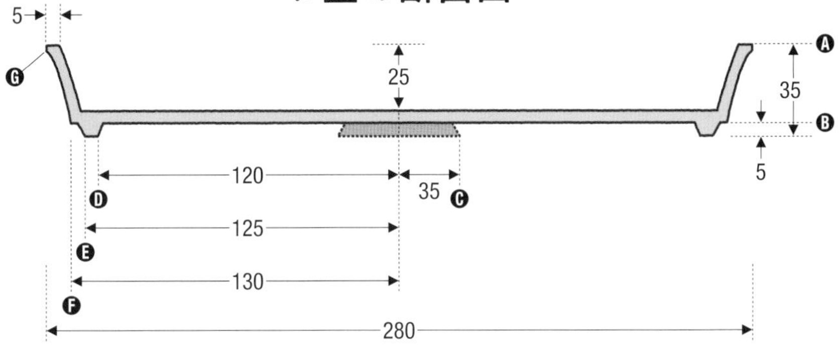

外形を作る

材料は大きいですが、高台や側面の形状など細かい寸法に忠実に削っていきましょう。

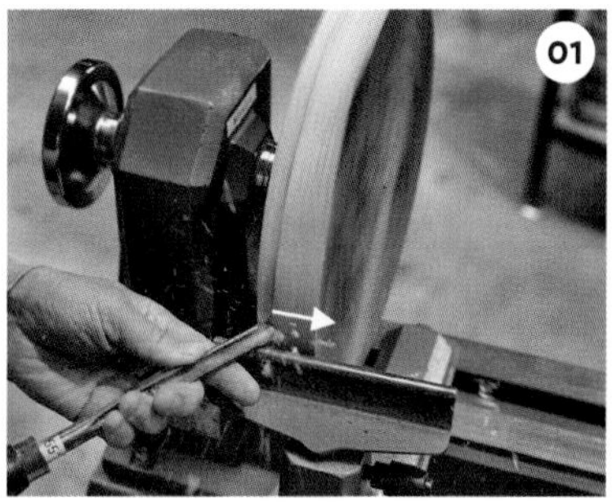

フェイスプレートで材料を木工旋盤に固定したら外周を削ります。直径300㎜と大きな材料なので木工旋盤の回転数は500回転ほどから始めましょう。回転軸と平行になるよう鎬の向きを合わせ、鎬を擦らせながら真っすぐ削ります

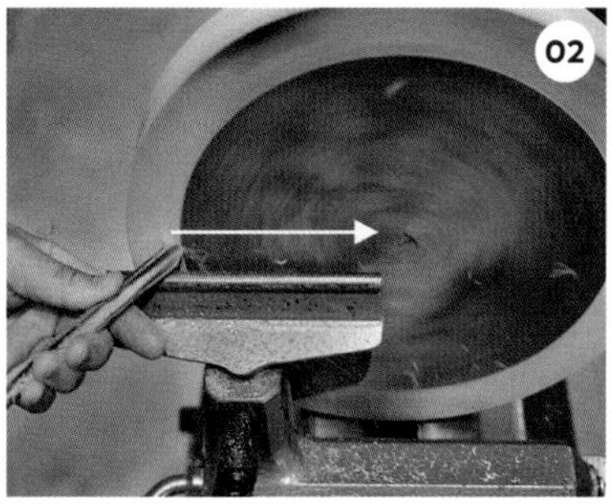

そのままボウルガウジで平面を削ります。この面がお盆の底面になります

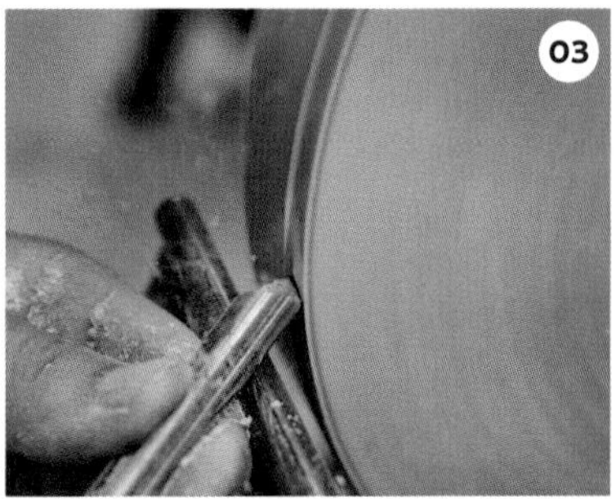

定規をあてて中心から140㎜（直径280㎜が仕上がりサイズになります）の位置に墨線を引いたら外周を削り、直径を280㎜にします

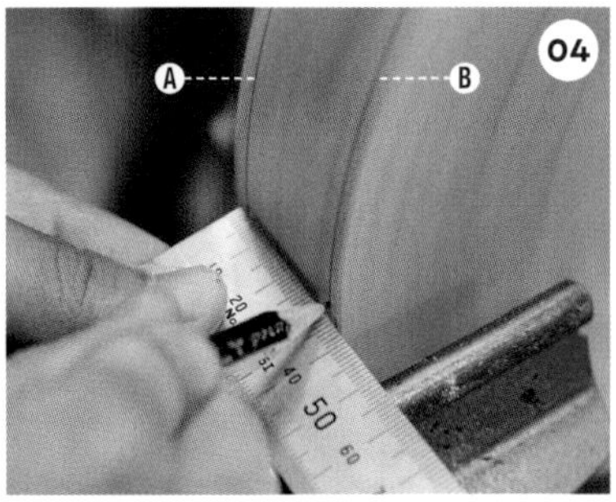

側面に墨線を引きます。右端（底面）からⒷ5㎜、Ⓐ35㎜の位置です

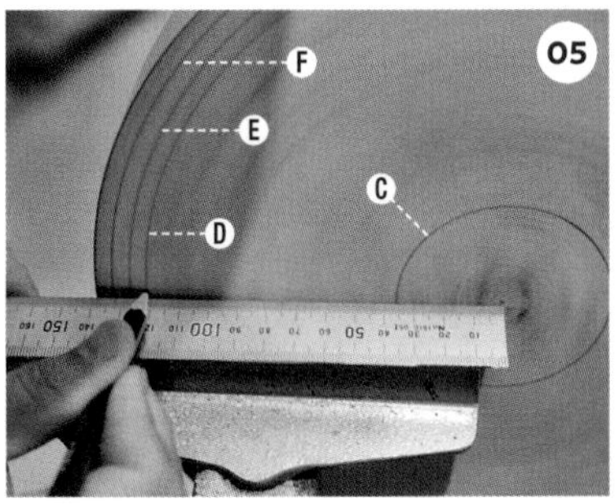

底面にも墨線を引きます。中心からⒸ35㎜、Ⓓ120㎜、Ⓔ125㎜、Ⓕ130㎜の位置です

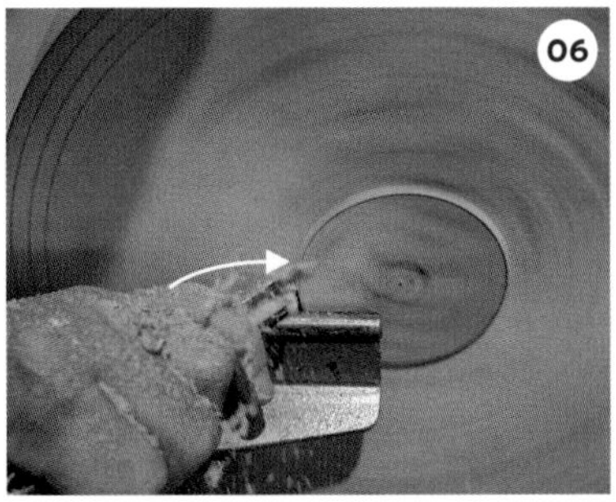

墨線Ⓒはチャックのつかみ代になります。つかみ代が高さ5㎜程度になるまで削っていきます

上面を作り、塗装する

ボウルガウジを使い、上面を削ります。平面をきれいに削り出せるか、縁の立ち上がりがきれいに作れるかがポイントです。

チャックを介して材料を木工旋盤に固定したら、上面を墨線Ⓐまで平らに削ります。使用する刃物はボウルガウジです

端から5㎜の位置に墨線を引いたら中心に近いあたりから削っていきます。フェイスワークなので、刃は常に中心に向かうようにしましょう

広い平らな面を削るときは一定の深さまで削れたら切削をやめて、刃物の位置をずらし、写真のように波紋を増やしていきます

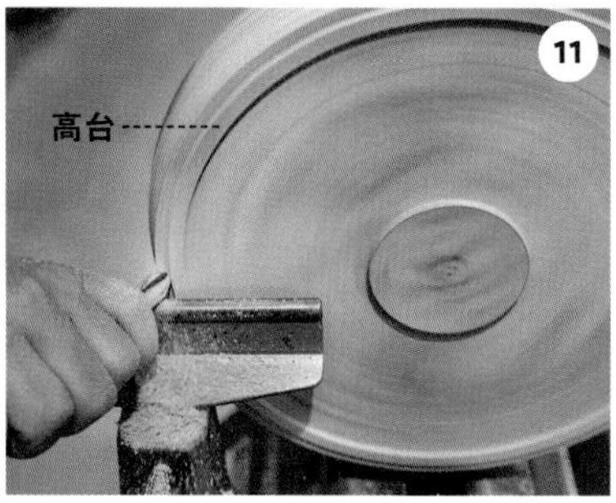

墨線Ⓕの位置まで削ったら高台を作ります。削り深さは5㎜です

ボウルガウジの刃先の形状を駆使して、高台の立ち上がり箇所が直角になるように削っていきます。高台の外側ができたら内側部分も忘れずに削りましょう

スキューチゼルを使って、チャックのつかみ代の形状に合わせて内すぼみになるようにします。削り終えたらサンディングします

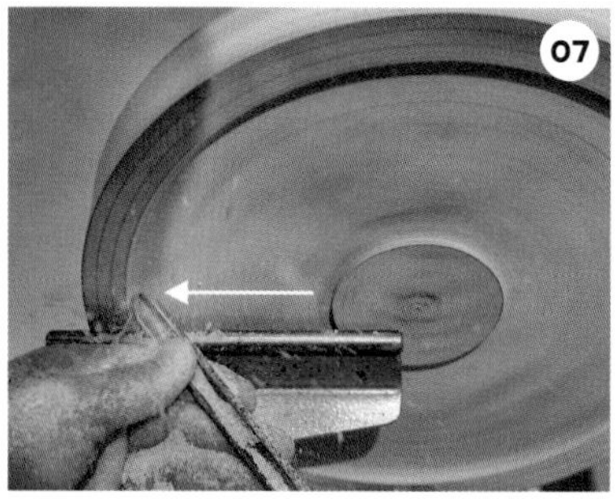

墨線Ⓒと墨線Ⓓの間が平らになるように削ります。手順06で削ったつかみ代の周囲にそろえるように削っていきます。鎬を擦らせながら真っすぐ刃物を動かしましょう

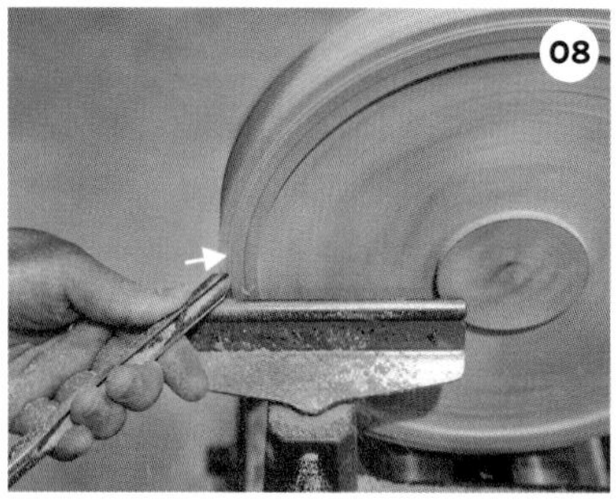

側面から墨線Ⓕまで削ります。側面に引いた墨線Ⓑが削り幅の目安になります

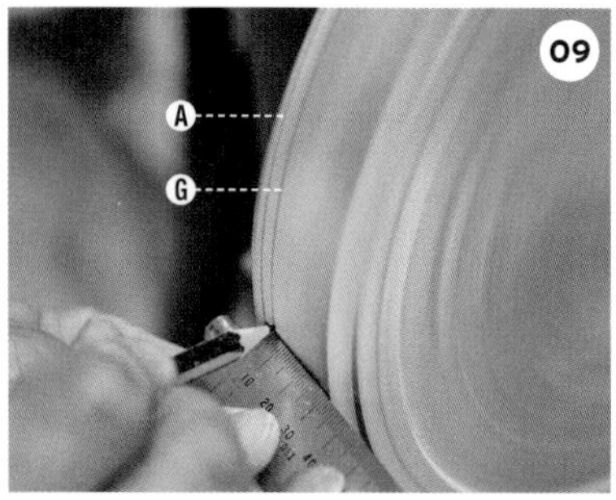

墨線Ⓐの右側5㎜の位置に墨線Ⓖを引きます

側面がゆるやかなカーブになるように仕上げます。墨線Ⓕと墨線Ⓖをつなぐように鎬を擦らせて削っていきましょう

縁に近いところを削るときは、刃物の鎬の向きを確認しましょう。外の形状に沿うように削ります。先に深く彫り進めて底が薄くなると縁を仕上げるとき振動が発生しやすくなるので、底の厚みをある程度残して縁を削ります

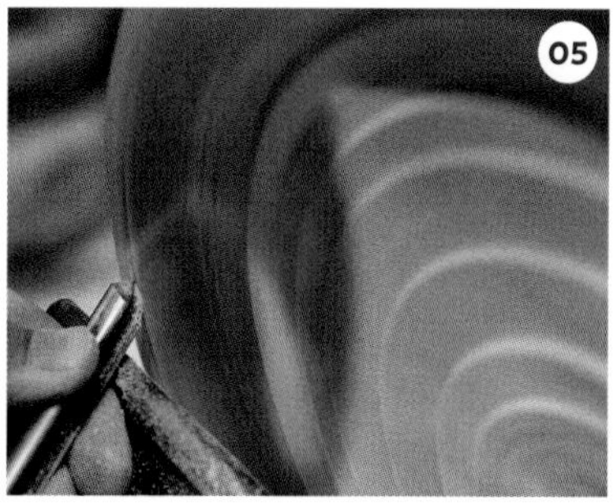

縁の切削作業はキャッチが起こりやすいので、削り始めは刃物の溝を真横に向けましょう

削り始めて刃物の鎬が縁の側面にきたら刃物の溝の向きを45度にします

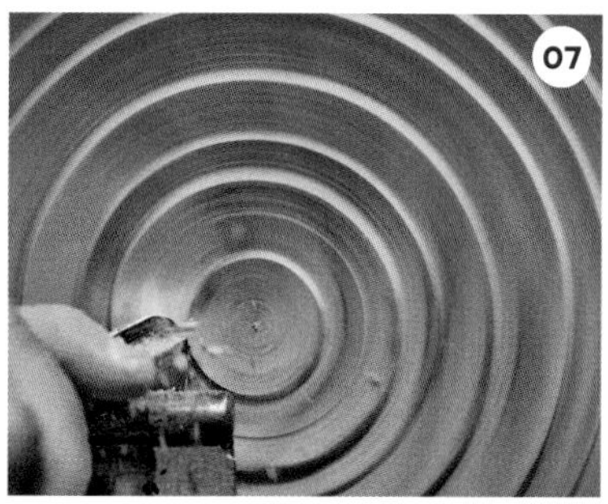

縁を削ったら、再び中心部から削っていきます。手順②～③を数回繰り返し、中心部が深さ25㎜になるようにしましょう

縁の立ち上がり箇所は振動が発生しやすいので左手で裏側を支えながら削っていきましょう

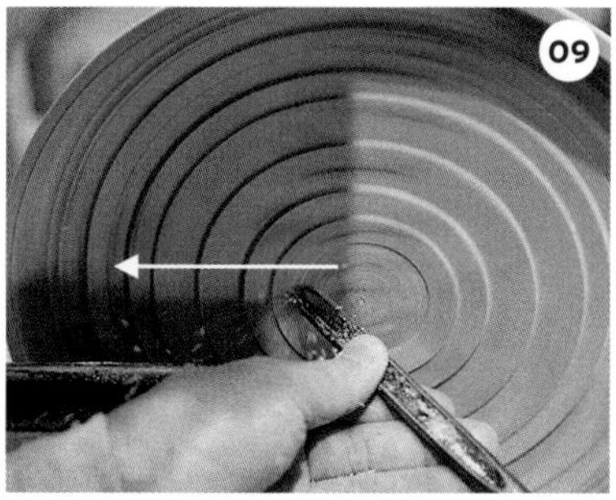

中心部の深さが25㎜になったら全体をその深さにそろえていきます。平面を削る場合は刃物を中心から外へ動かしてもOK

手順⑦～⑨を数回繰り返したら上面全体を中心部の深さにそろえていきます

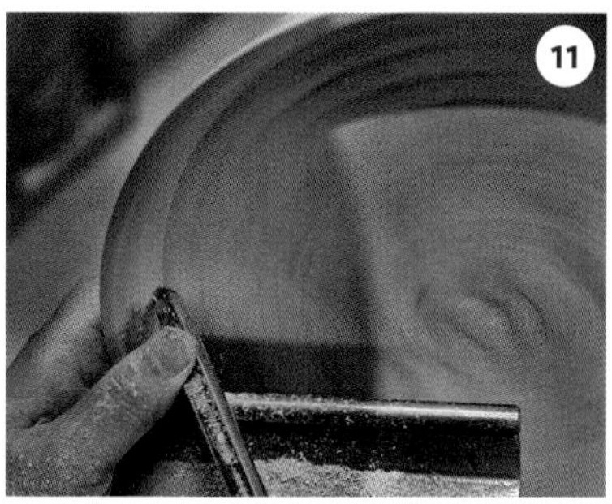

上面が平らに削れたら縁の立ち上がり箇所を削っていきます。ボウルガウジの刃先を際にあて成形していきます

サンディングします。稜線部はサンドペーパーを丸めてあてて形が崩れないようにします

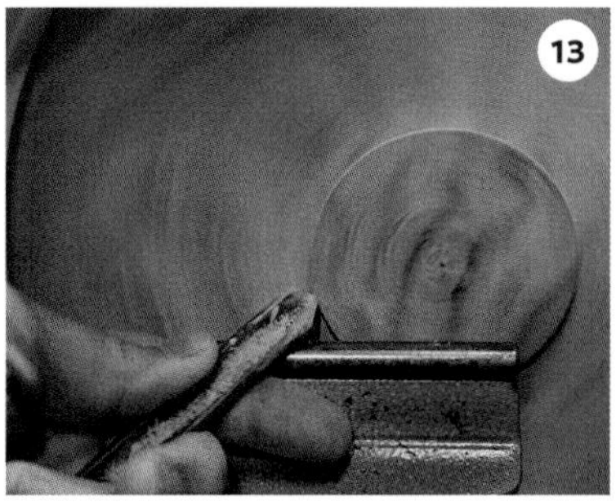

コールジョーを使い、表裏逆に材料を固定したらつかみ代を削り取ります。コールジョーは固定力が弱いので、少しずつ削りましょう

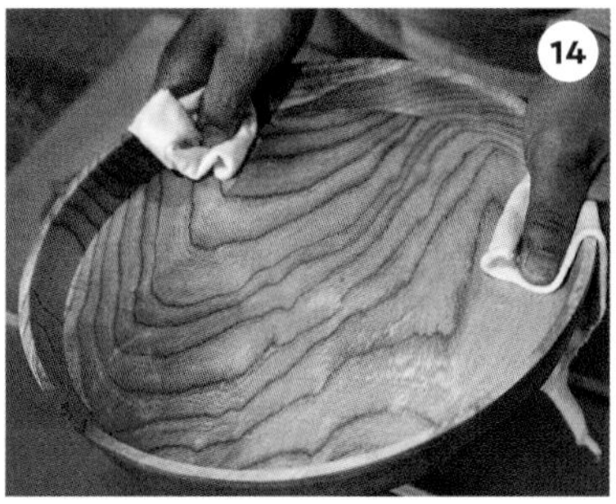

削り終えたらサンディングし、塗装します。全体にクルミ油を塗り、余ったオイルを拭き取ります。必ず両手に布を持って塗りムラが出ないようにしましょう

［器と道具の作例 8］

調理べら

センターワークで調理べらを作ります。
木工旋盤で加工するのは持ち手です。
スキューチゼルを使った丸棒削りに挑戦してみましょう。
へらはベルトサンダーで形を整えていきます。

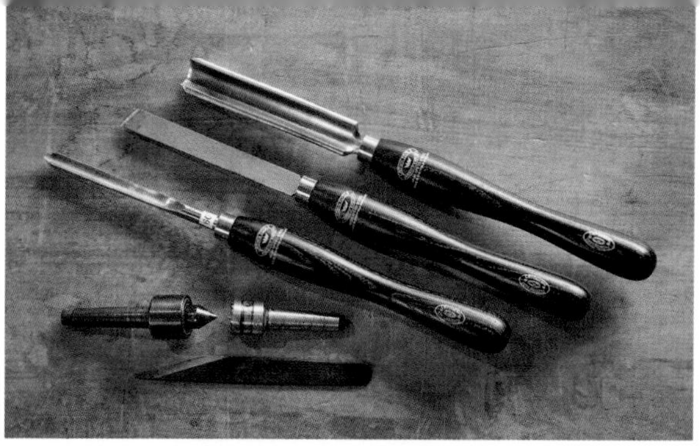

使用する材料

材料は、長さ300×幅100×厚み20㎜を用意します。使用樹種はヤマザクラ

使用するバイト

ラフィングガウジ、スピンドルガウジ(60度)、スキューチゼル

使用する固定道具

クラウンドライブセンター、回転センター

その他の道具

バンドソー、小刀、ノコギリ、ベルトサンダー

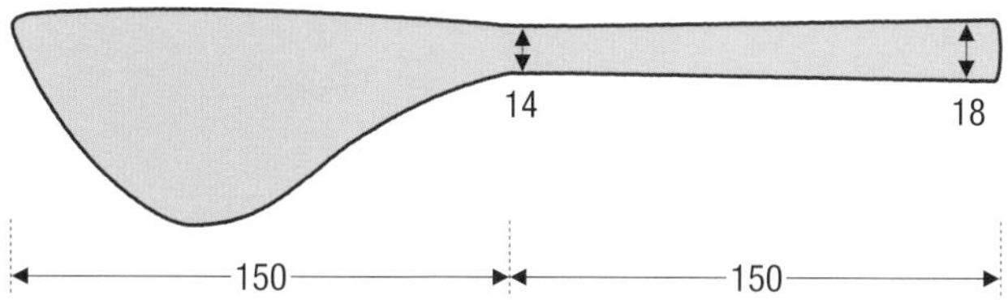

調理べらの完成図

＊単位は㎜

材料を準備する

バンドソーを使い、大まかな形状を切り出します。

材料にへらの仕上がり図を大まかに墨つけし(完成図イラストを拡大コピーし、型紙にしてもOKです)、バンドソーで切っていきます

バンドソーでカットした状態です。この時点では墨線どおりに切れていなくても構いません

切った材料をクラウンドライブセンターと回転センターを介して木工旋盤に固定します。念のため、クラウンドライブセンターの爪がしっかり材料に食い込んでいるか確認しましょう

材料を荒削りする

主に持ち手部分を削ります。へらになる箇所は偏心しているので、手や刃物があたらないように注意しましょう。

異形の材料を回転させるときは、材料があたらない位置に刃物台をセットします

ラフィングガウジを使って持ち手が丸くなるまで荒削りします

へらも削ります。斜めになっているところは刃が後方に持っていかれやすいので、刃物の溝をわずかに進行方向(ここでは右)に傾けて削りましょう

仕上がりサイズになったら持ち手全体をサンディングします

材料を切り離す

スキューチゼルを使って持ち手の先端を切り離します。

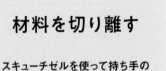

スキューチゼルのロングポイントの刃を下に向けて切り込んでいきます

V字の溝を作るように左右から切り込みます

スキューチゼルのロングポイントを上にして寝かせるように構えます。このとき、刃先は回転軸に対して45度傾かせます

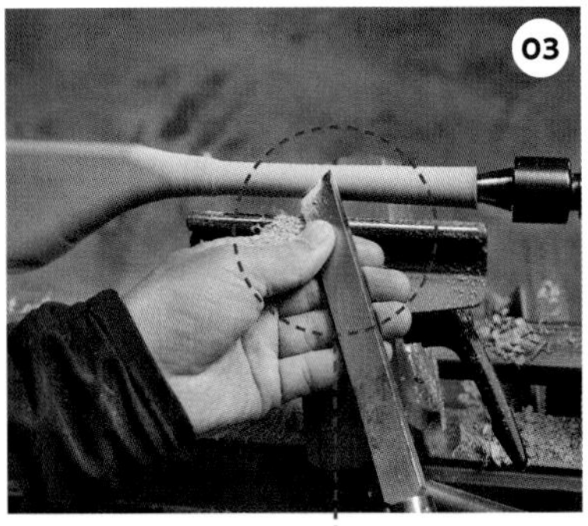

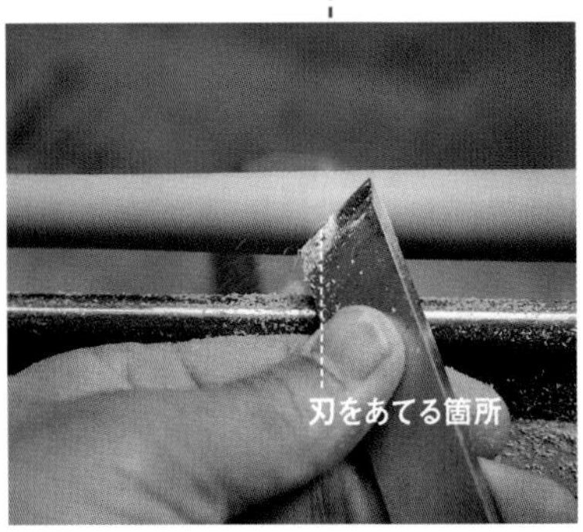

下側の刃を使い、裏の鎬面を擦らせながら削っていきましょう。鎬が擦れて、スムーズに移動できれば、凹凸もなくきれいに仕上がります

持ち手の形ができてきたら木工旋盤を止めてノギスで寸法を確認しましょう

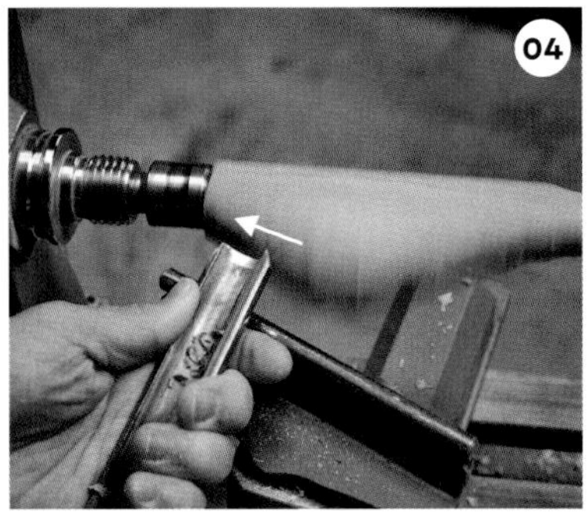

回転軸から出っ張って回る部分は常に刃をあてることができません。回転の残像を見ながら刃の入れ具合を調整します

刃を入れすぎると、写真のように刃先が材料にはじかれます。このときハンドルが跳ね上がり顔にあたることもあるので注意しましょう

持ち手を削る

この工程は、スピンドルガウジでもできますが、シンプルな丸棒なのでぜひスキューチゼルに挑戦してみましょう。

持ち手はスキューチゼルで削っていきます。持ち手の端からへらの根元に向かって刃物を動かしていきます

へらの先端もベルトサンダーにあて、全体を整えていきます

へらと持ち手の境い目はベルトサンダーの丸い部分にあてて削りましょう

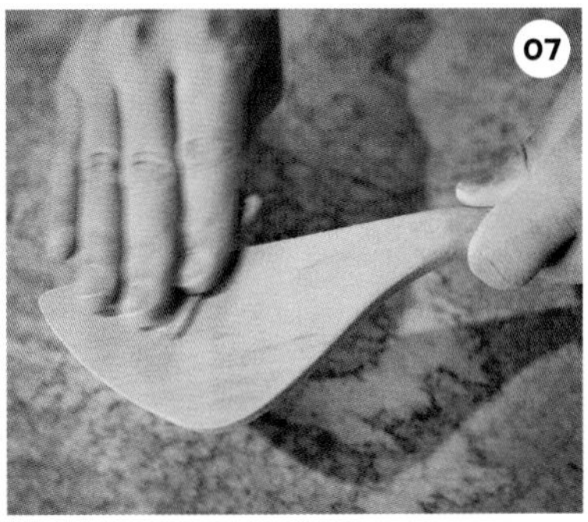

サンドペーパーで角張った箇所の面取りをしながらへら全体をサンディングします

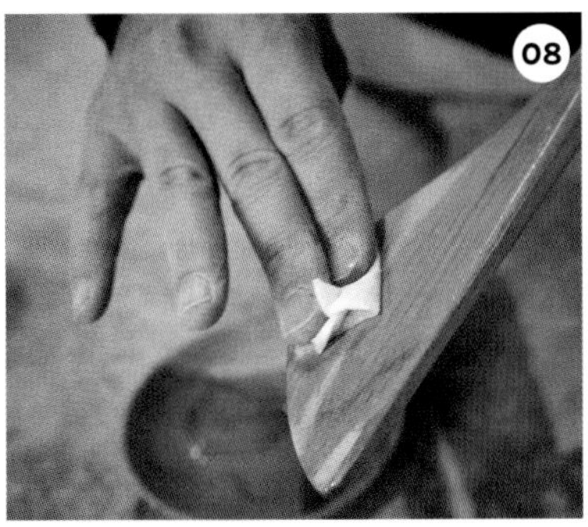

サンディングを終えたらクルミ油を塗り、余分なオイルを拭き取ります

へらを成形し、塗装する

へらはバンドソーで薄く切り取り、ベルトサンダーで形状を整えます。サンディング後、塗装をしたら完成です。

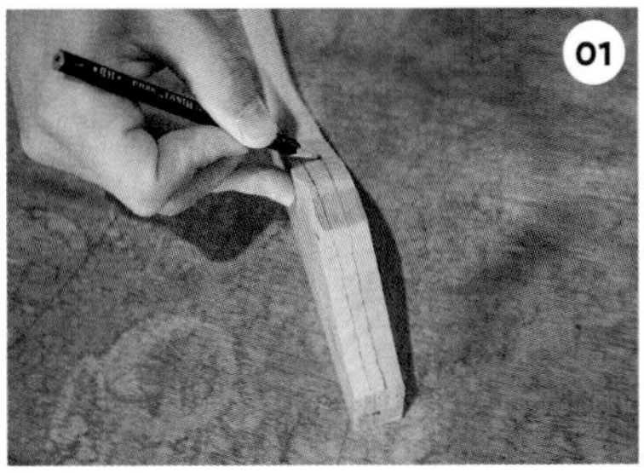

ヘラの側面に墨線を引き、バンドソーで切断します

バンドソーで切るときは持ち手に向かって厚くなるように切っていきましょう

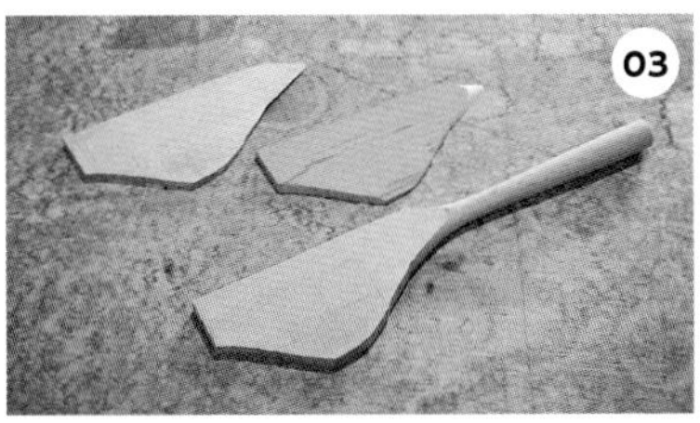

バンドソーでのカットができました

ベルトサンダーでへらを成形します。ベルトの回転方向に気をつけながら材料をあてます。サンダーにあてていると徐々に薄くなってきます

持ち手の端部が丸くなるように削っていきます

持ち手の端部が丸く削れたら、スキューチゼルで切り離していきます。切り離すときは左手で材料を支えておくようにしましょう

切り離し跡は小刀で切って整えます

[器と道具の作例9]

コーヒーメジャー

最後の作例はコーヒーメジャーです。
作業はテンプレート、ジャムチャックと呼ばれる固定ジグ作りから始めます。
切削作業はセンターワーク、フェイスワークまで行ないます。
小さな作例ですが、木工旋盤の奥深さを実感できると思います。

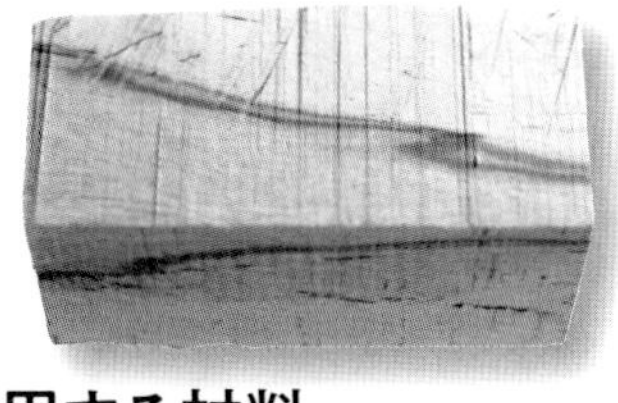

使用する材料

材料は62㎜角、長さ140㎜を用意します。使用樹種はカシ

その他材料

テンプレート用（幅150×長さ150㎜の12㎜厚合板を1枚、幅100×長さ100㎜の2.5㎜厚合板を2枚）
ジャムチャック用（直径100㎜、厚み40㎜程度の材）

使用するバイト

ラフィングガウジ、ボウルガウジ、スピンドルガウジ（60度）、スキューチゼル、パーティングツール、ラウンドノーズスクレーパー

使用する固定道具

チャック（スタンダードジョー）、回転センター、クラウンドライブセンター、自作固定ジグ（ジャムチャック）

その他の道具

ボール盤、バンドソー、自作穴あけジグ、小刀、ノコギリ

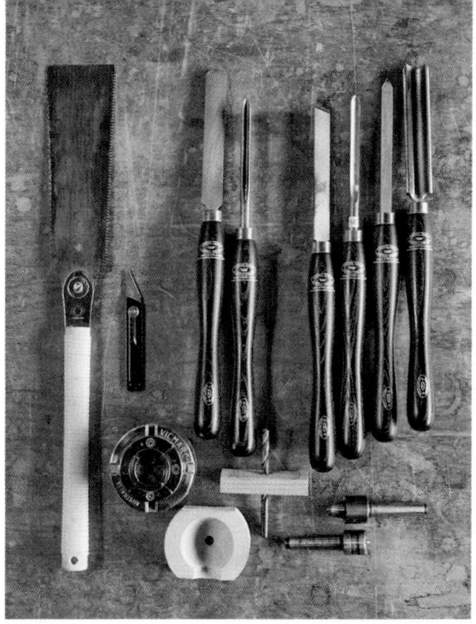

コーヒーメジャー　＊単位は㎜

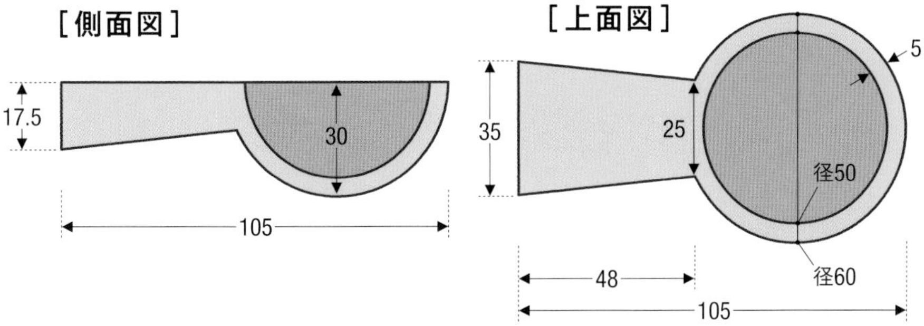

製作前の準備1

テンプレートを作る

コーヒーメジャー本体の前に、合板を使い、テンプレートを作ります。

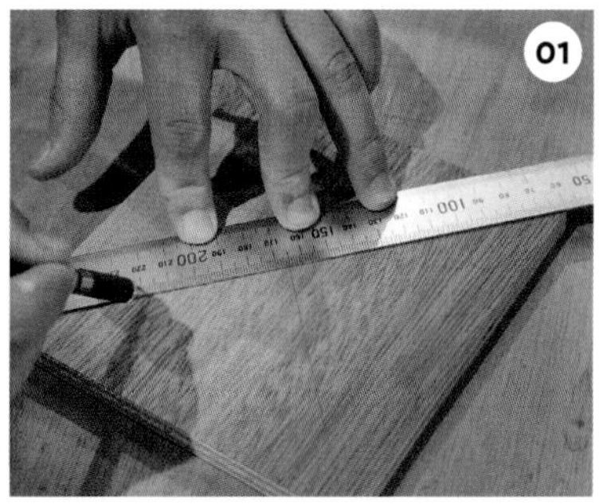

12㎜厚合板の両面に対角線を引きます

チャックでつかむための穴（直径55㎜、深さ5㎜）をボール盤で彫ります

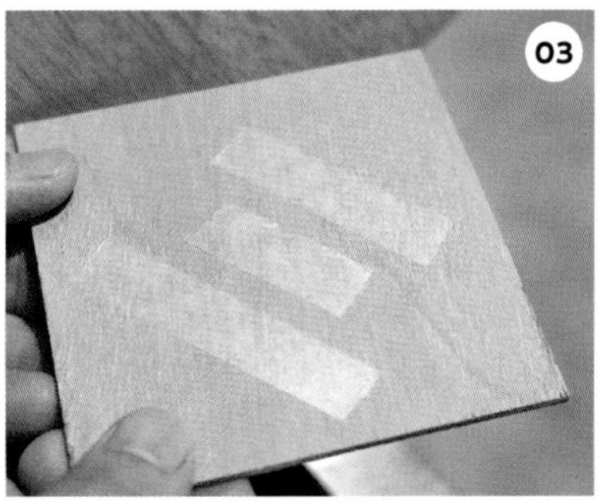

2.5㎜厚の合板に両面テープを張ります。中心部分が固定されるように写真のように張りましょう

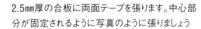

12㎜厚合板を木工旋盤に固定し、2.5㎜厚合板を張りつけます。このときに12㎜厚合板に書いた対角線に2.5㎜厚合板の角を合わせましょう

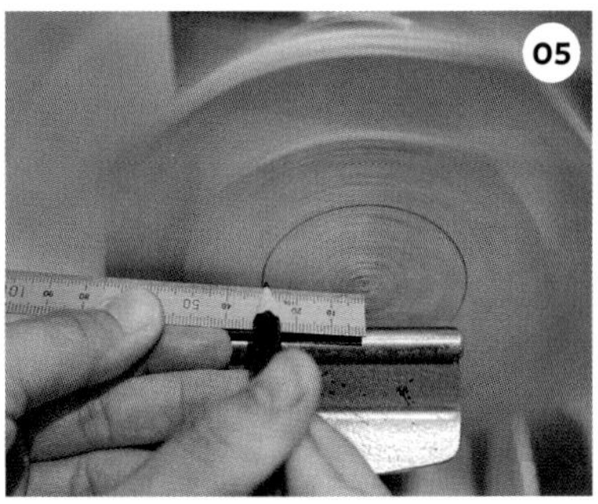

定規をあてて中心から30㎜（直径60㎜）の位置に墨線を引きます

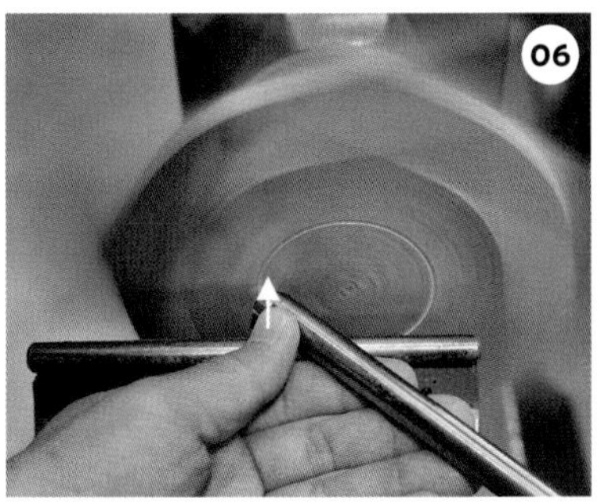

墨線の内側を削ります。内側をくり抜き、残った外側をテンプレートにします。使用する刃物はスピンドルガウジ60度です

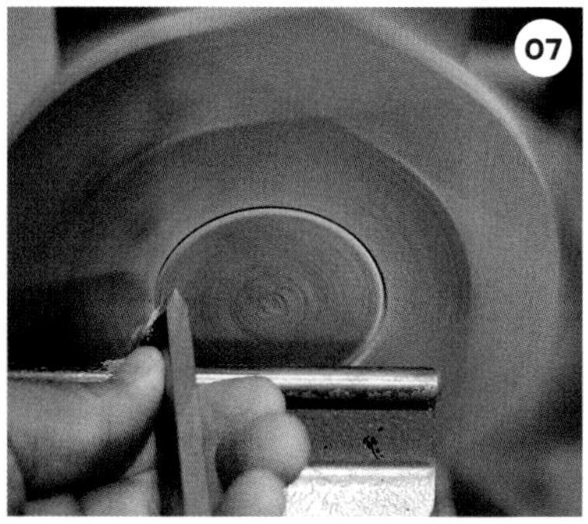

削れたらスキューチゼルで切り離します

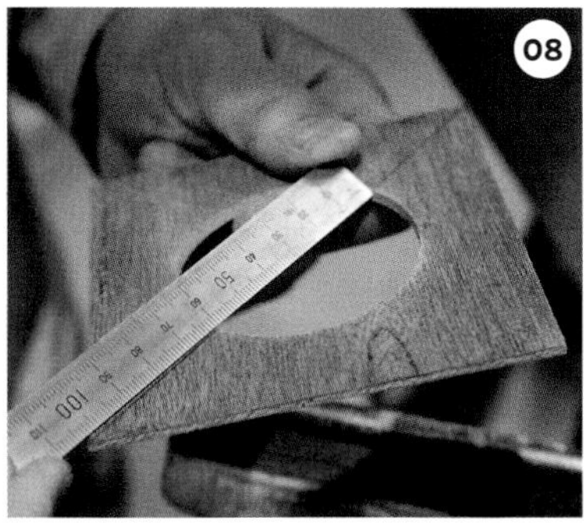

テンプレートを取り外し、穴の直径が60㎜になっていることを確認します

直径60㎜の正円のテンプレートを作ります。2.5㎜厚合板に両面テープを張り、手順(04)と同じように対角線を目安に12㎜厚合板に張りつけます

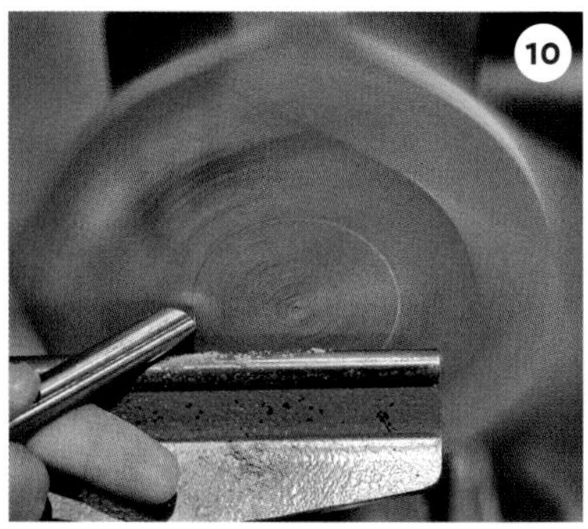

墨線の外側に刃物をあてて削ります。削れたらスキューチゼルで切り離します

外側を取り除きます

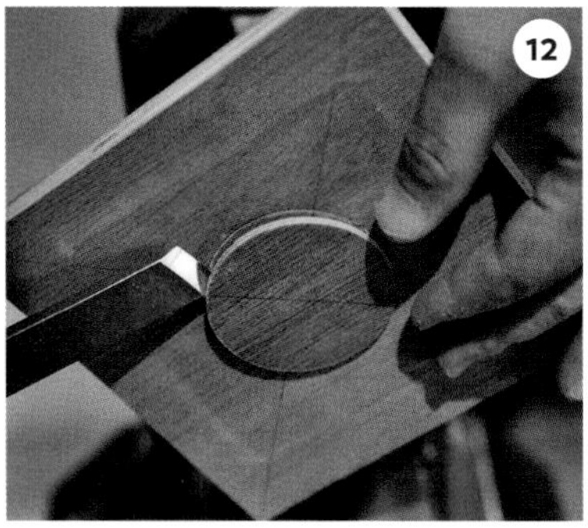

中央部分の丸いパーツを取り外します。両面テープでくっついて取れない場合は、スキューチゼルなど先端が尖ったものを差し込んで取りましょう

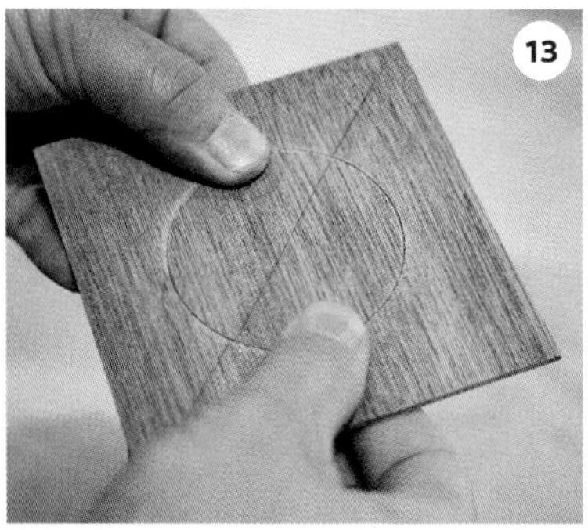

ふたつのテンプレートを組み合わせてすき間なくぴったりはまっていたらテンプレート作り成功です

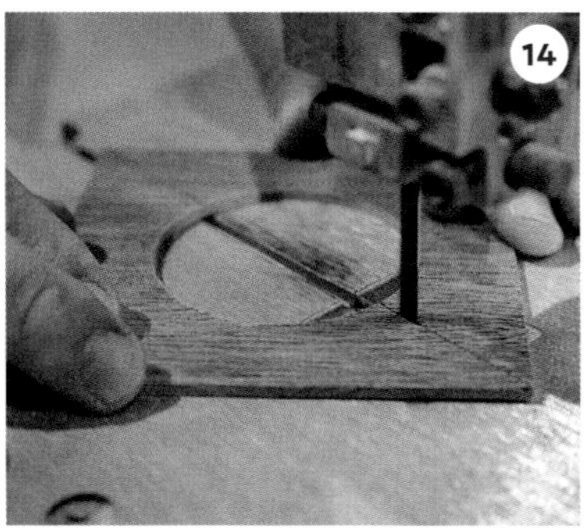

中央を円形にくり抜いたテンプレートをバンドソーで対角線に切ります

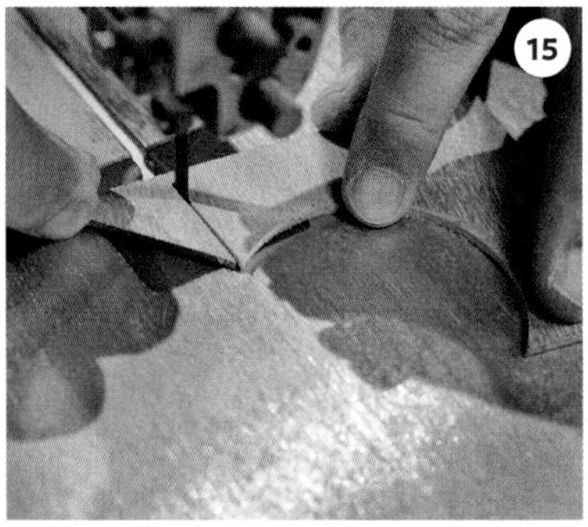

さらに角を落とします

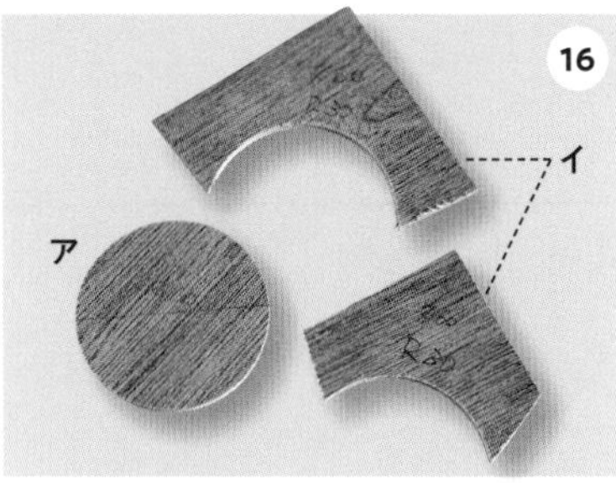

テンプレートの完成です。アはジャムチャック作り、イはコーヒーメジャーの外形作りに使用します

製作前の準備2

自作固定ジグ（ジャムチャック）を作る

ジャムチャックは製作する作品をぴったりと固定するための自作固定具です。ここではコーヒーメジャーの匙部を固定するためのジャムチャックを作っていきます。

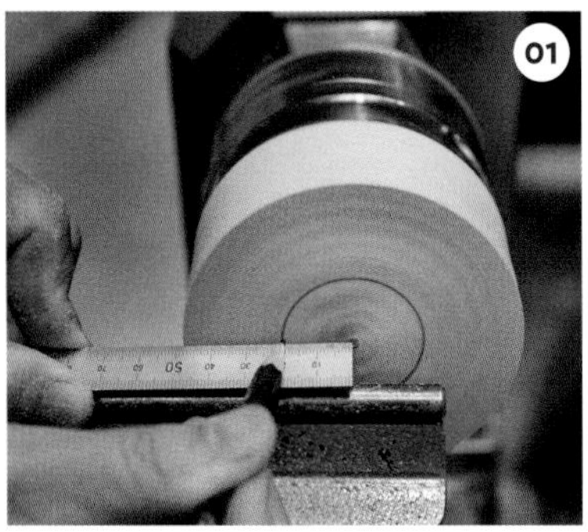

ボール盤でチャックのつかみ穴を彫った材料を木工旋盤に固定し、外形を削り直径95㎜にします。次に平面を削り、中心から20㎜（直径40㎜）の位置に墨線を引きます。これはつかみ代の墨線です

つかみ代が高さ5mm程度になったらスキューチゼルでチャックの爪の形状に合うように削っていきます

材料を表裏逆にして木工旋盤に固定し、平面を削り出します

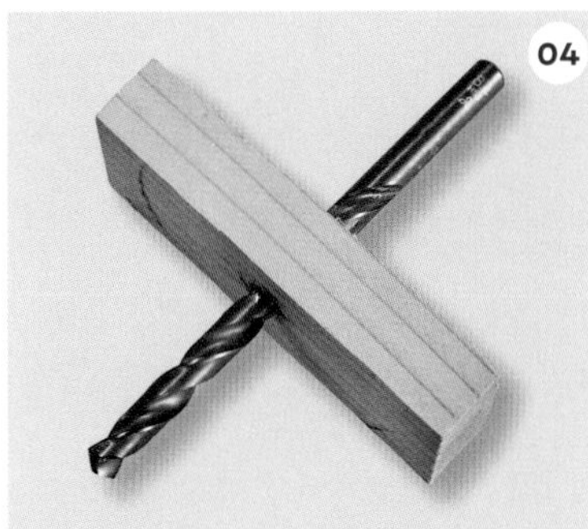

木片にドリル刃を挿して、瞬間接着剤でしっかりと接合したジグを用意します

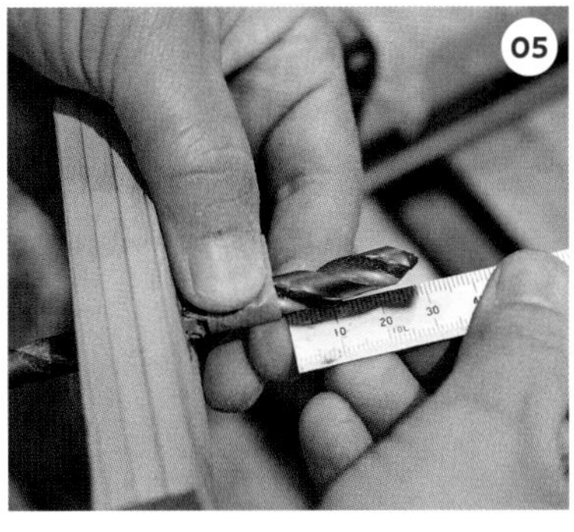

深さ30mmの位置にマスキングテープを巻きつけます

ドリルの先端を材料の中心にあて押し込み、深さ30mmの穴を彫ります。これが深さの目安になります

定規をあて中心から30mmの位置に墨線を引き、ボウルガウジを使って中心に向かって削ります

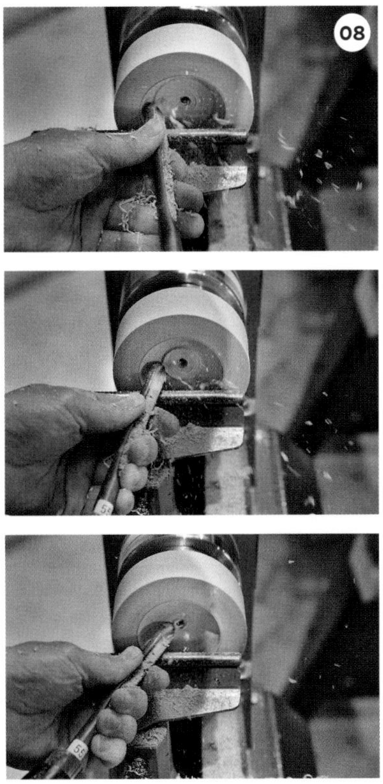

球体がきれいにはまるようなイメージで鎬を擦らせながら削ります

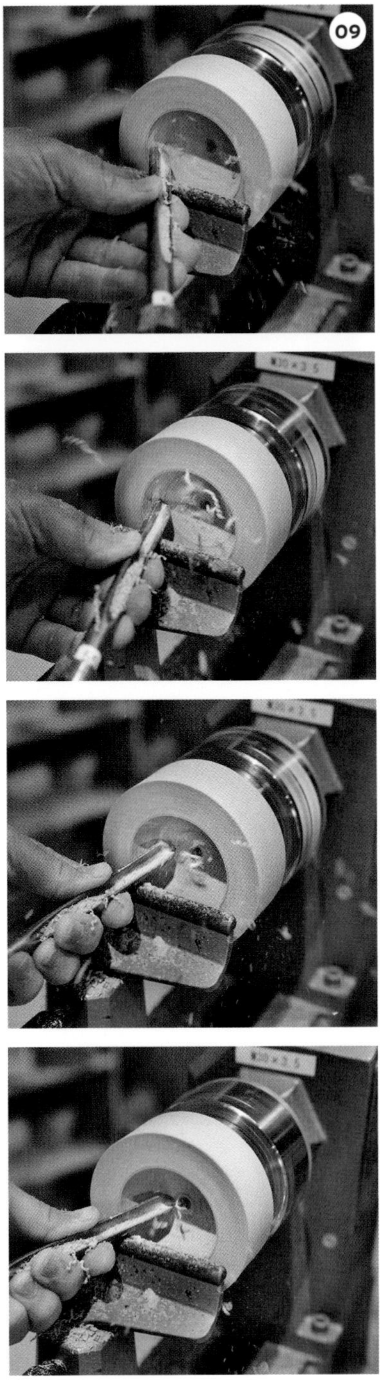

逆の角度からも刃物の動きを見てみましょう。右手を動かし、鎬を擦らせながら削っていきます

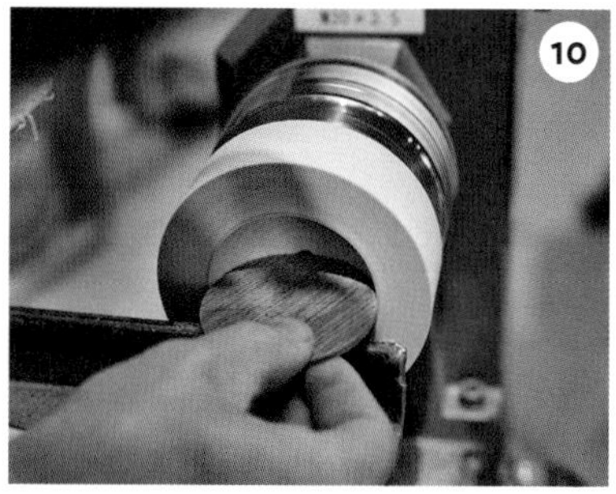

60㎜径の円形のテンプレートをあててきれいにはまるか確認します。きれいにはまらなかったときは手順08、09を繰り返します

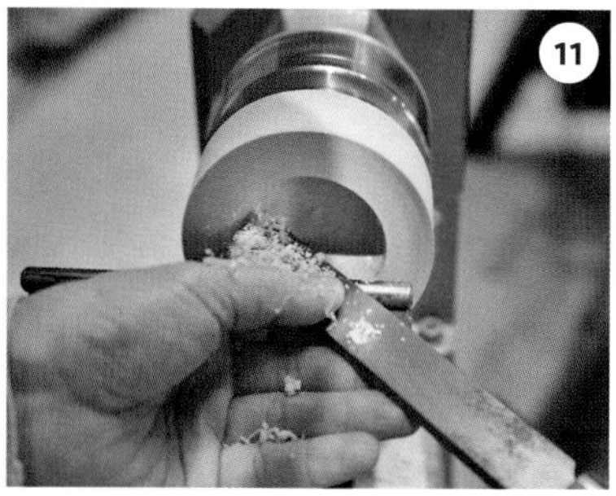

きれいに収まるようになったらスクレーパーを使って微調整をします

ジャムチャックの球面の加工ができたらボール盤で加工できるようにします。墨線を引き、バンドソーで切断し、平らな面を作ります。つかみ代に注意しながら切りましょう

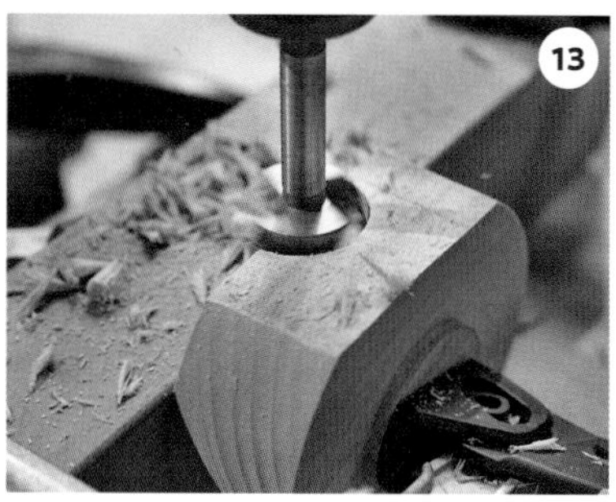

切断面の中心に墨線を引き、フォスナービットを使って、直径30㎜の半円の穴をあけます。フォスナービットの中心がジャムチャックの上面と中心線の交差点にくるようにセットします。このとき、材料が動かないようにしっかり固定しましょう

さらに、ジャムチャックの中心に直径10㎜の穴をあけます。この穴は、はめ込んだコーヒーメジャー本体をノックアウトバーを使って取り外すときに使用します

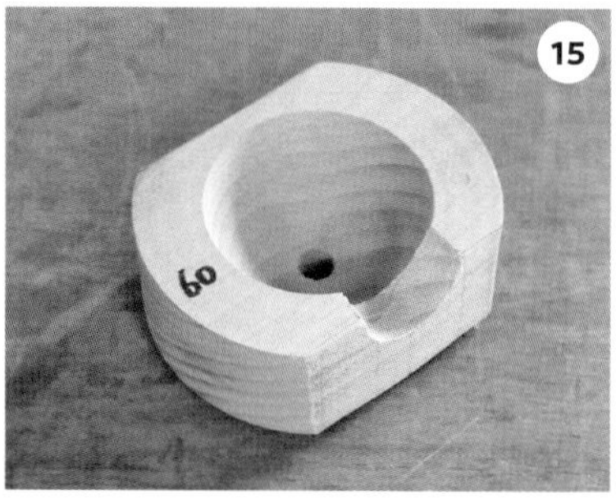

ジャムチャックの完成です

コーヒーメジャーの外形を作る

材料を丸棒に削ったら、テンプレートを頼りに球体を削り出します。

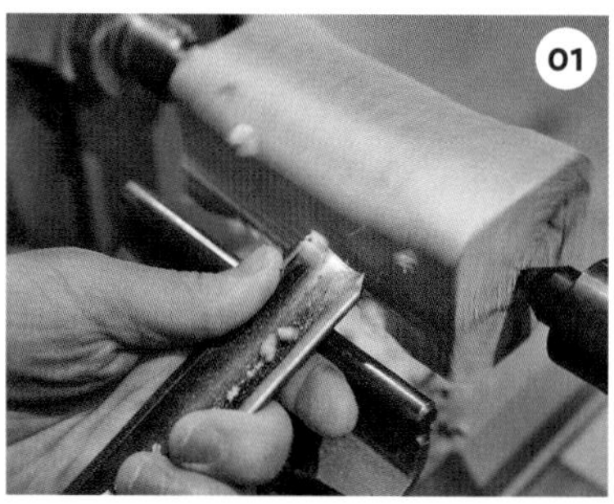

材料を木工旋盤にセットし、左端以外をラフィングガウジで荒削りして丸棒にします。左端の15㎜程度はこのあとのバンドソーでの加工のために角面を残しておきます

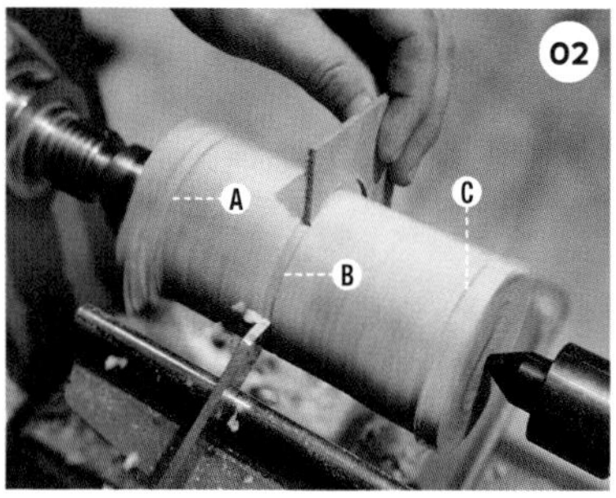

残した角面部を起点に定規をあてて墨線を引きます。まず起点Ⓐに墨線を引き、そこからⒷ50㎜、さらにⒸ110㎜の位置に墨線を引いていきます。ⒶからⒷが持ち手、ⒷからⒸが匙面になります。持ち手と匙面の境目になるⒷの墨線の持ち手側をパーティングツールで削り、テンプレートをあて確認しながら、直径60㎜の溝を作ります

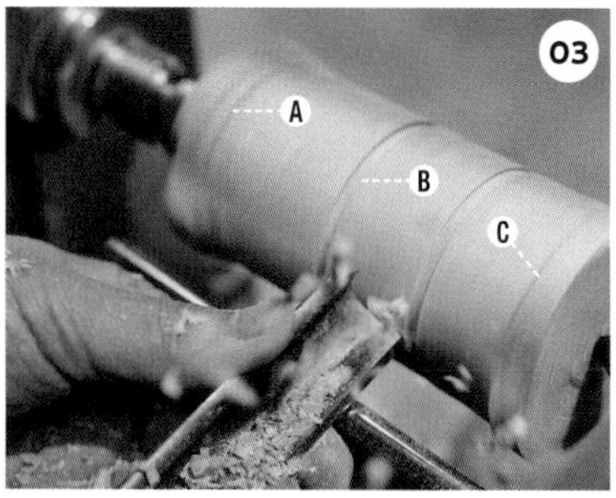

ラフィングガウジでⒶ〜Ⓒを直径60㎜の丸棒になるように削っていきます

ある程度削れてきたら、35㎜に固定したノギスをあてながらⒶの右側をパーティングツールで削ります

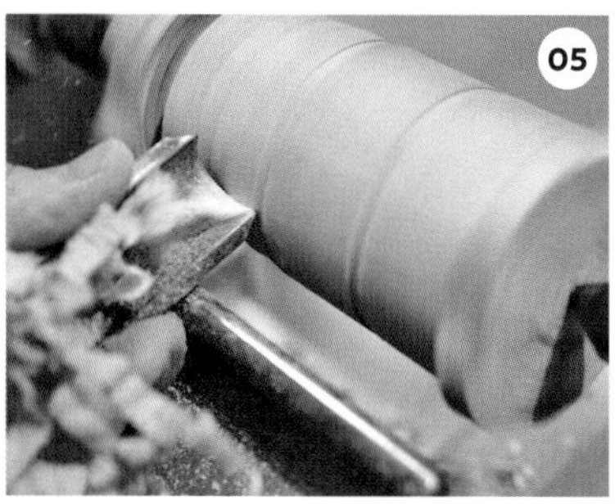

手順04で削った35㎜の溝を目安にラフィングガウジを使ってⒷまで太さをそろえます

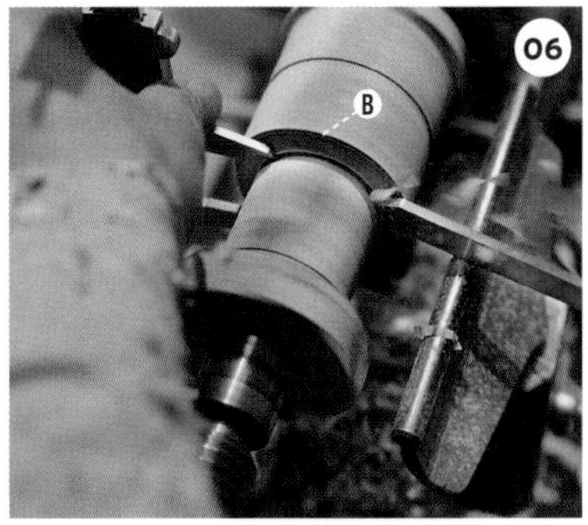

直径35㎜に仕上がったら墨線Ⓑの持ち手側が直径25㎜になるようにパーティングツールで削っていきます

匙部分を仕上げていきます。使用する刃物はスピンドルガウジ60度です

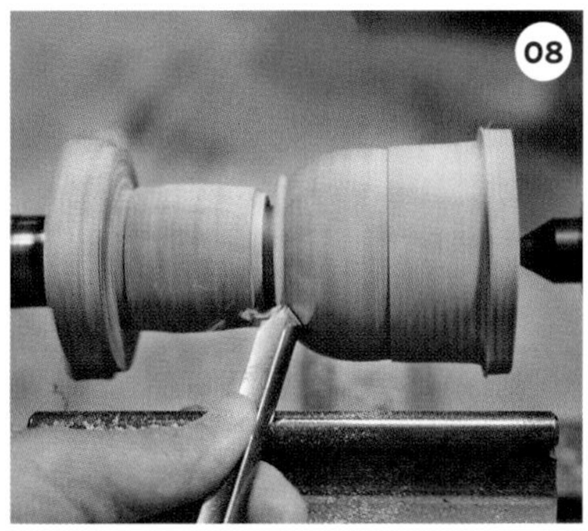

匙部分を球面に削っていきます（刃物の動かし方はP52の球体の削り方を参照）

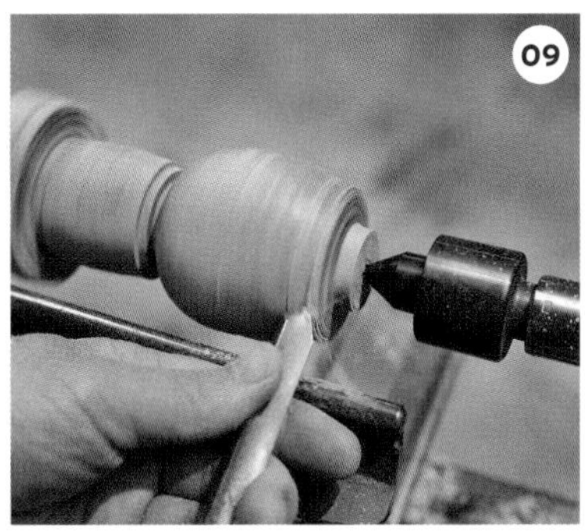

右側の曲面部も削っていきます（刃物の動かし方はP52の球体の削り方を参照）

テンプレートをあてて削り足りない箇所を確認します。写真の場合、先端に近い箇所をもう少し削らないといけません。しっかり削りましょう

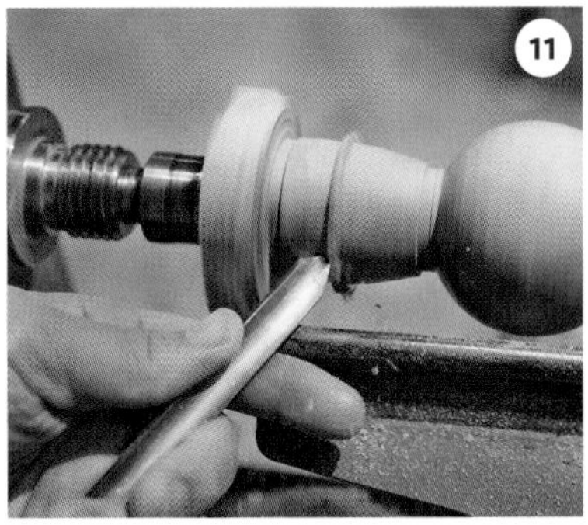

匙部が削れたらハンドル部分の成形をします

太いほうから細いほうへ真っすぐ削ります。鎬を擦らせて削りましょう

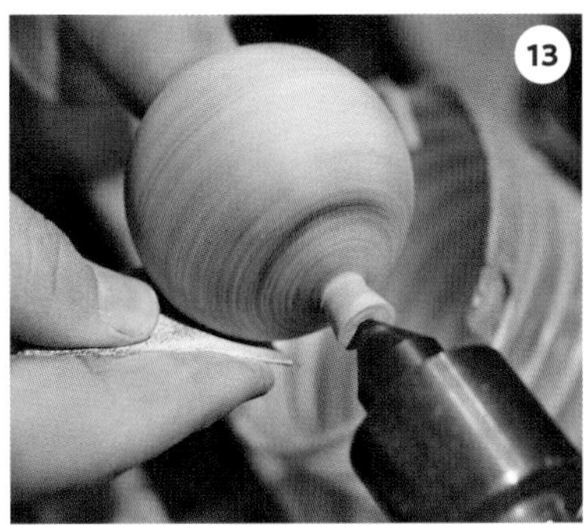

仕上がりサイズどおりに削れたらサンディングします。匙部分もサンディングしていきましょう

匙面を削る

外形を削ったら、バンドソーで2等分し、ジャムチャックにはめ込んで匙面を削ります。最後に面取りしたら完成です。

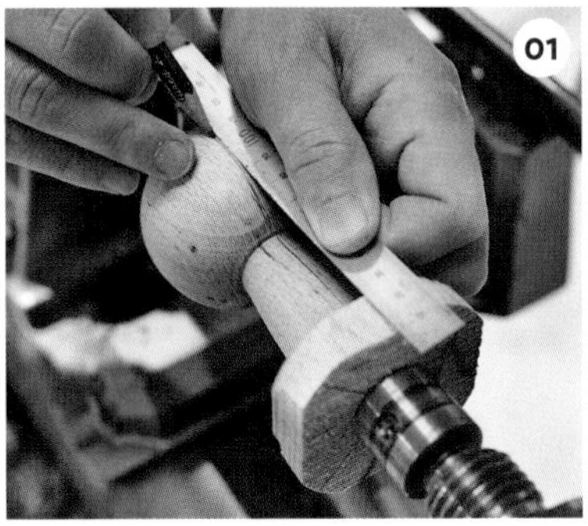

外径ができた材料を長さ方向に2等分するため、中心に墨線を引きます

バンドソーで切ります

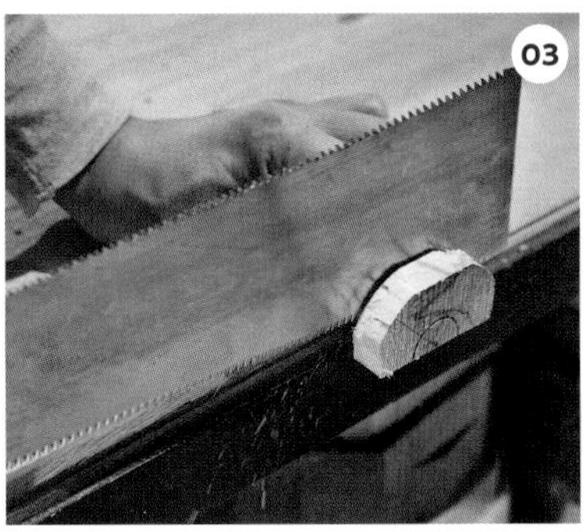

持ち手の端と匙の先端に残った不要部をノコギリで切り落とします。切り落とした箇所は小刀で整えましょう

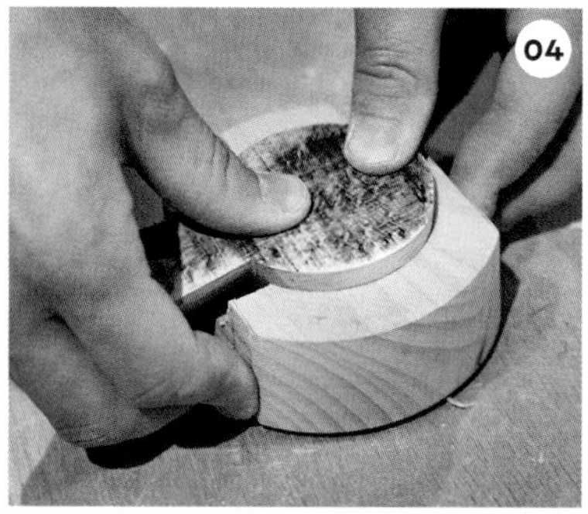

2等分したコーヒーメジャーをジャムチャックにはめ込みます。なるべく水平になるようにセットしましょう

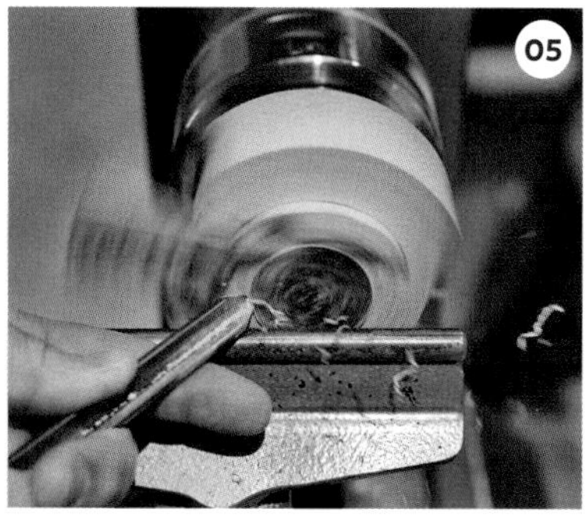

木工旋盤にセットし、匙の表面を削り平滑に仕上げます。持ち手部分は削りません

いったん、ジャムチャックからはずし、匙部分の高さが30mmになっているか確認します

高さを確認したら再びジャムチャックに取りつけ、ドリル刃が食い込みやすいように、ボウルガウジで中心部分に小さく穴をあけておきます

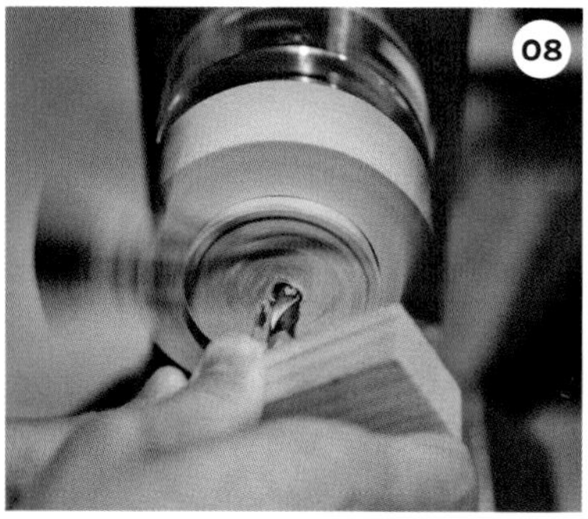

ドリル刃の先端から25mmのところにマスキングテープを巻きます。ドリル刃をマスキングテープのところまで差し込み深さの目安をつけます

端から5mmのところに墨線を引き、匙面を削ります。匙面は自作チャック作りの手順08、09(P123)のように刃物を動かして削っていきましょう

内側の形状ができたら、スクレーパーで表面を整えます。ジャムチャックは固定力が強くないので切削量はなるべく少なめにしましょう

最後はサンディングをして仕上げます

削り終えたコーヒーメジャーを木工旋盤からはずし、ベルトサンダーで表面を平らに整えます

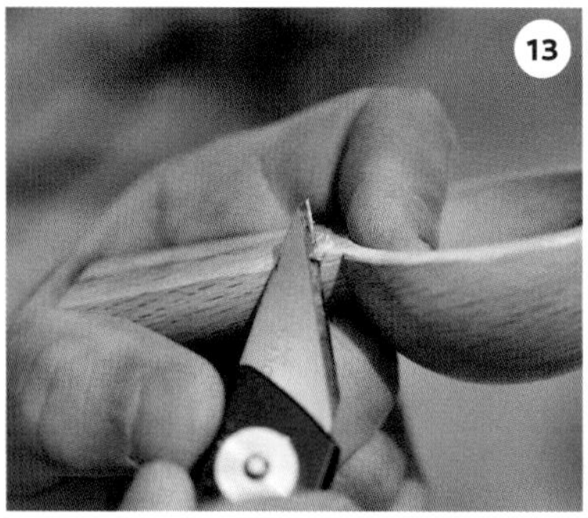

小刀を使って全体を面取りします。繊維の方向に逆行しないように削る向きに注意をしましょう

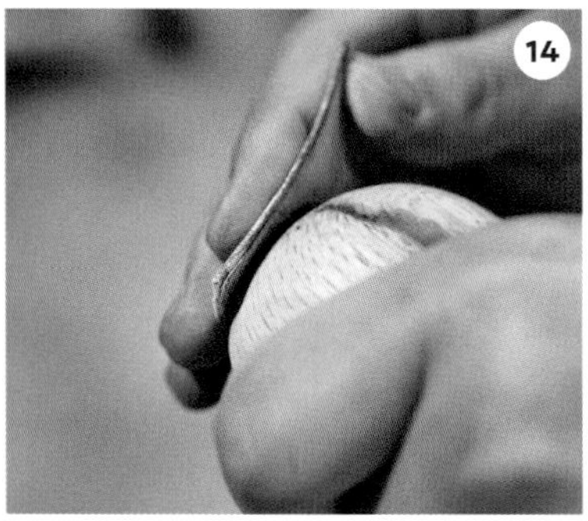

ベルトサンダーをあてていないところは、サンドペーパーで磨きます

木工旋盤情報ガイド

このページでは、木工旋盤の機械や道具を購入できるお店、技術を習得できる教室などの情報を掲載しています。どこもウェブでの情報発信をしているので、まずはウェブサイトを見てみると良いでしょう。

＊五十音順で掲載

道具
木工旋盤、刃物、その他関連パーツの販売

材料
材料販売

教室
木工旋盤教室

レンタル工房
木工旋盤ができるレンタル工房

つくる人をシゲキする オフの店 Web Shop

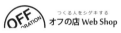

担当者：渡辺洋平
〒424-0102　静岡県静岡市清水区広瀬785-1　☎ 050-3816-0115
web https://www.off.co.jp/　✉ info@off.co.jp

【サービス内容】 機械・刃物・その他関連パーツ販売、材料販売
＊各種商品はECサイトにて販売しております。
【担当者コメント】 木工旋盤の機械本体だけでなく刃物、アクセサリー、材料、キットなど、より深く木工旋盤を楽しむための商品を幅広く取り扱い、これから始める方でも必要なものがすべてそろいます。スタッフが実際に使用したうえでおすすめできる商品を吟味してご紹介することをモットーに、初めての方にもわかりやすい商品説明やHOW TO情報の充実を心掛けて随時アップデート中です。

ツバキラボ

担当者：和田 賢治
〒502-0801　岐阜県岐阜市椿洞1228-1　☎ 058-237-3911
web https://tsubakilab.jp/　✉ hello@tsubakilab.jp

【サービス内容】 機械・刃物・その他関連パーツ販売、材料販売、木工旋盤教室、木工旋盤ができるレンタル工房
【担当者コメント】 岐阜県岐阜市で木工旋盤教室、会員制のシェア工房を運営しています。また木工旋盤の道具類や木材の販売（ネット/実店舗）も行なっています。シェア工房では、木工旋盤が初めての方にもわかりやすく伝えることに注力しながらも、思う存分楽しんでいただけるよう設備を整えています。木工旋盤専門メディア「TURNING TALK」やYouTubeチャンネルもありますので、ぜひウェブサイトをご覧ください。

Nakajima woodturning studio

担当者：中島
〒580-0042　大阪府松原市松ケ丘3-610-1　☎ 072-331-6077
web https://www.nakajimawoodturningstudio.com/
✉ info@nakajimawoodturningstudio.com

【サービス内容】 機械・刃物・その他関連パーツ販売、木工旋盤教室
【担当者コメント】 大阪府松原市で木工旋盤教室、機材や道具の販売を行なっています。Webショップでは全国へ発送対応可能（一部大型商品や離島などへの配送は都度確認が必要になります）、工房ではほぼすべての商品を実際にお手に取っていただくことも可能です。また、木工旋盤作業でのお困りごと、機材選定や工房設計などのご相談も承っています。ぜひお気軽にお問い合わせください。

木工旋盤同好会

担当者：鈴木直人
〒433-8111　静岡県浜松市中区葵西6-1-43　☎ 053-437-1219
web http://www.woodturning.jp/　✉ woodturning1@gmail.com

【サービス内容】 機械・刃物・その他関連パーツ販売、木工旋盤教室
【担当者コメント】 主に木工旋盤専門メーカーのVicmarc社やOneway社の製品を取り扱っています。両社製品はモデルの心臓部に日本製の部品を採用し、また高性能な日本製NC工作機械で製造するなど高い信頼性があります。また、当店ではチャックや刃物なども耐久性の高いものを取り扱っています。購入前に実機体験がおすすめです。ご来訪時は電話やメールでご予約をお願いします。

木工旋盤 用語集

**木工旋盤に取り組んでいるとさまざまな専門用語に出会います。
木工旋盤を理解するための参考となるように、
本書に登場していない木工旋盤のための言葉も含めて、
作業に役立つ用語を一覧にまとめました。**

ア

1”x8tpi（いちいんちはちてぃーぴーあい）小型・中型の機械に多い主軸サイズ

1-1/4”x8tpi（いちとよんぶんのいちいんちはちてぃーぴーあい）大型の機械に多い主軸サイズ

インサート（いんさーと／insert） ひとつのチャックを異なる主軸サイズに対応できるようにするチャック用アダプター

ウッドスクリュー（うっどすくりゅー／wood screw） ネジのような見た目のチャックの付属品。材料の中心に穴をあけ、チャックに取りつけたウッドスクリューにネジ込むことで簡易的に材料の固定を可能にしたもの。ワームスクリューともいう

インデキシング（いんできしんぐ／indexing） 主軸を一定の等角度で固定できる仕組み。24分割、48分割など

ウッドレース（うっどれーす／wood lathe） 木工旋盤のこと

SGホイール（えすじーほいーる／SG wheel） グラインダー用砥石の一種。多結晶アルミナ砥粒で微細結晶構造を持つことからきめ細かな研ぎが可能

M30x3.5（えむさんじゅうさんてんご） 中型の機械に多い主軸サイズ

M33x3.5（えむさんじゅうさんさんてんご） 大型の機械に多い主軸サイズ

カ

カーバイド（たんぐすてんかーばいど／carbide） 代表的な超硬合金で、非常に硬くて、切削工具に使われる。硬くて研ぐことができないため、木工旋盤用刃物では、替刃式刃物として使われている

回転軸（かいてんじく／axis） 主軸の回転の中心になる一定直線

回転センター（かいてんせんたー／live center） 先端部分が回転する構造でテールストック側の芯押しに取りつけるパーツ

ガウジ（がうじ／gouge） 丸棒状で、長さ方向に溝がある旋盤用刃物。丸ノミ

環孔材（かんこうざい／ring-porous wood） 大きな道管が年輪に沿って配列される広葉樹。木目がはっきりと出る。クリ、ナラ、ケヤキなど

乾性油（かんせいゆ／drying oil） 空気中の酸素と反応して固まる油。亜麻仁油、エゴマ油、クルミ油など。反対は不乾性油

キャッチ（きゃっち／catch, dig-in） 刃物が材料に引っかかったり、大きく食い込んだりする現象。通常、衝撃があり、材料に傷がつく

キャリパー（きゃりぱー／caliper） 厚さ、太さを計測する道具。ノギス。ゲージ（gauge）とも呼ばれる

クイル（くいる／quill） テールストック側の芯押し。ハンドホイールを回すことで出し入れする

グラインダー（ぐらいんだー／grinder） 刃物を研ぐための道具。モーターで回転させた砥石に刃物をあてて研ぐ。水平回転のものや水冷式のものなどもある。

グラインディングジグ（ぐらいんでぃんぐじぐ／grinding jig） 刃物を研ぐためのジグ

ゲージ（げーじ／gauge） 寸法を計測するための道具。別名はキャリパー（caliper）

コアリング（こありんぐ／coring） 大きな材料から塊を抜き取ること。そのための道具をコアリングツールと呼ぶ

コールジョー（こーるじょー／cole jaw） チャックの爪の一種で、つかみ代などを取るために作品を外側からつかむことができる。回転速度に制限がある

木口（こぐち／end-grain） 木繊維の断面

サ

逆目（さかめ／cut against the grain,tear out,torn grain） 木材の繊維の方向が逆になっていること。または繊維の方向に逆らって削ること、およびその切削面

散孔材（さんこうざい／diffuse-porous wood） 細かな道管が無差別に散在している広葉樹。ブナ、サクラ、ホオノキなど

サンディング（さんでぃんぐ／sanding） サンドペーパーをあてて、表面を削りなめらかにすること。研磨

シアーカット（しあーかっと／shear-cut） 表面の凸凹を取るために、薄くスライスするように削る技術。そぎ切り

CBN（しーびーえぬ／CBN） グラインダー用砥石の一種。Cubic Boron Nitride（立方晶窒化硼素）の略で、一般的な砥石に比べて熱伝導率と硬度が高いため、金属を傷めずにきめ細かな研ぎを可能とする

シェフィールド（シェフィールド／Sheffield） イギリスの刃物の一大産地で多くの刃物メーカーが存在する。世界三大刃物産地のひとつ

ジグ（じぐ／jig） さまざまな加工を効率的に、または安全にできるようにするためのサポート道具の総称。自作や市販品などさまざま

鎬・鎬面（しのぎ・しのぎめん／bevel） 刃物の研ぎ面のこと

ジャムチャック（じゃむちゃっく／jam chuck） 自作の材料固定ジグのこと。

シャローガウジ（しゃろーがうじ／shallow gauge） 溝が浅い刃物。縦木、横木兼用。スピンドルガウジとも呼ばれる

主軸（しゅじく／spindle） ヘッドストックのドライブセンターやチャックを取りつける部位。機械サイズによって大きさが異なる

定盤（じょうばん／bed） ヘッドストックやテールストック、バンジョーがスライドする機械の平らな部分

ジョー（じょー／jaw） チャックの木材を固定する部位。通常4つで構成されており、さまざまな形状がある

芯（しん／pith） 年輪の中心。髄。芯から割れが入りやすい。芯を含む木材を芯材、または芯持ち材といい、芯を含まない木材を芯去り材という

芯押し（しんおし／quill） ライブセンターを取りつけ、テールストック側から材料を押して支える部分

真空チャック（しんくうちゃっく／vacuum chuck） 材料を真空状態で吸着して固定する仕組み。成形後にチャックでつかむことができない作品を固定することができる

スウィベル（すうぃべる／swivel） ヘッドストックを定盤上で回転させられる仕組みのこと

フェイスプレート（ふぇいすぷれーと／face plate） 木材を固定するためのパーツ。木ネジを使って材料を固定し、主軸に取りつける。横木で使用し、縦木ではなるべく使わない
フェイスワーク（ふぇいすわーく／face work） 横木加工のこと
不乾性油（ふかんせいゆ／non-drying oil） オリーブオイルやサラダ油など固まらない油
フルート（ふるーと／flute） 刃物の溝のこと
ベッド（べっど／bed） 定盤のこと
ヘッドストック（へっどすとっく／headstock） モーターからの回転駆動を伝えるベルト、プーリー、主軸を内蔵した部位。機種によっては定盤上を移動できるものもある
ベベル（べべる／bevel） 刃物の研ぎ面、または鎬のこと
ベベル・ラビング（べべる・らびんぐ／bevel rubbing） 鎬を擦らせて切削する動作のこと
ボウルガウジ（ぼうるがうじ／bowl gauge） ボウル形状など切削量が多いときに有効な溝が深い刃物。ディープガウジ、またはディープボウルガウジとも呼ばれる
ボックスツールレスト（ぼっくすつーるれすと／box tool rest） 加工箇所からツールレストが離れる場合でも、安定したスクレーパー作業を可能にする刃物台。主に深彫りをするときに使用する
ホローイング（ほろーいんぐ／hollowing） 壺の内側などを深彫りする加工。その際に使う道具をホローイングツールと呼ぶ
ホワイトアランダム（ほわいとあらんだむ／white aluminium oxide） 白い砥石で、アルミナ質の原料（酸化アルミニウム）を固めたもの。一般的な鉄鋼工具やハイス鋼の研ぎに使われる

マ

モールステーパー（もーるすてーぱー／morse taper） テーパー（傾斜）の規格。略してMTと表記されることが多く、小型の機械ではMT1だが、多くの機械はMT2を採用している

ヤ

横木（よこぎ／face work, cross-grain） 木繊維の方向が回転軸に対し直交する材料のこと。またはその材料を使って加工すること

ラ

ライブセンター（らいぶせんたー／live center） 回転センターのこと
ラフィングガウジ（らふぃんぐがうじ／roughing gauge） 縦木での荒削り用の刃物。横木では使用禁止。スピンドルラフィングガウジともいう

テクスチャリングツール（てくすちゃりんぐつーる／texturing tool） 作品の表面に一定のリズムで刻みを入れるために使う刃物の一種
道管（どうかん／vessel） 水や養分を含む液体を運ぶために木部に存在する穴
研ぎ角（とぎかく／Sharpening angle） 刃先の角度。刃物や製作物によって適した角度がある
ドライブセンター（どらいぶせんたー／drive center） スピンドルワークの際に、ヘッドストック側で材料を支える道具で、中心の突起の周りに複数の爪があり、爪が材料に食い込むことで回転力を伝える
ドレッサー（どれっさー／dresser, grinding wheel dresser） 研削作業に使う工具。グラインダーの砥石の表面を平面に修正する際に使用する

ナ

順目（ならいめ／cut with the grain） 木材の繊維の方向に逆らわず削ること。繊維に逆らわず削るため切削面はなめらかになる
ネガティブレイクスクレーパー（ねがてぃぶれいくすくれーぱー／negative rake scraper） スクレーパーの上刃部分を前下方向に傾斜させた形状を持つスクレーパー
ノックアウトバー（のっくあうとばー／knock-out bar） ドライブセンターや回転センターをハンドホイール側の穴から突いて取り外すための棒

ハ

パーティングツール（ぱーてぃんぐつーる／parting tool） 材料に溝をつけたり、切断する際に使用する刃物。縦木のみで使う
ハイス鋼（はいすこう／high speed steel, HSS） 刃物に使われる鉄鋼材料。ハイスピードスチール、高速度鋼、HSS。M2ハイス鋼が主流だが、M42ハイス鋼や粉末ハイス鋼などさまざまな種類があり刃物としての性能が変わる
バイト（ばいと／bite） 旋盤に使われる刃物の総称
刃物台（はものだい／tool rest） 刃物を置くための台。直線のものやカーブしたもの、S字形状などがある。別名はツールレスト
バリアブルスピード（ばりあぶるすぴーど／variable speed） 無段変速。回転速度を無段階で調整できる仕組み
パワーサンディング（ぱわーさんでぃんぐ／power sanding） 電動ドライバーなどでサンドペーパーを回転させながら作品を研磨すること。同心円の研磨跡がつかない
バンジョー（ばんじょー／banjo） 刃物台を固定するための部位。定盤上で自由に動かし、固定することができる

スウィング（すうぃんぐ／swing） 旋盤上で回転させられる最大直径を指すことが多い
スキューチゼル（すきゅーちぜる／skew chisel） 主に丸棒削りに使われる刃物。平らな部分を寝かせてスクレーパーのように使うこともある
スクレーパー（すくれーぱー／scraper） 平らな金属板の刃物で、表面の凹凸を削り取る用途で使われる。製作物の形状に合わせて、先端の形状にはさまざまなものがある
スクレーピング（すくれーぴんぐ／scraping） 材料の表面を削ることで成形する技術。切るわけではないので切削面は荒れる傾向にあるが、凹凸を削り取りやすい
スピンドル（すぴんどる／spindle） 主軸のこと
スピンドルアダプター（すぴんどるあだぷたー／spindle adapter） サイズが違うチャックやフェイスプレートを取りつけるため機械の主軸径を変換するパーツ
スピンドルガウジ（すぴんどるがうじ／spindle gauge） 溝が浅い刃物。縦木、横木兼用。シャローガウジとも呼ばれる
スピンドルワーク（すぴんどるわーく／spindle work） 丸棒加工のこと。通常、ドライブセンターと回転センターで材料の両端を挟んで固定する
スロースピードグラインダー（すろーすぴーどぐらいんだー／slow speed grinder） 発熱を抑えるために、通常のグラインダーに比べ回転スピードが1000～2000回転程度と遅いモデル
センターワーク（せんたーわーく／center work） 縦木加工のこと。棒状の加工はスピンドルワークともいう

タ

縦木（たてぎ／center work, end-grain bowl） 木繊維の方向が回転軸と同じ材料のこと。またはその材料を使って加工すること
チャック（ちゃっく／chuck） 材料を固定するために主軸に取りつけて使う道具。通常4つの爪を開いたり閉じたりすることで材料を固定する
チャターツール（ちゃたーつーる／chatter tool） 刃先のビビりを利用して一定の刻み模様をつけるための刃物
ツールレスト（つーるれすと／tool rest） 刃物を置くための台で刃物台ともいう。直線のものからカーブしたもの、S字形状のものまでさまざまある。バンジョーに差し込む丸棒部分のことをポスト（post）と呼ぶ
テーパー（てーぱー／taper） 傾斜のこと
テールストック（てーるすとっく／tailstock） 芯押しを内蔵した台。定盤上をスライドして移動できる。材料を固定または支えるときに使用する

暮らしの器を自分で作る
木工旋盤の教科書

2021年10月14日　第1刷発行
2024年3月10日　第2刷発行

著者　和田賢治
発行・編集人　豊田大作
発行所　株式会社キャンプ
〒135-0007 東京都江東区新大橋1-1-1-203
発売元　株式会社ワン・パブリッシング
〒105-0003 東京都港区西新橋2-23-1
印刷所　文理輪転印刷株式会社

●この本に関するお問い合わせは下記までお願いいたします。
・本の内容については ☎03-6458-5596（編集部直通）
・不良品（落丁、乱丁）については ☎0570-092555（業務センター）
〒354-0045　埼玉県入間郡三芳町上富279-1
・在庫・注文については ☎0570-000346（書店専用受注センター）

Staff

撮影　門馬央典、和田賢治
撮影協力　斉藤里香、野村紀沙枝
装丁・デザイン　髙島直人、小出大介（株式会社カラーズ）
イラスト　丸山孝広
校正　宮澤孝子
編集　宮原千晶
DTP　株式会社グレン

著者プロフィール

和田賢治
Kenji Wada

1981年生まれ、岐阜県岐阜市出身。16歳でミャンマーへ留学したのち、アメリカの大学へ入学。卒業後、トヨタ自動車に入社するも、大量生産大量消費の世の中に疑問を持ち、退社。「地域の資源を使い、暮らしをつくる」という思いで木工の世界へ。5年間、岐阜県立森林文化アカデミーで木工教員として勤めたあと、木工シェア工房「ツバキラボ」を開業。教員時代から木工旋盤を教えて10年、生徒は100人を超える。